21世纪高等教育计算机规划教材

C 语言程序设计实用教程

The C Programming Language

周虹 马传志 朱启东　主编

李殿奎　主审

人 民 邮 电 出 版 社

北　京

图书在版编目（ＣＩＰ）数据

C语言程序设计实用教程 / 周虹，马传志，朱启东主编. -- 北京：人民邮电出版社，2013.11（2020.1重印）
21世纪高等教育计算机规划教材
ISBN 978-7-115-32646-1

Ⅰ. ①C… Ⅱ. ①周… ②马… ③朱… Ⅲ. ①C语言－程序设计－高等学校－教材 Ⅳ. ①TP312

中国版本图书馆CIP数据核字（2013）第203353号

内 容 提 要

本书内容包括 13 章，分别为程序设计基础及 C 语言概述、C 语言的基本数据及其运算、顺序结构程序设计、选择结构程序设计、循环结构程序设计、数组、函数、编译预处理、指针、结构体与共用体、位运算、文件、实用项目开发技术简介。书中的程序都已上机调试通过。

本书文字严谨、流畅，例题丰富，文档规范，注重程序设计技能训练。

本书可作为高等院校非计算机专业学生学习 C 语言程序设计的教材，也可作为程序设计爱好者学习 C 语言程序设计的参考书。

◆ 主　　编　周　虹　马传志　朱启东
　　主　　审　李殿奎
　　责任编辑　许金霞
　　责任印制　彭志环　杨林杰

◆ 人民邮电出版社出版发行　　北京市丰台区成寿寺路 11 号
　　邮编　100164　　电子邮件　315@ptpress.com.cn
　　网址　http://www.ptpress.com.cn
　　三河市君旺印务有限公司印刷

◆ 开本：787×1092　　1/16
　　印张：21.5　　　　　　　　　2013 年 11 月第 1 版
　　字数：563 千字　　　　　　　2020 年 1 月河北第 8 次印刷

定价：48.00 元

读者服务热线：(010)81055256　　印装质量热线：(010)81055316
反盗版热线：(010)81055315

前　言

随着计算机的普及和社会信息化程度的提高,掌握一门计算机语言已经成为计算机用户必备的技能之一。目前,无论是从事计算机专业工作的人员,还是非计算机专业的人员,都将 C 语言作为学习程序设计的入门语言。C 语言功能丰富,表达能力强,使用灵活方便,应用面广,目标程序效率高,可移植性好,既具有高级语言的优点,又具有低级语言的许多特点。本书在编写过程中,力求做到概念准确、由浅入深、循序渐进、繁简适当、题型丰富,注重常用算法的介绍,有助于培养学生设计程序和分析问题的能力。书中全部实例都已上机调试通过。

本书内容共分 13 章,分别为程序设计及 C 语言概述、C 语言的基本数据及其运算、顺序结构程序设计、选择结构程序设计、循环结构程序设计、数组、函数、编译预处理、指针、结构体与共用体、位运算、文件、实用项目开发技术简介。其中第 1 章由闫瑞华编写,第 2 章、第 12 章由马丹丹编写,第 3 章、第 8 章由王超编写,第 4 章、第 10 章由朱启东编写,第 5 章由周虹编写,第 6 章、第 9 章由支援编写,第 7 章、第 13 章由马传志编写,第 11 章由王斌编写,最后由周虹教授统稿。

程序设计是一门实践性很强的课程,不可能只凭借听课和看书就能掌握,因此读者应当注重提高编写程序和上机运行程序的能力。为了帮助读者学习本书,编者还编写了一本配套的学习指导书《C 语言程序设计与实用实践教程》,提供本书中各章的学习指导、实验、习题及参考答案。

本书在编写过程中得到了人民邮电出版社和佳木斯大学很多老师的帮助,并提出了许多宝贵的意见,在此对他们表示衷心的感谢。同时对在本书编写过程中参考的大量文献资料的作者一并表示感谢。由于时间紧迫,加之编者水平有限,书中难免有疏漏和不足之处,恳请读者提出宝贵的意见和建议。

编　者
2013 年 6 月

目　录

第 1 章
程序设计及 C 语言概述

计算机是 20 世纪最伟大的发明，它的出现和飞速发展对社会的各个领域都产生了深远的影响，已被广泛地应用到各行各业。使用计算机语言开发应用程序、解决实际问题是科学技术人员应具备的能力。

为了有效地进行程序设计，编写质量高、易读性好的程序，至少应掌握以下 3 个方面的知识。

（1）掌握一门高级语言。

（2）掌握解题的方法和步骤，即算法设计，它是程序设计的核心。

（3）掌握结构化程序的设计方法。

本章将介绍算法的概念及流程图的画法、结构化程序设计及方法、C 语言的发展简史及 C 语言的特点，重点介绍 C 语言程序的构成及 C 语言编程环境——Turbo C 2.0 和 Visual C++ 6.0 的使用。

本章学习目标

- 了解算法的概念和特性，掌握一种流程图的画法。
- 了解程序设计及结构化程序设计方法。
- 了解 C 语言的发展简史及 C 语言的特点。
- 掌握 C 语言程序的构成及书写风格，对 C 语言程序有一个初步了解。
- 熟悉 C 语言编程环境——Turbo C 2.0 和 Visual C++ 6.0 的使用。

1.1 算法及表示

为了解决一个问题而采取的方法和步骤称为算法。

一个程序应包括以下两方面的内容。

（1）数据的描述。在程序中要指定数据的类型和数据的组织形式，即数据结构。

（2）对数据操作的描述。即操作步骤，也就是算法。

1.1.1 算法的特性

算法须具备如下 5 个特性。

（1）有穷性

一个算法必须总是在执行有限个操作步骤和可以接受的时间内完成其执行过程。

（2）确定性

算法的每一步操作都必须有确切的含义，不允许有二义性；对于相同的输入数据，则应有相同的输出结果。

（3）输入

有零个或多个输入，即执行算法时需要从外界取得要处理的信息。

（4）输出

有一个或多个输出，输出结果。

（5）可行性

算法中的操作都是可以通过已经实现的基本运算执行有限次来完成。

1.1.2 算法的表示

算法可以使用各种不同的方法来描述。常见的算法表示方法有：自然语言、伪码、传统流程图、N-S 结构图等。

1. 用自然语言表示算法

自然语言就是人们日常使用的语言，可以是中文、英文等。

【例 1.1】求 $\sum_{k=1}^{5} k$，即 1+2+3+4+5 的值。用自然语言表示算法。

第 1 步：将 1 存放到变量 sum 中，即 sum=1。

第 2 步：将 2 存放到变量 k 中，即 k=2。

第 3 步：计算 sum+k，并将结果存放到 sum 中，即 sum= sum+k。

第 4 步：将 k 的值增加 1，即 k=k+1。

第 5 步：判断 k 是否大于 5，若 k≤5，再执行第 3~5 步；若 k>5，算法结束，此时变量 sum 的值就是最后的结果。

此算法不仅可以计算 $\sum_{k=1}^{5} k$，还可以计算 $\sum_{k=1}^{100} k$，只不过要将第 5 步改为判断 k 是否大于 100。

用自然语言表示的算法简单、通俗易懂，但文字冗长，表达上不易准确，易有二义性，所以一般不用自然语言描述算法。

在算法设计时，常用流程图表示算法。

2. 用传统流程图表示算法

传统流程图是用规定的一组图形符号、流程线和文字说明来表示各种操作的算法，如表 1-1 所示。

表 1-1　　　　　　　　　　　　　　　　　传统流程图常用符号

符　　号	符号名称	含　　义
▭	起止框	表示算法的开始和结束
▱	输入/输出框	表示输入/输出操作
▭	处理框	表示对框内的内容进行处理
◇	判断框	表示对框内的条件进行判断
↑	流程线	表示流程的方向
○	连接点	表示两个具有同一标记的"连接点"应连接成一个点

用传统流程图表示算法直观形象，算法的逻辑流程一目了然，便于理解，但画起来比较麻烦，且

由于允许使用流程线，使用者可以随心所欲，使流程可以任意转移，从而造成阅读和修改上的困难。

【例 1.2】用传统流程图表示对两个数按从小到大顺序输出的算法，如图 1-1 所示。

为克服上述弊病，提出了结构化的程序设计方法。在结构化的程序设计方法中，流程图包括 3 种基本程序结构。

（1）顺序结构：顺序结构是结构化程序设计中最简单的结构，它由若干条简单语句组成，完全按照语句排列顺序执行。顺序结构有一个入口和一个出口，中间可以包含若干个操作。顺序结构的流程图如图 1-2 所示，该图表示先执行处理 A，再顺序执行处理 B。

（2）选择结构：选择结构又称分支结构，它由一个条件和两组语句组成，执行时根据条件的真假来选择执行的分支。它有一个入口和两个出口。选择结构的流程图如图 1-3 所示。当判断条件成立时，执行处理 A，否则执行处理 B。

图 1-1　两个数由小到大输出　　　图 1-2　顺序结构　　　图 1-3　选择结构

（3）循环结构：循环结构是根据一定的条件，对某些语句重复执行的结构，被重复执行的部分称为循环体。循环结构由两部分组成，一是循环条件，二是循环体。是否执行循环体由循环条件决定。根据对循环条件判断位置的不同，循环结构又分为当型循环和直到型循环两种。

① 当型循环：当型循环是先判断循环条件。如果条件满足，执行一次循环体；如果条件不满足，退出循环结构。在当型循环结构中，当判断条件成立时，就反复执行处理 A（循环体），直到条件不成立时结束。当型循环结构的流程图如图 1-4 所示。

② 直到型循环：直到型循环是先执行一次循环体，再判断条件。如果条件不满足，再执行一次循环体，直到条件满足，退出循环体。在直到型循环结构中，反复执行处理 A，直到判断条件成立时结束（即判断条件不成立时继续执行）。直到型循环结构的流程图如图 1-5 所示。

图 1-4　当型循环结构　　　　　　图 1-5　直到型循环结构

3. 用 N-S 流程图表示算法

N-S 流程图的主要特点是取消了流程线，不允许有随意的控制流，整个算法的流程写在一个矩形框内，该矩形框由 3 种基本结构复合而成。

N-S 流程图表示的 3 种基本结构如下。

（1）顺序结构。顺序结构的 N-S 流程图如图 1-6 所示。

（2）选择结构。选择结构的 N-S 流程图如图 1-7 所示。

（3）循环结构。当型循环结构的 N-S 流程图如图 1-8 所示，直到型循环结构的 N-S 流程图如图 1-9 所示。

图 1-6　顺序结构　　　　图 1-7　选择结构　　　　图 1-8　当型循环结构　　　图 1-9　直到型循环结构

【例 1.3】用 N-S 流程图表示对 3 个数进行从小到大排序的算法，如图 1-10 所示。

【例 1.4】用 N-S 流程图表示求 10 个数之和的算法，如图 1-11 所示。

图 1-10　对 3 个数排序的算法

图 1-11　求 10 个数之和的算法

4. 用伪码表示算法

伪码是一种介于自然语言和计算机语言之间的用来描述算法的文字和符号。伪码不能在计算机上实际执行，但是用伪码表示算法方便、友好，便于向计算机程序过渡，伪码的表现形式灵活自由、格式紧凑，没有严谨的语法格式。

1.2　程序设计及结构化程序设计方法

1.2.1　程序

人与计算机交流的工具是计算机语言，交流的方法是使用程序。程序是为解决某一个特定问题而用某一种计算机语言编写的指令序列。

用高级语言编写的程序称为高级语言源程序，它不能在计算机上直接运行。高级语言程序必须经过编译、连接，形成一个完整的机器语言程序，然后执行。

编译是将高级语言源程序翻译成机器语言程序的过程，完成这个操作的程序称为编译程序，翻译成的机器语言程序称为目标程序。每种高级语言程序都有各自的编译程序，编译程序的主要功能如下。

- 对源程序进行词法分析和检查。

- 对源程序进行语法检查和语法分析。
- 为变量分配存储空间。
- 生成目标程序。

经过编译得到的目标程序是不能直接运行的，因为目标程序可能要调用内部函数、外部函数或系统提供的库函数等。因此，在执行之前还需要将所有的目标程序和系统提供的库函数等连接在一起成为一个完整的机器语言程序，这个机器语言程序称为可执行程序。完成这个过程的程序称为连接程序。

计算机执行高级语言程序的过程如图 1-12 所示。

图 1-12　计算机执行高级语言程序的过程

1.2.2　程序设计的步骤

程序设计是指借助计算机，使用计算机语言准确地描述问题的算法，并正确进行计算的过程。程序设计的核心是"清晰"，程序的结构要清晰，算法的思路要清晰。

程序设计的过程可以分为若干个相互关联的阶段。针对问题的要求，从分析问题的需求出发，逐步深入，到最后编制出能计算出正确结果的程序。

（1）分析问题，确定问题的需求：接受任务后，首先要对所要解决问题的处理对象进行深入地了解，深刻掌握题意，分析问题要求。只有准确定义了问题的要求，才能找到正确答案。

（2）分析问题，建立数学模型：任何一个生产过程、科学计算或技术设计，都可通过一系列分析和实验，找出它们运算操作和活动的规律，然后进行归纳，并做抽象的数学描述。这种用数学方法来描述实际问题的方法称为建立数学模型。只有较准确地明确所解问题的目标，给出问题的约束条件，在一定的输入和输出情况下，才能建立好数学模型。

（3）选择计算方法：对建立的数学模型选择一种合适的计算方法。对于同一个数学模型，往往存在多种可供使用的计算方法，即可以通过多种不同的途径处理数学模型的计算操作问题。各种不同的算法虽然都能达到计算目的，但在计算速度、求值的精度要求、存储空间的占用上都存在差异。因此要针对选定的数学模型，在多种计算方法中选择一种合理有效的方法。

（4）设计算法，绘制流程图：在编写程序之前，应该先按选取的计算方法，整理好思路，设计好运算的步骤，即算法，然后用流程图描述出来。形象直观的流程图能清晰地反映算法的基本思想和操作步骤。流程图可以根据需要，把程序设计的具体结构和细节都表示出来。有了详细的流程图，程序的编写工作就显得简单、有条理，有利于程序的调试、修改和交流。

（5）编写程序：把流程图描述的算法用计算机程序设计语言恰当地进行描述，成为能交给计算机运行的源程序，这项工作就是编写程序。在编写程序的过程中，编程者要熟悉语言的语义和各种语法规则、规定，以求程序能准确地描述算法。

（6）调试程序：在程序编写中，尤其是在一些大型复杂的计算和处理过程中，由于对语言语法的忽视或书写上的问题，难免会出现一些错误，致使程序不能运行，这类错误称为语法错误。有时程序虽然能运行，但得不到正确的结果，这是由于程序描述上的错误或是对算法的错误理解造成的。有时对特定的运算对象是正确的，而对大量的运算对象进行运算时会产生错误，造成这类错误的主要因素是数学模型问题。这类错误属于逻辑错误。为了使程序正确地解决实际问题，在程序投入运行前，必须对程序进行反复调试，仔细分析和修改程序中的每一处错误。对于语法错误，一般根据编译程序提供的语法错误信息逐个修改。逻辑错误的情况比较复杂，必须在调试的试运行中查看计算结果是否达到预期的要求，发现错误后，要认真地分析，查出症结所在，然后进行修改。在查找错误时可以采取分段调试、逐层分析等有效的调试手段。调试的目的是获得一个完整的、能正确投入运行的程序。

（7）整理资料和交付使用：程序编写、调试结束后，为了使用户能了解程序的具体功能和掌握程序的运行操作，有利于程序修改、阅读和交流，必须将程序设计各阶段形成的资料和有关说明加以整理，写成程序说明书，内容包括：程序名称、任务的具体要求、给定的原始数据、算法、程序流程图、程序清单、调试及运行结果、程序操作说明、程序的运行环境要求以及其他需要说明的资料。程序说明书作为程序设计的技术报告，在程序正式交付使用时，应随同程序一起交给用户。用户根据程序说明书的要求将程序投入实际运行，并以此对程序的技术性能和质量做出评价。

为了编写程序，必须先设计出算法。有了正确的算法才能正确地编写程序。另一方面，程序处理的对象是数据，每个数据都有一定的特性，而且数据之间还有一定的联系。当处理的对象比较复杂时，编程者必须仔细地分析数据以及它们之间的联系，把它们合理地组织起来，也就是说要选择合适的数据结构。对不同的数据结构，在程序中要采用不同的方法处理。因此，程序不仅要描述算法，还应当描述数据结构。著名的计算机科学家沃思（Wirth）说："程序就是在数据的某些特定的表示方式和结构的基础上，对抽象算法的具体描述。"他提出了一个著名的公式来表达程序的实质：

$$算法+数据结构=程序$$

对同一个问题的求解，可以采用不同的数据结构和不同的算法，而不同的数据结构直接影响着算法的复杂度和解题效果。

1.2.3　结构化程序设计

结构化程序设计方法只使用顺序、分支和循环 3 种基本结构来实现算法，编写的程序有结构清晰、可读性强、易查错等特点，使程序设计的效率和质量都得以提高。

模块化设计方法、自顶向下设计方法和逐步求精设计方法是结构化程序设计方法最典型、最具有代表性的方法。

1. 模块化设计方法

模块化设计方法是指将一个复杂的程序或算法分解成若干个功能单一、相对独立的模块，再按层次结构将其联系起来。

模块可以是一个程序或一组程序，由 3 种基本结构组成。模块化设计方法的核心是如何划分模块，产生模块结构图，它有一套设计策略和划分方法。简单地讲，模块划分要做到尽可能降低模块间的联系程度，提高模块本身的独立性。

2. 自顶向下设计方法

自顶向下设计方法是一种自顶向下逐层分解、逐步细化，直到最底一层达到最简单的功能模块为止的方法。采用自顶向下开发方法得到的程序结构性好，可读性好，可靠性也较高。

3. 逐步求精设计方法

逐步求精设计方法是将一个抽象的问题分解成若干个相对独立的小问题，并逐级进行由抽象到具体、由粗到细、由表及里的不断进行精细化的程序设计方法。每一步求精过程都将问题的算法或相应的操作进一步细化，直到算法精细化到可用 3 种基本结构实现为止。

上面介绍的 3 种结构化程序设计方法各有特点。逐步求精程序设计方法符合人们的逻辑推理和思维习惯，求精过程条理清楚，自然流畅，同时求精过程总是伴随正确性证明，即可以边求精边证明，求精过程十分严密。其缺点是当算法较复杂时，过程较烦琐冗长。模块化程序设计方法和自顶向下设计方法的主要特点是对问题进行分割，采取的是化整为零、各个击破的方法。将问题分割成若干个子问题，对子问题再进行分割，这样将问题分割成一个模块层次结构。分割的实质是将问题局部化，使局部模块功能单一，其内部包含的信息不能被不需要此信息的模块访问，这就使模块具有相对的独立性。

3 种结构化程序设计方法各有不同的用途。模块化程序设计方法主要用于算法设计；自顶向下程序设计方法主要适用于较大型和较复杂问题的程序设计；逐步求精程序设计方法广泛用于算法的分析和程序设计工作中。3 种方法又是相互融合、密不可分的，在结构化程序设计中是综合使用的。模块化得到一个模块化层次结构，模块化的过程包含自顶向下的设计思想，模块化和自顶向下的逐级分解又以逐步求精为引导，可以看作是逐步求精方法的一种发展。

下面利用逐步求精方法来设计一个算法。

【例 1.5】输入 3 个数，按由大到小排列输出。

首先可以把问题抽象为图 1-13（a）所示的 3 个子问题 s1、s2、s3，再分别对 3 个子问题细化。若用 a，b，c 3 个变量表示 3 个数，则可以把 s1、s3 描述为图 1-13（b）和图 1-13（c）。对 s2 可以分成 s2.1、s2.2、s2.3 3 个子任务，如图 1-13（d）所示，进一步将 s2.1 细化分解成 s2.1.1 和 s2.1.2，如图 1-13（e）和图 1-13（f）所示，至此，最大的数已经产生并存入 a 中，把 s2.2、s2.3 合在一起完成中间的数放 b，最小的数放 c 的操作，如图 1-13（g）所示。对于交换 a 和 b 的操作，可以选用另一个变量 t，利用以下 3 个操作完成："t=a;a=b;b=t;"交换 a 和 c，交换 b 和 c 的操作类似。最后把图 1-13（b）、1-13（c）、1-13（e）、1-13（f）、1-13（g）合在一起构成完整的算法流程图，如图 1-13（h）所示。

图 1-13　例 1.5 的 N-S 流程图

1.3　C 语言的发展及特点

1.3.1　C 语言出现的历史背景

　　C 语言于 20 世纪 70 年代初诞生于美国的贝尔实验室。在此之前，人们编写系统软件主要使用汇编语言。汇编语言编写的程序依赖于计算机硬件，其可读性和可移植性都比较差，而高级语言的可读性和可移植性虽然较汇编语言好，但一般高级语言又不具备低级语言能够直观地对硬件实现控制和操作，程序执行速度相对较快的优点。在这种情况下，人们迫切需要一种既具有一般高级语言特性，又具有低级语言特性的语言。于是 C 语言就应运而生了。

　　由于 C 语言既具有高级语言的特点，又具有低级语言的特点，因此迅速普及，成为当今最有发展前途的计算机高级语言之一。C 语言既可以用来编写系统软件，也可以用来编写应用软件。现在，C 语言广泛地应用在机械、建筑和电子等行业，用来编写各类应用软件。

　　C 语言的发展历程如下所述。

　　（1）ALGOL60：一种面向问题的高级语言。ALGOL60 离硬件较远，不适合编写系统程序。

　　（2）CPL（Combined Programming Language，组合编程语言）：CPL 是一种在 ALGOL60 基础上更接近硬件的语言。CPL 规模大，实现困难。

　　（3）BCPL（Basic Combined Programming Language，基本的组合编程语言）：BCPL 是对 CPL 进行简化后的一种语言。

　　（4）B 语言：是对 BCPL 进一步简化所得到的一种很简单接近硬件的语言。B 语言取 BCPL 语言的第一个字母。B 语言精练、接近硬件，但过于简单，数据无类型。B 语言诞生后，Unix 开始用 B 语言改写。

　　（5）C 语言：是在 B 语言基础上增加数据类型而设计出的一种语言。C 语言取 BCPL 的第二个字母。C 语言诞生后，UNIX 很快用 C 语言改写，并被移植到其他计算机系统。

　　（6）标准 C、ANSI C、ISO C：C 语言的标准化。

　　最初 UNIX 操作系统是采用汇编语言编写的，B 语言版本的 UNIX 是第一个用高级语言编写的 UNIX。在 C 语言诞生后，UNIX 很快用 C 语言改写，C 语言良好的可移植性很快使 UNIX 从 PDP 计算机移植到其他计算机平台，随着 UNIX 的广泛应用，C 语言也得到推广。从此 C 语言和 UNIX 像一对孪生兄弟，在发展中相辅相成，UNIX 和 C 语言很快风靡全球。

　　从 C 语言的发展历史可以看出，C 语言是一种既具有一般高级语言特性（ALGOL60 带来的高级语言特性），又具有低级语言特性（BCPL 带来的接近硬件的低级语言特性）的程序设计语言。C 语言从一开始就用于编写大型、复杂的系统软件，当然 C 语言也可以用来编写一般的应用程序。

　　IBM 微机 DOS、Windows 平台上常见的 C 语言版本有以下各项。

　　（1）Borland 公司

　　Turbo C、Turbo C++、Borland C++ 及 C++Builder（Windows 版本）。

　　（2）Microsoft 公司

　　Microsoft C 及 Visual C++（Windows 版本）。

1.3.2　C 语言的特点

C 语言以其简洁、灵活、表达能力强、产生的目标代码质量高、可读性强和可移植性好为基本特点而著称于世。特点如下。

（1）C 语言程序紧凑、简洁、规整。使用一些简单规则和方法就可以构成相当复杂的数据类型、语句和程序结构。

（2）C 语言的表达式简练、灵活、实用。C 语言有多种运算符、多种描述问题的途径和多种表达式求值的方法，这使程序设计者有较大的主动性，并能提高程序的可读性、编译效率以及目标代码的质量。

（3）C 语言具有与汇编语言很相近的功能和描述问题的方法。如地址计算、二进制数位运算、使用寄存器存放变量，以及对硬件端口直接操作等，都充分利用了计算机系统资源（如 BIOS 软中断和 DOS 的系统功能调用等）。

（4）C 语言具有丰富的数据类型。在系统软件中，特别是操作系统中，对计算机的所有软件、硬件资源要实施管理和调度，这就要求有相应的数据结构作为操作基础。C 语言具有 5 种基本的数据类型：char（字符型）、int（整型）、float（浮点单精度型）、double（浮点双精度型）、void（无值型）和多种构造数据类型（数组、指针、结构体、共用体、枚举）。如指针类型使用十分灵活，用它可以构成链表、树、栈等。指针可以指向各种类型的简单变量、数组、结构体、共用体以及函数等。

（5）C 语言具有丰富的运算符。C 语言有多达 40 余种运算符。丰富的数据类型与众多的运算符相结合，使 C 语言具有表达灵活和效率高的优点。

（6）C 语言是一种结构化程序设计语言，特别适合大型程序的模块化设计。C 语言具有编写结构化程序所必需的基本流程控制语句。C 语言程序是由函数集合构成的，函数各自独立作为模块化设计的基本单位。它所包含的源文件，可以分割成多个源程序，分别对其进行编译，然后连接起来构成可执行的目标文件。C 语言提供了丰富的库函数，包括图形函数等，可供用户调用。C 语言还允许用户根据需要自定义函数。C 语言还提供了多种存储属性，可以使数据按其需要在相应的作用域内起作用。

（7）C 语言为字符、字符串、集合和表的处理提供了良好的基础，它能够表示和识别各种可显示的以及起控制作用的字符，也能区分和处理单个字符和字符串。

（8）C 语言具有预处理程序和预处理语句，给大型程序的编写和调试提供了方便。

（9）C 语言程序具有较高的可移植性。在 C 语言的语句中，没有依赖于硬件的输入输出语句，程序的输入输出功能是通过调用输入输出函数实现的，而这些函数是由系统提供的独立于 C 语言的程序模块，从而便于在硬件结构不同的计算机之间实现程序的移植。

（10）C 语言是处于汇编语言和高级语言之间的一种中间型的记述性程序设计语言。C 语言既具有面向硬件和系统，像汇编语言那样可以直接访问硬件的功能，又有高级语言面向用户，容易记忆、便于阅读和书写的优点。

综上所述，C 语言是一种功能很强的语言。但是，它也有一些不足之处：C 语言语法限制不严谨，虽然熟练的程序员编程灵活，但安全性低；运算符丰富，完成功能强，但难记、难掌握。因此，学习、使用 C 语言不妨先学基本部分，先用起来，用熟练后再学习语法规则，进而全面掌握 C 语言。

1.4   C 语言程序的构成

下面先介绍几个简单的 C 语言程序，然后从中分析 C 语言程序的构成。

【例 1.6】

```
#include <stdio.h>              /* "文件包含"命令*/
main( )                        /*求两个数的和*/
{ int a,b,c;                   /*定义变量*/
  a=2;b=3;c=a+b;               /*3 个赋值语句*/
  printf("%d\n",c);            /*输出 c 的值*/
}
```

程序的执行结果为：5

本程序的功能是求两个数 a 和 b 的和 c。/*……*/是注释，"int a,b,c;"是定义变量，C 语言要求程序中用到的变量都要定义。"a=2;b=3;c=a+b;"是 3 条赋值语句，使 a 和 b 的值分别为 2 和 3，和 c 的值为 a+b 的值，"printf("%d\n",c);"输出 c 的值，"%d"是输入输出的"格式字符串"，表示以十进制整型数的输出格式。

【例 1.7】

```
#include <stdio.h>              /* "文件包含"命令*/
main( )                        /*主函数*/
{ int a,b,c;                   /*定义变量*/
  printf("input two number");  /*提示输入两个数*/
  scanf("%d,%d",&a,&b);        /*输入变量 a 和 b 的值*/
  c=add(a,b);                  /*调用函数 add，将得到的值赋给 c*/
  printf("product=%d\n",c);    /*输出和 c 的值*/
}
int add(int a, int b)          /*定义 add 函数，函数结果类型为整型，两个形参为整型*/
{ int c;                       /*add 函数中的声明部分，定义本函数中用到的变量 c*/
  c=a+b;                       /*a 加 b 的值赋给 c*/
  return c;                    /*将 c 的值返回，通过 add 带回调用处*/
}
```

这个程序同样是求两个数的和，但用了两个函数来实现，主函数和被调用函数 add。add 函数的作用是将 a 和 b 的和值赋给变量 c，return 语句将 c 的值返回主调函数 main。返回的值是通过函数名 add 带回到 main 函数的调用处。

通过以上两个例子可以知道以下内容。

（1）C 语言程序是由函数构成的。一个 C 源程序至少包含一个 main()函数，也可以包含一个 main()函数和若干个其他函数。在 C 语言中，函数是程序的基本单位。被调用的函数可以是系统提供的库函数（如 scanf()函数和 printf()函数），也可以是用户自定义的函数（如例 1.7 中的 add()函数）。C 语言中的函数相当于其他语言中的子程序，编写 C 语言程序就是编写一个个函数，C 语言的库函数十分丰富，ANSI C 提供了 100 多个库函数。如果要调用库函数，则要用#include 命令把包含库函数的头文件包含在此程序中。

（2）一个函数由两部分组成。

① 函数首部，即函数的第一行。包括函数类型、函数名、函数的形参、形参类型以及函数属性等。例如，例 1.7 中 add()函数的首部为：

```
int     add (   int    a,   int    b)
函数类型 函数名   形参类型 形参 形参类型 形参
```

函数名后是函数的参数表，必须用一对圆括号括起来，参数表中也可以没有参数，没有参数时也必须有括号，如 main()。

② 函数体，即函数首部下面大括号内的部分。如果一个函数内有多个大括号，则最外层的一对{ }为函数体。

函数体一般包括以下各部分。

- 声明部分：在这部分定义变量、对调用函数的声明等。
- 执行部分：由若干语句组成。

函数的一般格式是：

```
数据类型　函数名(函数参数表)
{　声明部分
    执行部分
}
```

当然，在某些情况下可以没有声明部分，也可以没有执行部分。如：

```
max(){ }
```

这是一个空函数，但是是合法的。

（3）不管 main ()函数在程序的什么位置，一个 C 语言程序总是从 main ()函数开始执行。

（4）C 语言程序的书写格式自由，一行内可以写多个语句，一个语句也可以写在多行上，C 语言程序没有行号。

（5）每一个语句和数据定义的最后都必须有一个分号，分号是语句必要的组成部分，允许有空语句，空语句只有分号没有其他内容。

（6）C 语言本身没有输入/输出语句，输入/输出由库函数来完成。

（7）可以用/*…*/对 C 语言程序注释。/和*之间不允许留空格，注释部分可以出现在程序的任何位置上，注释可以为若干行。

（8）一个 C 语言程序可以由一个文件组成，也可以由若干个文件组成。一个文件可以包含一个函数，也可以包含多个函数。例 1.7 中包含两个函数，也可以将两个函数放在两个文件中（每个文件有一个文件名）分别进行编译，然后通过连接（link）把它们合成一个可执行文件，以供运行。

总之，C 语言程序可以由若干个源文件构成，每个源文件可以包含编译预处理命令和一个或多个函数，每个函数由函数首部和函数体构成。

1.5　程序的书写格式和程序的书写风格

程序的书写风格直接影响到程序的可读性，对于程序设计具有关键作用。好的设计风格不但可以提高程序设计的质量，而且可以提高程序设计的效率。

（1）程序所采用的算法要尽量简单，符合一般人的思维习惯。

（2）标识符的使用尽量采取"见名知义，常用从简"的原则。

（3）为了清晰地表现出程序的结构，最好采用锯齿形的程序格式。

（4）可以用/*…*/注释，以增加程序的可读性。

（5）最好在输入语句之前加一个输出语句对输入数据加以提示。

（6）函数首部的后面和编译预处理的后面不能加分号。

（7）C 语言程序的书写格式虽然自由，但为了清晰，一般在一行内写一个语句。

1.6 C 语言的编程环境

1.6.1 Turbo C 的基本操作

1. Turbo C 的启动

进入 Turbo C 环境需要运行可执行程序 TC.exe。可以分别从 DOS、Windows 操作系统下进入，操作途径和步骤如下所述。

（1）在 DOS 操作系统下

C:\>CD\TC<CR>

C:\>TC>TC<CR>

这时就进入了 Turbo C 集成环境，屏幕上显示出图 1-14 所示的 Turbo C 界面。

图 1-14 Turbo C 2.0 集成开发环境操作界面

（2）在 Windows 操作系统下，可以采用以下几种方法。

① 双击桌面上的"快捷方式"图标 MS（如果有的话），即可进入 Turbo C 系统。

② 单击执行任务栏中的"开始"→"程序"→"运行"命令，在文本框中键入 cmd 命令，进入 DOS 操作系统界面。在该窗口中使用（1）中的命令，进入 Turbo C 环境。

③ 打开资源管理器，找到文件夹 TC 下的 TC．EXE 文件，双击该文件名，即可进入 Turbo C 环境。

2．TC 的使用

C 程序是编译性的程序设计语言，一个 C 语言源程序要经过编辑、编译、连接和运行 4 步，才能得到运行结果。其中任何一步出现错误，都要重新进入编辑状态修改源程序。

（1）编辑源程序

① 建立新文件：假设首次进入 Turbo C 环境，系统自动激活主菜单中的 File 菜单，选择 New 选项，用以建立一个新的 C 程序的源文件，按【Enter】键。

② 录入源程序：当光标定位在编辑窗口左上角（第 1 行，第 1 列）时，就可以开始输入和编辑源程序了。进行源程序输入。

③ 保存源程序：仍然在 File 菜单中，选择 Save 选项，或按【F2】键将文件存于当前路径中，并创建文件名。

（2）编译和连接源文件

① 编译。源程序建立后，选择 Compile→Compile to OBJ 选项，或按【F9】键对源程序进行编译。通过编译，生成二进制代码目标文件（.OBJ）文件，编译结束后，如有语法上的错误，将列出且显示在信息窗口内，可根据提示重复编辑、修改、编译源程序，直至通过为止。之后，系统将创建扩展名为.OBJ 的目标文件。

② 连接。其目的是生成可以执行文件（.EXE）。执行文件生成之后，也可脱离 Turbo C 环境，直接运行于操作系统。

还可以用快捷键【Alt+C】（或按【F10】键）选择 Compile→Make EXE file 选项，按回车键后即可一次完成编译和连接操作。

还可以使用快捷键【Ctrl+F9】一次完成编译、连接、运行 3 个操作。

（3）运行程序。编译和连接通过以后，就可以运行程序了。选择Run→ Run 选项并按【Enter】键（或按快捷键【Ctrl+F9】），即可运行程序。

Turbo C 虽是集成化的工具环境，但这 4 步也没有被取消，只是减少了所有中间转换环节。如果源程序正确无误，先按快捷键【Ctrl+F9】，再按快捷键【Alt+F5】可直接看到运行结果。

1.6.2　Visual C++6.0 上机环境简介

当在计算机中安装了 Visual C++ 6.0 后，可以在 Windows 的“开始”菜单中，执行“程序”→“Microsoft Visual Studio 6.0”→“Microsoft Visual C++ 6.0”命令即可启动系统。系统启动后，会自动弹出一个当时的提示窗口，显示出联机知识中的一条内容，每次启动都会给出一条帮助信息，如图 1-15 所示。单击该窗口中的“下一提示”按钮可以获得更多的提示信息，或者单击“结束”按钮来关闭窗口。如果用户不希望每次启动后都显示这个窗口，可以在关闭之前，先去掉“再启动时显示提示”复选框中的对勾。关闭当时的提示窗口后，进入 Visual C++ 6.0 的开发环境。启动系统后，即可进入 Visual C++ 6.0 的主窗口，如图 1-16 所示。

下面简单介绍 C 程序在该编译系统下如何编辑、编译、连接和运行。关于更多的功能请参阅 Visual C++ 6.0 的操作说明书。如果读者不使用该版本的编译系统，这部分内容可以不看。但需要阅读所选用的 C++编译程序的使用说明书中的基本操作部分，学会对 C 源程序的编辑、编译和运行的方法。

下面介绍如何使用 Visual C++ 6.0 编写 C 源程序、编译和运行程序以获得正确的结果。

（1）编写 C 源程序。

启动 Visual C++ 6.0 后，执行 File→New 命令，这时将弹出一个 New 对话框，如图 1-17 所示。

图 1-15 "当时的提示"窗口

图 1-16 Visual C++ 6.0 主窗口

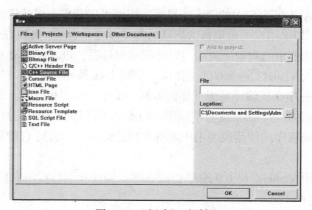

图 1-17 "新建"对话框

对话框上面有 4 个选项卡，选中"文件"选项卡，在窗口中列出可以新建文件的类型，单击 C++ Source File 选项，该选项用于建立 C 源文件，默认扩展名为.CPP，可以用.C；在右侧的"文件"文本框中输入将要编写的文件的名称，在"目录"文本框中输入准备存放源文件的录，或用鼠标单击按钮 来选择存放文件的目录，如图 1-18 所示。

单击 OK 按钮后即进入编辑主窗口，在主窗口的文档窗口中输入如下程序。

```c
#include<stdio.h>
int add(int x,int y)
{    return x+y;    }
void main()
{   int a,b,c;
    a=2,b=5;
    c=add(a,b);
    printf("%d\n",c);
}
```

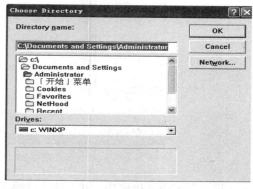

图 1-18　"选择存放路径"对话框

该程序由两个函数组成，一个是主函数 main()，另一个是 add()函数，它在程序中被主函数调用。这两个函数存放在同一个文件中。

在主函数 main()中，首先定义了两个整型变量 a 和 b，并赋值 2 和 5。其次定义了一个整型变量 c。调用函数 add()，并将其返回值赋给变量 c。函数 add()有两个整型参数 x 和 y，它的函数体内只有一条语句，即返回语句，函数的功能是将 x+y 的值返回给调用函数，该调用函数再将其返回值赋给变量 c。在主函数中还有一条输出语句，该语句输出变量 c 的值，即 a+b 的值。

检查程序有无错误，若无错误，则选择"File"菜单的"Save"子菜单，将此源文件保存在磁盘上。

（2）编译连接和运行源程序。

① 单文件程序。单文件程序是指程序只有一个文件，如前面输入的程序。

选择"编译"菜单中的"编译 XXX.cpp"命令，系统将弹出对话框，询问是否创建工程，如图 1-19 所示。

图 1-19　是否创建工程的询问窗口

单击"是"按钮，则在主窗口左侧的项目工作区中添加与源文件名同名的工程，如图 1-20 所示。之后系统开始进行编译。在编译过程中，系统将发现的错误显示在屏幕下面的输出窗口中。显示的错误信息指出该错误所在的行号和错误性质，用户可根据这些信息进行修改。用鼠标双击错误信息，光标将停在与该错误信息对应的行上，并在该行前面用一箭头加以提示。在没有错误时，"输出"窗口中将显示如下的信息。

```
XXX.obj-0 error(S), 0 warning(S)
```

编译无错误后，再进行连接。此时选择 Build→Build XXX.exe 命令，根据输出窗口中的错误信息提示，对出现的错误进行修改，直到没有连接错误为止。这时，在输出窗口中将显示如下的信息。

```
XXX.exe-0 error(S), 0 warning(S)
```

图 1-20　生成项目工程的主窗口

这说明编译连接成功，并生成了以源文件名为名字的可执行文件。

执行可执行文件的方法之一是选择 Build→Execute XXX.exe 命令。这时运行可执行程序，并将结果显示在另一个窗口中，显示结果如下。

a+b=7

按任意键后，屏幕恢复显示源程序窗口。

② 多文件程序。多文件程序是指该程序包含两个或两个以上的文件，其编辑、编连接和运行的方法如下。

a）创建项目文件。选择 File→New 命令，在【Project】选项卡中选择 Win32 Console Application 选项，并在对话框右侧的"工程"文本框中输入项目名称，在 Location 文本框中输入程序存放的路径，然后单击 OK 按钮，如图 1-21 所示。

系统弹出一个选择项目类型的对话框，如图 1-22 所示。选择 An empty project 单选按钮，并单击"完成"按钮，则建立一个新项目，并在存放程序的目录下建立一个以工程名为名字的目录，即此工程中的所有文件都可以存放在此目录下。

图 1-21　创建项目对话框

图 1-22　选择项目类型对话框

b）在项目中添加文件。选择 Project→Add to project→New 命令，系统将弹出一个"新建"对话框。选择"文件"选项卡，在左侧列表框中用鼠标单击 C++ Source File 选项，然后在对话框右侧的"文件"文本框中输入文件名"file1"，单击 OK 按钮，如图 1-23 所示。

图 1-23 在项目中添加文件

文件 file1 的内容如下。

```
#include<stdio.h>
void main()
{    int a=2,b=5,c;
     c=add(a,b); printf("%d\n",c);
}
```

采用同样的方法建立文件 file2，其内容如下：

```
int add(int x,int y)
{    return x+y;    }
```

这样我们就将两个.cpp 或.c 文件加入到前面所建立的空白工程中。

c）编译连接项目文件。选择"编译"→"重建全部"命令，编译、连接，并生成可执行文件。

d）运行项目文件。选择"编译"菜单中的"执行 XXX.exe"选项，结果如下。

```
a+b=7
Press any key to continue
```

（3）在 Visual C++ 6.0 中，调试程序时常用的功能键如下。

<F9>键：设置／取消断点。

<F5>键：从当前语句开始执行，直到遇到断点或程序结束。

<F4>键：在程序调试时，使程序运行到当前光标所在处。

<F11>键：单步执行，可跟踪进入函数内部。

<F10>键：单步执行，不能跟踪进入函数内部。

<Shift+F5>快捷组合键：终止程序的调试运行。

① 建立工程文件后，输入如下程序。

```
#include<stdio.h>
int add(int x,int y)
{    return x+y;    }
```

```
void main()
{    int a=2,b=5, c;
     c=add(a,b); printf("%d\n",c);
}
```

在主函数的第 2 行按<F9>键设置断点，程序中此行的前面被加上圆点作为标记。按<F5>键开始进行调试，如图 1-24 所示。

此时，系统在编辑窗口的下部又增加了两个窗口，左侧的是 Variables 窗口，用于显示当前可见变量的值，如可看到变量 a 的值为 2，变量 b 的值为 5；右侧是 Watch 窗口，单击后可以输入要查看值的变量名，在 Value 列显示此变量的值，按【Delete】键可删除此变量。

② 按<Fll>键进入函数内部，此时可看到传入函数 add 的形参 x 和 y 的值，如图 1-25 所示。

③ 按<F11>键进入 add 函数的内部，此时可检查各变量的值是否正确。

④ 按<F11>键跟踪点返回主函数，并将返回值赋给变量 c。

⑤ 按<F11>键输出：a+b=7，结果正确。

图 1-24　Visual C++ 6.0 设置断点后的跟踪窗口

图 1-25　按<F11>键单步跟踪窗口

在跟踪到程序的任何一步时，若发现程序有错误，可用<Shift+F5>快捷组合键终止程序的执行，改正错误后，再重新运行。

1.7　本　章　小　结

本章介绍了算法的概念及流程图的画法、结构化程序设计及方法、C 语言的发展简史及 C 语言的特点、C 语言程序的构成及 C 语言编程环境——Turbo C 2.0 和 Visual C++ 6.0 的使用。

重点掌握 C 语言程序的上机操作方法，它是编辑、编译程序及调试程序的实验环境，包括：新建文件、保存文件、打开文件、编译、运行、查看运行结果等。

本章给出了几个简单的 C 语言程序，对于初学者，可以在实验课上将其输入，查看运行结果是否与例题中所给出的结果相同。在输入程序的时候，要特别注意程序的基本结构，一般初学者在输入程序的时候易犯错误，如缺少分号、遗漏大括号、小括号或者多加大括号等。通过几个例题重点掌握 C 程序的构成及程序的书写风格，从开始就养成良好的编程习惯。

1.8　练习与提高

一、单选题

1. 以下不正确的概念是（　　）。
    A. 一个 C 语言程序由一个或多个函数组成
    B. 一个 C 语言程序必须包含一个 main 函数
    C. 在 C 语言程序中，可以只包括一条语句
    D. C 语言程序的每一行上可以写多条语句

2. 下面源程序的书写格式不正确的是（　　）。
    A. 一条语句可以写在几行上　　　　B. 一行上可以写几条语句
    C. 分号是语句的一部分　　　　　　D. 函数的首部必须加分号

3. 在 C 语言程序中（　　）。
    A. main 函数必须放在程序的开始位置
    B. main 函数可以放在程序的任何位置
    C. main 函数必须放在程序的最后
    D. main 函数只能出现在库函数之后

4. C 语言程序的开始执行点是（　　）。
    A. 程序中第一条可以执行的语句　　B. 程序中的第一个函数
    C. 程序中的 main 函数　　　　　　D. 包含文件中的第一个函数

二、填空题

1. 一个 C 语言程序由若干个函数构成，其中必须有一个（　　）。
2. 一个函数由两个部分组成：（　　）和（　　）。
3. 注释部分以（　　）开始，以（　　）结束。
4. 在 C 语言中，构成程序的基本单位是（　　）。
5. 一个 C 语言程序的开发过程包括：编辑、（　　）、连接和运行 4 个步骤。

三、分别用传统流程图和结构化流程图表示以下问题的算法

1. 输入两个数，交换以后输出。
2. 输入两个数，按大小输出。
3. 输入十个数，输出它们的乘积。

第2章
C语言的基本数据及其运算

数据是程序处理的对象。C语言在程序处理数据之前，要求数据具有明确的数据类型。数据类型是数据结构的表示形式，体现的是数据的操作属性，对不同数据可进行不同的操作。用户在程序设计过程中所使用的每个数据都要根据其不同用途选择不同的类型，一个数据只能有一种类型，在C语言中具有数据属性的量有常量、变量、函数值、函数参数、表达式。

本章将介绍C语言的标识符、基本数据类型、常量、变量、运算符、表达式及其求值。

本章学习目标
- 了解C的标识符的构成及正确使用。
- 了解C的数据类型及基本类型数据的使用。
- 掌握C运算符的种类、运算优先级和结合性。
- 掌握C表达式类型（赋值表达式、算术表达式、关系表达式、逻辑表达式、条件表达式、逗号表达式），求值规则，及不同类型数据间的转换与运算等。

2.1　C语言数据类型简介

一个程序应包括如下两个方面。

（1）对数据的描述，在程序中要指定数据的类型和数据的组织形式，即数据结构。

（2）对操作的描述，即操作步骤，也就是算法。

数据类型是数据结构的表示形式，体现的是数据的操作属性，对不同数据可进行不同的操作，不同的数据类型在数据表示形式、合法的取值范围、占用内存空间大小、可参与的运算种类等方面都有所不同。用户在程序设计过程中所使用的每个数据都要根据其不同用途选择不同的类型，每个数据都属于一个确定、具体的数据类型。在C语言中的数据有常量、变量、函数值、函数参数、表达式等，它们分别属于上述类型。C语言的数据类型十分丰富，如图2-1所示。

图2-1　C语言数据类型

2.2　标　识　符

2.2.1　字符集

C 语言的字符集是指 C 语言程序中允许出现的字符，分为以下几类。

（1）英文字母（大、小写）；A、B、C、D、……Y、Z 、a、b、c、d、……y、z。

（2）数字：0、1、2、3、4、5、6、7、8、9。

（3）特殊符号：+、-、*、/、%、=、_、!、(、)、#、$、^、&、[、]、\、'、"、{、}、|、.、>、<、?以及空格等。

若在程序中使用其他字符，则编译时会出现语法错误。

2.2.2　标识符

C 语言中处理对象的名字都要用标识符表示，如符号常量名、变量名、函数名、类型名、文件名等。C 语言中的标识符必须满足以下规则。

（1）C 语言标识符是由字母、数字、下划线组成，并且第一个字符必须是字母或下划线。

（2）在 C 语言中对标识符长度没有统一规定，随系统而不同。

（3）大写字母和小写字母代表不同的标识符，如 SUM 和 sum 是两个不同的标识符。

（4）在使用标识符时尽量采取"见名知义，常用从简"的原则。如用 max 来代表最大值，这样增强标识符的可读性，使程序更加清晰。对于简单的数学运算中的变量用 a,b,c,x,y,z 等简单符号表示。

下面是合法的标识符：

x、xy、_1、x1、x_1、min

下面是不合法的标识符：

11t 、$t、x.y、a>f 、_s#

2.2.3　标识符的分类

（1）关键字

关键字也称系统保留字，是一类特殊的标识符，在 C 语言中有特殊的含义，不允许作为用户标识符使用，不能用作常量名、变量名、函数名、类型名、文件名等。C 语言中的保留字共 32 个，保留字用小写字母表示。C 语言的保留字如表 2-1 所示。

表 2-1　　　　　　　　　　　　　　C 语言的保留字

描述数据类型定义	描述存储类型	描述数据类型	描述语句
typedef	aute	char	break
void	extern	int	case
	register	float	continue
	static	double	default
	volatile	long	if
		short	else

描述数据类型定义	描述存储类型	描述数据类型	描述语句
		signed	switch
		struct	for
		union	do
		unsigned	while
		const	return
		enum	sizeof
			goto

（2）预定义标识符

预定义标识符也有特定的含义，如 C 语言提供的库函数的名字（printf、getchar、fabs 等）和编译预处理命令（define、include 等）。但 C 语言允许用户用这些标识符另作它用，改变原有的含义，但为了避免误解，建议用户不要将这些标识符另作它用。

（3）用户标识符

用户标识符是用户根据自己的需要而定义的标识符，如对变量、常量、函数等的命名。

2.3 常量与变量

2.3.1 常量

常量是指在程序运行过程中其值不能被改变的量。在 C 语言中常用的常量有整型常量、实型常量、字符型常量和字符串常量，这些常量在程序中不需要预先说明就能直接使用。

2.3.2 符号常量

有时候，可以用一个标识符代表一个常量，如可以在文件的开始写一个命令行：
```
#define PI 3.14159
```
用#define 命令行定义 PI 代表 3.14159，此后凡是在文件中出现的 PI 都代表 3.14159，可以和常量一样进行运算。这种用一个指定的名字代表的常量称为符号常量。

定义符号常量的一般形式：
```
#define 符号常量名 字符串
```
符号常量和变量不同，符号常量定义以后其值是不能变的，即不能对符号常量赋值或用 scanf 函数重新输入值。变量的值却是可以改变的。

定义符号常量的好处是：如果需要改变程序中的某一常量时，不需要一一改变这个常量，只需要修改定义中的字符串即可。注意#define 不是 C 的语句后面没有分号。

一般情况下，符号常量名用大写字符，其他标识符用小写字符。

2.3.3 变量

变量是指在程序运行过程中其值可以改变的量。程序中的变量由用户取名。实际上变量是内存中的一个存储区，在存储区中存放着该变量的值，每个变量有一个名字，如 x、sum 和 max 等。

变量在使用前必须进行声明，其目的是为变量在内存中申请存放数据的内存空间。

在程序中一个变量实质上代表某个存储单元。要注意变量的"名"和变量的"值"的区别，变量的"名"是指该变量所代表的存储单元的标志．而变量的"值"是指存储单元中的内容。

大写字母和小写字母被认为是两个不同的字符，因此 sum 和 SUM 是两个不同的变量名。习惯上，为增强可读性，变量名用小写字母表示。

2.3.4　变量的初始化

C 语言允许在定义变量的同时使变量初始化。如：

```
int a=1;          /*指定 a 为整型变量，初值为 1*/
float f=1.23;     /*指定 f 为实型变量，初值为 1.23*/
char c='a';       /*指定 c 为字符变量，初值为'a'*/
```

也可以使被定义的变量的一部分赋初值。如：

```
int a,b,c=1;
```

表示指定 a、b、c 为整型变量，只对 c 初始化，c 的值为 1。

如果对几个变量赋予初值 1，应写成：

```
int a=1,b=1,c=1;
```

不能写成：

```
int a=b=c=1;
```

也不能写成

```
int a=1;b=1;c=1;
```

初始化不是在编译阶段完成的，而是在程序运行时执行本函数时赋予初值的，相当于有一个赋值语句。

2.4　整　型　数　据

2.4.1　整型数据在内存中的存储形式

整型数据在内存中是以二进制补码形式存放的。正数的补码就是它的二进制形式，负数的补码是将该数的绝对值的二进制按位取反再加 1。

下面分别求 14 和–14 的补码。

十进制数 14 用二进制数表示为 1110。所以 14 的补码是 0000000000001110。图 2-2 是数据 14 在内存中的存放情况。

图 2-2　数据 14 在内存中的存放情况

下面求–14 的补码：

–14 的绝对值是 14，二进制是 0000000000001110（2）对 0000000000001110 取反得到 1111111111110001，再加 1 得到 1111111111110010，所以–14 的补码是 1111111111110010。

在整数的 16 位中，最左边的一位是符号位，该位为 0，表示正数，该位为 1，表示负数。

如果知道了一个数在内存中的存放情况，怎样得到它的值呢？

首先看它的最高位，如果为 0，则表示正数，那么它的值就是存储的二进制数。例如：在内存中存储的是 0000000011001101，则它是一个正数，它的二进制值就是 0000000011001101，十进制数是 205。如果最高位是 1，则表示此数是一个负数，我们来求它的绝对值，同样还采用取反加 1 就得到它的绝对值。例如：在前边给出过−14 的补码：1111111111110010，最高位是 1，所以是个负数，然后求其绝对值，对 1111111111110010 取反为 0000000000001101，加 1 后为 0000000000001110，十进制数为 14，所以 1111111111110010 表示的是−14。

2.4.2　整型常量

整型常量简称整数，C 语言中有 3 种形式的整型常量：十进制整型常量、八进制整型常量和十六进制整型常量。

（1）十进制整数。以我们通常习惯的十进制整数形式给出，如 123、−234、0。

（2）八进制整数。以数字 0 开始的数是八进制数，如 0123、−0234，后面只能是有效的八进制数字 0 ~ 7，若写成 09 就错了。

（3）十六进制整数。以数字 0x 开始的数是十六进制数，后面只能是有效的十六进制数字 0 ~ 9，a ~ f（A ~ F）表示十进制值 10 ~ 15，如：0x123、−0x234。

整型常量后面紧跟大写字母 L（或小写字母 l）则表示此常量为长整型常量。例如 12L、43l、0L 等，这往往用于函数调用中。如果函数的形参为长整型，则要求实参也为长整型。

2.4.3　整型变量

整型变量分为基本型、短整型、长整型、无符号型。

例如：

```
int i;        /* 定义变量 i 为整型*/
long j,k;     /* 定义变量 j 和 k 为长整型*/
unsigned u;   /*定义变量 u 为无符号整型*/
```

C 标准没有具体规定以上各类数据所占内存字节数，各种机器处理上有所不同，一般以一个机器字存放一个 int 型数据，而 long 型数据的字节数应不小于 int 型，short 型不长于 int 型。常用的 Turbo C 对各类型数据的设定见表 2-2。

表 2-2　　　　　　　　　　　　　　　Turbo C 对各类型数据的设定

类　　型	类型标识符	所占字节数	数值范围
基本类型	int	2	−32768 ~ 32767 即−2^{15} ~ −(2^{15}−1)
短整型	short [int]	2	−32768 ~ 32767 即−2^{15} ~ −(2^{15}−1)
长整型	long[int]	4	−2147483648 ~ 2147483647 即−2^{31} ~ −(2^{31}−1)
无符号整型	unsigned [int]	2	0 ~ 65535 即 0 ~ 2^{16}−1
无符号短整型	unsigned short	2	0 ~ 65535 即 0 ~ 2^{16}−1
无符号长整型	unsigned long	4	0 ~ 4294967295 即 0 ~ 2^{32}−1

【例 2.1】整型数据定义和使用。

```
main()
{   int  a,b,c,d;
    unsigned u;
    a=10;b=5;
    u=a+b;
    c=a-b;
    d=32767+1;
    printf("c=%d\n",c);
    printf("d=%d\n",d);
    printf("u=%u\n",u);
}
```

程序的运行结果是：

```
c=5
d=-32768
u=15
```

程序中开辟了名为 a，b，c，d 的 4 个存储单元，它们在内存中各占两个字节。a 和 b 代表的存储单元中存放 10 和 5，c 所代表的存储单元中存放 a 和 b 的差值 5。d 中存放 32767 与 1 的和，u 中存放的是 a 和 b 的和，由于受到 int 型变量取值范围的限制，d 中存放的值为–32768，而不是 32768。

大家可以自己分析输出 d 的值为什么是–32768 而不是 32768。

2.5　实　型　数　据

2.5.1　实型常量

实型常量有两种表示形式：十进制小数形式和指数形式。注意：在用指数形式表示实型数时，使用字母 E 和 e 都可以，指数部分必须是整数（若为正整数时可以省略"+"号）。实型常量又称浮点常量，也称实数。在 C 语言中实型常量只用十进制表示。如 0.5、345.7、0.0、1.0e03 都是实型数。

（1）十进制小数形式，由数字、小数点和正负号组成。如 0.123、–0.123、1.、.5 都是合法的实型数。其中 1.和.5 分别代表 1.0 和 0.5。

（2）指数形式，也称科学计数法，用 e 或 E 表示指数，一般形式为：$ae \pm b$，表示 $a \times 10^{\pm b}$，其中 a 是十进制数，可以是整数或是小数，b 必须是整数，例如：

345e+2　　　（相当于 345×10^2）

-3.2e+5　　　（相当于 -3.2×10^5）

.5e-2　　　（相当于 0.5×10^{-2}）

但下面都是不合法的实型常量：

e3　.e3　e 和 2.1e3.5

因为 e3，.e3 和 e 中 e 前没有数字；2.1e3.5 中，e 后面是实数，应该是整数。

2.5.2　实型变量

实型变量分为单精度和双精度两类，例如：

```
float a,b;           /*指定a.b为单精度实型变量*/
double c;            /*指定c为双精度实型变量*/
```

在 Turbo C 中对实型数据的设定如表 2-3 所示。

表 2-3   Turbo C 对实型数据的设定

类　型	类型标识符	所占字节数	有效数字	数值范围
单精度实型	float	4	6 ~ 7 位	$10^{-37} \sim 10^{38}$
双精度实型	double	8	15 ~ 16 位	$10^{-307} \sim 10^{308}$

【例 2.2】实型数据的定义和使用。

```
main()
{ float x;
  double y;
  x=123456.1234;  y=123456.1234;
  printf("x=%f,y=%lf\n",x,y);
}
```

程序的运行结果：

```
x=123456.125000, y=123456.123400
```

程序中开辟了两个存储单元名为 x 和 y，在内存中它们分别占 4 字节和 8 字节。虽然程序中为两个变量都赋了相同的值，但由于两个变量能表示的有效数字的位数不同，输出结果也就不同。可以看出，用双精度型表示的数据，比用单精度型表示的数据精度更高。单精度实型数只能保证 6 ~ 7 位有效位，后面的几位是不准确的。应当避免将一个很大的数和一个很小的数直接相加或相减，否则会丢失小的数。

数据按整型存放是没有误差的，但取值范围一般较小，而按实型存放取值范围较大，但往往存在误差。编写程序时应根据以上特点，选择所需变量的类型。

2.6 字符型数据

2.6.1 字符常量

C 语言的字符常量是用单引号（'）括起来的一个字符。如'a'、'1'、'D'、'?'、'$'等都是字符常量。字符常量中的字母区分大小写，'a'和'A'是不同的字符常量。

C 语言还允许使用一种特殊形式的字符常量，就是以一个 "\" 开头的字符序列。表 2-4 中列出的字符称为 "转义字符"，意思是将反斜杠（\）后面的字符转换成另外的意义。如前面遇到过的 printf 函数中的'\n'，不代表字母 n 而代表 "换行符"。这是一种 "控制字符"，在屏幕上不显示。

表 2-4   转义字符及其含义

字符形式	含　义	ASCII 代码
\n	换行，将当前位置移到下一行开头	10
\t	水平制表（跳到下一个 tab 位置）	9
\f	换页，将当前位置移到下页开头	12
\b	退格，将当前位置移到前一列	8
\r	回车，将当前位置移到本行开头	13

续表

字符形式	含　义	ASCII 代码
\\	反斜杠字符"\"	92
\'	单引号（撇号）字符	39
\"	双引号字符	34
\ddd	1~3 位八进制数所代表的字符	
\xhh	1~2 位十六进制数所代表的字符	

表 2-3 中倒数第 2 行是用 ASCII 码（八进制数）表示一个字符，例如'\101'代表字符"A"。倒数第 1 行是用 ASCII 码（十六进制数）表示一个字符，例如'\012'代表"换行"。用表 2-2 中的方法可以表示任何可输出的字母字符、专用字符、图形字符和控制字符。请注意'\0'或'\000'是代表 ASCII 码为 0 的控制字符，即"空操作"字符，它将用在字符串中。

【例 2.3】转义字符的使用。（□代表空格。）

```
main()
{ printf("□12 □a\t□cd\rf\th\n");
  printf("g\ti\b\bk□a");
}
```

用 printf 函数直接输出双引号内的各个字符。第一个 printf 函数先在第一行左端开始输出"□12□a"，然后遇到"\t"，它的作用是"跳格"，即跳到下一个"制表位置"，在我们所用系统中一个"制表区"占 8 位。"下一制表位置"从第 9 列开始，故在第 9~11 列上输出"□cd"。下面遇到"\r"，它表示"回车"（不换行），返回到本行最左端（第 1 列），输出字符"f"，然后遇"\t"再使当前位置移到第 9 列，输出"h"。下面是"\n"，作用是"使当前位置移到下一行的开头"。第二个 printf 函数先在第 1 列输出字符"g"，后面的"\t"使当前位置跳到第 9 列，输出字"i"，然后当前位置应移到下一列（第 10 列）准备输出下一个字符。下面遇到两个"\b"，"\b"的作用是"退一格"，因此"\b\b"的作用是使当前位置回退到第 8 列，接着输字符"k□a"。

程序运行时在打印机上得到以下结果：

f12□a□□□hcd
g□□□□□□kia

注意在显示屏上最后看到的结果与上述打印结果不同，是：

f□□□□□□□hcd
g□□□□□□k□a

这是由于"\r"使当前位置回到本行开头，自此输出的字符（包括空格和跳格所经过的位置）将取代原来屏幕上该位置上显示的字符。所以原有的"□12□a□□□□"被新的字符"f□□□□□□□h"代替，其后的"cd"未被新字符取代。换行后先输出"g□□□□□□□i"，然后光标位置移到 i 右面一列处，再退两格后输出"k□d"，k 后面的"□"将原有的字符"i"取而代之。因此屏幕上看不到"i"。实际上，屏幕上完全按程序要求输出全部的字符，只是因为在输出前面的字符后很快又输出后面的字符，在人们还未看清楚之前，新的已取代了旧的，所以误以为未输出应输出的字符。而在打印机输出时，不像显屏那样会"抹掉"原字符，它能真正反映输出的过程和结果。

2.6.2　字符串常量

字符串常量是一对双引号括起来的字符序列。如："How are you ?"、"beijing "、"a"、"1123.4"都是字符串常量。可以输出一个字符串，如：printf("How are you?");

不要将字符常量与字符串常量混淆。'a'是字符常量，"a"是字符串常量，两者不同。C 规定：在每一个字符串的结尾加一个"字符串结束标志"，以便系统据此判断字符串是否结束。C 规定以字符\0'作为字符串结束标志。'\0'是一个 ASCII 码为 0 的字符，从 ASCII 码表中可以看到 ASCII 码为 0 的字符是"空操作字符"，即它不引起任何控制动作，也不显示。如果有一个字符串"Beijing"，实际上在内存中是 beijing\0，它的存储空间长度不是 7 个字符，而是 8 个字符，最后一个字符为'\0'。但在输出时不输出'\0'。如：printf("How are you?");输出时一个一个字符输出，直到遇到最后的'\0'字符，停止输出。字符串"a"，实际上在存储时包含 2 个字符：'a'和'\0'。

2.6.3　字符变量

字符变量用来存放一个字符常量，字符变量用 char 来定义。如：

```
char  a,b;   / *指定A.b为字符型变量*/
```

可以把一个字符型常量或字符型变量的值赋给一个字符变量，不能将一个字符串常量赋给一个字符变量，如：

```
a="O";b="K";
```

是错误的。因为字符变量 a 和 b 只能容纳一个字符，而"O"和"K"各需占 2 字节。

给字符变量赋值可以采用如下 3 种方法。

（1）直接赋予字符常量。如：char c='A';

（2）赋予"转义字符"。如：

```
char c='\\';
printf("%c",c);
```

输出一个字符\。

（3）赋予一个字符的 ASCII 代码。如字符'a'的 ASCII 代码为 97（见附录 A），则 char c=97;应记住，字符数据与整型数据两者间是通用的，可以互相赋值和运算。

【例 2.4】字符变量的定义和使用。

```
main()
{  int a='A',b;
   char c=97;
   b=c-32;
   printf("%d%c\n",b,b);
   printf("%d%c\n",a,a);
}
```

程序运行将输出 65 A
　　　　　　65A

因为'A'的 ASCII 码为 65，c-32 的值为 65，即'A'的 ASCII 码。按不同的格式输出不同的形式。从上例中大家可以发现：c 是'a'的 ASCII 码，减 32 后成为'A'的 ASCII 码，反过来'A'+32，即为'a'的 ASCII 码，所以在 C 语言中可以利用加或减 32 进行大小写的转换。

【例 2.5】将给定变量的值按大写形式输出。

```
main()
{  char a='z',b=97;
   printf("%c%c \n",a-32, b-32);
}
```

程序运行将输出 ZA。

2.7　运算符和表达式

用来表示各种运算的符号称为运算符。表达式是由运算符、常量、变量、函数按照一定的规则构成的式子。C 语言中的任何一个表达式都有一个确定的值，该值称为表达式的值。

2.7.1　C 运算符简介

C 语言的运算符非常丰富。C 的运算符有以下几类。

（1）算术运算符　　（+　-　*　/　%）
（2）关系运算符　　（>　<　==　>=　<=　!=）
（3）逻辑运算符　　（!　&&　||）
（4）位运算符　　（<<　>>　~　|　^　&）
（5）赋值运算符　　（=及其扩展赋值运算符）
（6）条件运算符　　（?　:）
（7）逗号运算符　　（,）
（8）指针运算符　　（*和&）
（9）求字节数运算符（sizeof）
（10）强制类型转换运算符（类型）
（11）分量运算符　　（.　->）
（12）下标运算符　　（[]）
（13）其他　　（如函数调用运算符()）

2.7.2　表达式的求值规则

在一个表达式中可以包含不同类型的运算符，C 语言规定了运算符的优先级和结合性。在表达式求值时，先按运算符的优先级别高低次序执行。例如先乘除后加减。如果在一个运算对象两侧的运算符的优先级别相同，则按规定的结合方向处理。C 语言规定了各种运算符的结合方向（结合性）。算术运算符的结合方向为自左至右，即先左后右。自左至右的结合方向又称左结合性，即运算对象先与左面的运算符结合。有些运算符的结合方向为自右至左，即右结合性（例如，赋值运算符）。假设有如下赋值表达式：

    a=b=c=1;

先进行 c=1 的赋值运算，使 c 的值为 1，依次将 1 赋给变量 b 和 a。关于结合性的概念，在其他一些高级语言中是没有的，是 C 语言的特点之一。附录 2 列出了所有运算符以及它们的优先级别和结合性。

2.7.3　混合运算中的类型转换

1. 自动类型转换

字符型数据可以与整型数据通用，因此，整型、字符型、实型（包括单、双精度）数据可以出现在一个表达式中进行混合运算。如：已定义 *i* 为 int 变量，*f* 为 float 型变量，*d* 为 double 型变量，*l* 为 long 型变量，有下面式子：

```
100+'A'+i*f-d*1
```

是合法的。在进行运算时，不同类型的数据要先转换成同一类型，然后进行运算，转换的规则如图 2-3 所示。

图 2-3　转换的规则

图中横向箭头表示必定的转换，如字符数据必定先转换为整数，short 型转换为 int 型，float 型数据在运算时一律先转换成双精度型，以提高运算精度（即使是两个 float 型数据相加，也都先化成 double 型，然后再相加）。

纵向的箭头表示当运算对象为不同类型时转换的方向。例如 int 型与 double 型数据进行运算，先将 int 型的数据转换成 double 型。再进行两个同类型（double 型）数据间运算，结果为 double 型。注意，箭头方向只表示数据类型级别的高低，由低向高转换，不要理解为 int 型先转成 unsigned 型，再转成 long 型，再转成 double 型。如果一个 int 型数据与一个 double 型数据运算是直接将 int 型转成 double 型，同理，一个 int 型与一个 long 型数据运算，也是先将 int 型转换成 long 型。

上式运算次序为：① 进行 100+'A'的运算，先将'a'转换成整数 65，运算结果为 165；② 进行 i*f 的运算，先将 i 与 f 都转成 double 型，运算结果为 double 型；③ 整数 165 与 i*f 的积相加，先将整数 165 转换成双精度数（小数点后加若干个 0，即 165.000000），运算结果为 double 型；④ 将变量 1 化成 double 型，d*1 结果为 double 型；⑤ 将 100+'A'+i*f 的结果与 d*1 的乘积相减，结果为 double 型。

上述的类型转换是由系统自动进行的。

2. 强制类型转换运算符

可以利用强制类型转换运算符将一个表达式转换成所需类型。例如：

```
(double)k        (将 k 转换成 double 类型)
(int)(a-b)       (将 a-b 的值转换成整型)
(float)(c*d)     (将 c*d 的值转换成 float 型)
```

其一般形式为

```
(类型名)(表达式)
```

注意，表达式应该用括号括起来。如果写成

```
(int)a+b
```

则只将 a 转换成整型，然后与 b 相加。

注意：

（1）C 语言在强制类型转换时，括起来的是类型而不是需要转换变量。例如：

```
(int)a    (不能写成 int(a))
```

（2）在强制类型转换时，得到一个所需类型的中间变量，原来变量的类型未发生变化。

【例 2.6】强制类型转换。

```
main()
{  float x;
   int  k;
   x=1.3;
   k=(int)x;
   printf("x=%f,k=%d",x,k);
}
```

运行结果如下：

```
x=1.300000,k=1
```

x 类型仍为 float 型，值仍等于 1.3。

2.8　算术运算符和算术表达式

2.8.1　基本算术运算符

+ 　（加法运算符，或正值运算符。如 1+2、+1。）

- 　（减法运算符，或负值运算符。如 3-2、-1。）

* 　（乘法运算符。如 4*3。）

/ 　（除法运算符。如 6/4。）

% 　（模运算符，或称求余运算符，%两侧均应为整型数据，如 7%4 的值为 3。）

需要说明，两个整数相除的结果为整数，如 7/3 的结果值为 2，舍去小数部分。但是，如果除数或被除数中有一个为负值，则舍入的方向是不固定的。例如，-7/3 在有的机器上得到结果-1，有的机器则给出结果-2。多数机器采取"向零取整"的方法，即-7/3=2。

2.8.2　算术表达式和运算符的优先级与结合性

用算术运算符和括号将运算对象（也称操作数）连接起来的、符合 C 语法规则的式子，称 C 算术表达式。运算对象包括常量、变量、函数等。例如，下面是一个合法的 C 算术表达式：

```
a*b+c-1.5+'a'
```

算术运算符的结合方向为"自左至右"，即先左后右 "自左至右的结合方向"又称"左结合性"，即运算对象先与左面的运算符结合。如果一个运算符两侧的数据类型不同，则先自动进行类型转换，使两者具有同一种类型，然后进行运算。

2.8.3　自增、自减运算符

作用是使变量的值增 1 或减 1，如：

```
++i,--i   /*在使用 i 之前，先使 i 的值加(减)1*/
```

```
i++,i--   /*在使用 i 之后，使 i 的值加(减)1*/
```

粗略地看，++i 和 i++的作用相当于 i=i+1。但++i 和 i++不同之处在于++i 是先执行 i=i+1 后，再使用 i 的值；而 i++是先使用 i 的值后，再执行 i=i+1。如果 i 的原值等于 1，则执行下面的赋值

语句:
```
j=++i;   /*i 的值先变成 2，再赋给 j，j 的值为 2*/
```
而 j=i++;   /*先将 i 的值 1 赋给 j，j 的值为 1，然后 i 变为 2*/

又如:
```
i=1;
printf("%d",++i);
```
输出 "2"。若改为:
```
printf("%d",i++);
```
则输出 "1"。

（1）自增运算符（++）和自减运算符（——），只能用于变量，而不能用于常量或表达式，如 1++或（a+b）++都是不合法的，因为 1 是常量，常量的值不能改变。（a+b）++也不可能实现，自增后得到的值无变量可供存放。

（2）++和——的结合方向是"自右至左"。如果有-i++，i 的左面是负号运算符，右面是自加运算符，从附录 2 知道负号运算符和 "++" 运算符同优先级，而结合方向为"自右至左"（右结合性），即它相当于-（i++），如果 i 的原值等于 1，执行 prinff("%d\t",-i++);则先取出 i 的值 1，输出-i 的值-1，然后 i 增值为 2。注意-（i++）是先用 i 的原值 1 加上负号输出-1，再对 i 加 1，不要认为先加完 1 后再加负号，输出-2，这是不对的。

自增（减）运算符常用于循环语句中，使循环变量自动加（减）1，也用于指针变量，使指针指向下一个地址。

2.9 赋值运算与赋值表达式

2.9.1 赋值运算符

赋值符号 "=" 就是赋值运算符，它的作用是将一个数据赋给一个变量。如 "a=3" 的作用是执行一次赋值操作（或称赋值运算），把常量 3 赋给变量 a。也可以将一个表达式的值赋给一个变量。

2.9.2 类型转换

如果赋值运算符两侧的类型不一致，但都是数值型或字符型时，在赋值时要进行类型转换。

（1）将实型数据（包括单、双精度）赋给整型变量时，舍弃实数的小数部分。如 i 为整型变量，执行 i=1.23 的结果是使 i 的值为 1，在内存中以整数形式存储。

（2）将整型数据赋给单、双精度变量时，数值不变，但以浮点数形式存储到变量中，如将 12 赋给 float 变量 f，即 f=12，先将 12 转换成 12.000000，再存储在 f 中。如将 12 赋给 double 型变量 d，即 d=12，则将 12 补足有效位数字为 12.00000000000000，然后以双精度浮点数形式存储到 d 中。

（3）将一个 double 型数据赋给 float 变量时，只保留前面 7 位有效数字，存放到 float 变量的存储单元（32 位）中。但应注意数值范围不能溢出。如:
```
float f;
double d=123.456789e100;
f=d;
```

就出现溢出的错误。

将一个 float 型数据赋给 double 变量时，数值不变，有效位数扩展到 16 位，在内存中以 64 位（bit）存储。

（4）字符型数据赋给整型变量时，由于字符只占 1 个字节，而整型变量为 2 个字节，因此将字符数据（8 位）放到整型变量低 8 位中。有两种如下情况。

① 如果所用系统将字符处理为无符号的量，或对 unsigned char 型变量赋值，则将字符的 8 位放到整型变量低 8 位，高 8 位补零。

② 如果所用系统（如 Turbo C）将字符处理为带符号的（即 signed char），若字符最高位为 0，则整型变量高 8 位补 0；若字符最高位为 1，则高 8 位全补 1。

（5）将一个 int、short、long 型数据赋给一个 char 型变量时，只将其低 8 位原封不动地送到 char 型变量（即截断）。例如：

```
int k=321;
char c='a';
c=k;
```

c 的值为 65，如果用"%c"输出，将得到字符'A'（其 ASCII 码为 65）。

k	0	0	0	0	0	0	0	1	0	1	0	0	0	0	0	1
								0	1	0	0	0	0	0	1	c

（6）将带符号的整型数据（int 型）赋给 long 型变量时，要进行符号扩展，将整型数的 16 位送到 long 型低 16 位中，如果 int 型数据为正值（符号位为 0），则 long 型变量的高 16 位补 0；如果 int 型变量为负值（符号位为 1），则 long 型变量的高 16 位补 1，以保持数值不改变。反之，若将一个 long 型数据赋给一个 int 型变量，只将 long 型数据中低 16 位原封不动地送到整型变量（即截断）。

以上的赋值规则看起来比较复杂，其实，不同类型的整型数据间的赋值归根到底就是一条：按存储单元中的存储形式直接传送。

2.9.3　复合的赋值运算符

在赋值符"="之前加上其他运算符，可以构成复合的运算符。如果在"="前加一个"+"运算符就成了复合运算符"+="。例如，可以有：

a+=1　　　　等价于　a=a+1

a*=b-k*3　　等价于　a=a*(b-k*3)

a%=4　　　　等价于　a=a%4

C 语言规定可使用 10 种复合赋值运算符。即：

+=、-=、*=、/=、%=、<<=、>>=、&=、^=、|=

后 5 种是有关位运算的，将在第 11 章中介绍。

C 采用这种复合运算符，一是为了简化程序，使程序精炼，二是为了提高编译效率，有利于编译，能产生质量较高的目标代码。

2.9.4　赋值表达式

由赋值运算符将一个变量和一个表达式连接起来的式子称为"赋值表达式"。

它的一般形式为：

<变量>=<表达式>

赋值表达式求解的过程是：将赋值运算符右侧"表达式"的值赋给左侧的变量。

上述一般形式的赋值表达式中的"表达式"，又可以是一个赋值表达式。如：

```
a=(b=1);
```

括号内的 b=1 是一个赋值表达式，它的值等于 1。a=(b=1)相当于 b=1 和 a=b 两个赋值表达式，因此 a 的值等于 1，整个赋值表达式的值也等于 1。从附录 2 可以知道赋值运算符按照"自右而左"的结合顺序，因此，b=1 外面的括号可以不要，即 a=b=1 和 a=(b=1)等价，都是先求 b=1 的值（得 1），再赋给 a，下面是赋值表达式的例子：

```
a=b=c=1;            /*赋值表达式值为1，A.B.c值均为1*/
a=1+(c=1);          /*表达式值为2，a值为2，c值为1*/
a=(b=5)/(c=3);      /*表达式值为1，a等于1，b等于5，c等于3*/
```

赋值表达式也可以包含复合的赋值运算符。

2.10   逗号运算符和逗号表达式

在 C 语言中逗号"，"也是一种运算符，称为逗号运算符。其功能是把两个表达式连接起来组成一个表达式，称为逗号表达式。逗号运算符是所有运算符中级别最低的。

其一般形式为：表达式 1，表达式 2，表达式 3……表达式 n

其求值过程是先求解表达式 1 的值，再求解表达式 2 的值，……一直到求解表达式 n 的值，而整个逗号表达式的值是表达式 n 的值。

请注意并不是任何地方出现的逗号都是作为逗号运算符。例如函数参数也是用逗号来间隔的。

2.11   关系运算符和关系表达式

2.11.1   关系运算符及其优先次序

C 语言提供 6 种关系运算符，如下所述。

① <   （小于）

② <=   （小于或等于）

③ >   （大于）

④ >=   （大于或等于）

⑤ ==   （等于）

⑥ !=   （不等于）

关于优先次序，如下所述。

（1）前 4 种关系运算符（<，<=，>，>=）的优先级别相同，后两种也相同。前 4 种高于后 2 种。例如，">"优先于"=="。而">"与"<"优先级相同。

（2）关系运算符的优先级低于算术运算符。

（3）关系运算符的优先级高于赋值运算符。

2.11.2　关系表达式

用关系运算符将两个表达式连接起来的式子，称关系表达。例如，下面都是合法的关系表达式：a>b，a-k-b<b+c，(x=3)>(y=4)，'a'<'z'，(a>b)>(b<c)

关系表达式的值是一个逻辑值，即"真"或"假"。例如，关系表达式 7==2 的值为"假"，7>=0 的值为"真"。C 语言中以 1 代表"真"，以 0 代表"假"。

例如，a=3，b=2，c=1，则：

关系表达式 a>b 的值为"真"，表达式的值为 1；

关系表达式"b+c<a"的值为"假"，表达式的值为 0；

赋值表达式：d=a>b　　d 的值为 1；

t=a>b>c　　t 的值为 0（因为">"运算符是自左至右的结合方向，先执行 a>b 得值为 1，再执行关系运算 1>c，得值 0，赋给 t）。

【例 2.7】分析下列程序。

```
main()
{ int a,b,c,x=17,y=16,z=13;
  a=x>y>z;
  b=--x-y>=z;
  c=x==y;
  printf("\nx=%d,y=%d,z=%d\n",x,y,z);
  printf("\na=%d, b=%d, c=%d\n",a,b,c);
}
```

程序的输出结果是：

```
x=16, y=16, z=13
a=0, b=0, c=1
```

在赋值表达式 a=x>y>z 中，对于关系表达式 x>y>z，执行时，首先执行 x>y 的运算，结果为真，即整型值 1，再判断 1>z，这时结果为假，所以整个关系式的值为 0，那么变量 a 被赋值为 0。

再看赋值表达式 b=--x-y>=z;，首先执行--x，x 的值减 1 变为 16，该自减式的值也是 16，再执行减法运算，得到算术表达式--x-y 的值为 0，再进行关系运算 0>=z 的值为假，所以变量 b 被赋值为 0。

对于表达式"c=x==y"，首先执行关系运算 x==y，得到运算的结果 1，将其赋值给 c。

实际应用中经常会遇到 0<x<10 这样的算术式，这时不能直接写成 0<x<10，根据关系运算的左结合性，如果 x 的值是大于 0 的，0<x 为"真"值为 1，如果 x 的值是小于等于 0 的，0<x 为"假"值为 0，0 或 1 都小于 10，所以无论 x 的值是多少，0<x<10 都为"真"。必须使用逻辑表达式实现。

2.12　逻辑运算符及逻辑表达式

2.12.1　逻辑运算符及其优先次序

C 语言提供如下 3 种逻辑运算符。

（1）&&　逻辑与

（2）||　逻辑或

（3）！ 逻辑非

"&&"和"‖"是"双目（元）运算符"，它要求有两个运算量（操作数），如(a>b)&&(x>y)，(a>b)‖(x>y)。"！"是"一目（元）运算符"，只要求有一个运算量，如!(a>b)。

表 2-5 为逻辑运算的"真值表"。用它表示当 a 和 b 的值为不同组合时，各种逻辑运算所得到的值。

逻辑运算符的优先次序如下。

（1）!(非)、&&(与)、‖(或)，即"！"是最高的，其次是&&，最后是‖。

（2）逻辑运算符中的"&&"和"‖"低于关系运算符，"！"高于算术运算符。见附录 2。

表 2-5　　　　　　　　　　逻辑运算的真值表

a	b	!b	a&&b	a‖ b
真	真	假	真	真
真	假	真	假	真
假	真	假	假	真
假	假	真	假	假

从上表可以得到以下求值规则。

与（&&）：参与运算的两个量都为真时，结果才为真，否则为假。

或（‖）：参与运算的两个量只要一个为真，结果就为真，两个量都为假时，结果才为假。

非（！）：参与运算的量为真时，结果才为假；参与运算的量为假时，结果才为真。

2.12.2　逻辑表达式

C 语言编译系统在给出逻辑运算结果时，以数值 1 代表"真"，以 0 代表"假"，但在判断一个量是否为"真"时，0 代表"假"，以非 0 代表"真"。即将一个非零的数值认作"真"。

实际上，逻辑运算符两侧的运算对象不但可以是 0 和 1，或者是 0 和非 0 的整数，也可以是任何类型的数据。系统最终以 0 和非 0 来判定它们属于"真"或"假"。

在逻辑表达式的求解过程中，并不是所有的逻辑运算符都被执行。只是在必须执行下一逻辑运算符才能求出表达式的解时，才执行该运算符。

对于运算符"&&"来说，只有左边表达式的值为真时，才计算右边表达式的值。而对于运算符"‖"来说，只有左边表达式的值为假时，才计算右边表达式的值。

例如：设 A.B.C 为 3 个表达式，那么：

（1）a&&b&&c，只有当 a 非 0 时，才去计算 b 的值；只有当 a 和 b 的值都非 0 时，才去计算 c 的值。因为当 a 为 0 时，不必判断 B.c 的值就可以确定整个逻辑表达式的值为 0；同样若 a 为非 0，当 b 为 0 时，不必判断 c 的值，就可以确定整个逻辑表达式的值为 0。

（2）a‖b‖c，只有当 a 为 0 时，才去计算 b 的值；只有当 a 和 b 的值都为 0 时，才去计算 c 的值。因为当 a 非 0 时，不必判断 B.c 的值，就可以确定整个逻辑表达式的值为 1；同样若 a 为 0，当 b 非 0 时，不必判断 c 的值，就可以确定整个逻辑表达式的值为 1。

可以看出：在使用运算符&&的表达式中，把最可能为假的条件放在最左边；在使用运算符‖的表达式中，把最可能为真的条件放在最左边。这样能减少程序的运行时间。

【例 2.8】

```
main()
{ int x=1,y=2,z=3;
```

36

```
        int a,b;
        a=(x=8)&&(y=8)&&(z=8);
        printf("\nx=%d,y=%d,z=%d,a=%d",x,y,z,a);
        x=1;y=2;z=3;
        a=(x=0)&&(y=8)&&(z=8);
        printf("\nx=%d,y=%d,z=%d,a=%d",x,y,z,a);
        x=1;y=2;z=3;
        b=(x=0)||(y=0)||(z=6);
        printf("\nx=%d,y=%d,z=%d,b=%d",x,y,z,b);
        x=1;y=2;z=3;
        b=(x=6)||(y=6)||(z=6);
        printf("\nx=%d,y=%d,z=%d,b=%d",x,y,z,b);
    }
```

程序的运行结果为：

```
x=8,y=8,z=8,a=1
x=0,y=2,z=3,a=0
x=0,y=0,z=6,b=1
x=6,y=2,z=3,b=1
```

对于表达式 "(x=8)&&(y=8)&&(z=8)"，逻辑与运算具有左结合性，因此首先执行赋值表达式 x=8，x 被赋值为 8，赋值表达式值亦为 8，非 0；继续执行 y=8，y 被赋值为 8，表达式值非 0；因此继续执行 z=8，z 被赋值为 8，表达式非 0；这时得到逻辑表达式的值为 1，所以 a 被赋值为 1。

而对于表达式(x=0)&&(y=8)&&(z=8)，先执行 x=0，x 被赋值为 0，赋值表达式的值亦为 0，这时就可以得到逻辑表达式的值为 0，编译系统不再判别其他的运算对象，因此 y=8 和 z=8 并未执行，y、z 没有被修改，继续保持原值，所以 a 被赋值为 0。

对于表达式 (x=0)||(y=0)||(z=6)，先执行 x=0，x 被赋值为 0，赋值表达式的值为 0；继续执行 y=0，y 被赋值为 0，表达式的值亦为 0；再执行 z=6，z 被赋值为 6，表达式的值非 0；这时整个逻辑表达式的值为 1，b 被赋值为 1。

而对于表达式(x=6)||(y=6)||(z=6)，首先执行 x=6，x 被赋值为 6，赋值表达式的值为 6，非 0，这样就可以得到整个逻辑表达式的值为 1，编译系统不再判别其他的运算对象，因此 y=6 和 z=6 并未执行，y、z 没有被修改，保持原值，所以 b 被赋值为 1。

2.13　条件运算符与条件表达式

2.13.1　条件运算符与条件表达式

条件运算符是 C 语言中唯一的三目运算符，条件运算符为 "? :"，它有 3 个运算对象。由条件运算符连接 3 个运算对象组成的表达式称为 "条件表达式"。

条件表达式的一般形式为：

表达式 1?表达式 2:表达式 3

条件表达式的运算规则为：先求解表达式 1 的值，若其为真（非 0），则求解表达式 2 的值，且整个条件表达式的值等于表达式 2 的值；若表达式 1 为假（0），则求解表达式 3 的值，且整个条件表达式的值等于表达式 3 的值。

例如，求两个整数 x、y 的最小值 min，可用条件运算符表示为：

```
min=(x<y)?x:y;
```

需要注意，在条件表达式的一次执行中，表达式2与表达式3只会有其中的一个执行：当表达式1非0时，执行表达式2；否则，执行表达式3。

【例2.9】

```
main()
{  char c;
   printf("\ninput:");
   scanf("%c",&c);
   c=(c>='A'&&c<='Z')?(c+32):c;
   printf("output:%c",c);
}
```

程序的功能是对用户输入的一个字符进行判断，若是大写字母，则将其转换为相应的小写字母，否则保持原样不变。这一功能是由条件表达式(c>='A'&&c<='z')?(c+32):c;实现的。

程序的运行情况如下：

```
input:A
output:a
```

条件运算的运算对象可以是任意合法的常量、变量或表达式，而且表达式1.表达式2.表达式3的类型可以不同。对表达式1，无论是什么类型，对于条件表达式的执行而言，只区分它的值为0或非0。但一般情况下，表达式1表示某种条件，常常是关系表达式或逻辑表达式。

2.13.2　条件运算符的优先级与结合性

条件运算符的优先级高于赋值运算符，但低于算术运算符、自增自减运算符、逻辑运算符和关系运算符。例如：

（1）y=x>0? x+l:x　相当于 y=(x>0?(x+1):x)

其功能是：如果 x>0，则将表达式（x+1）的值赋给变量 y，否则将表达式 x 的值赋给变量 y。

（2）x<y?x++:y++　相当于(x<y)?(x++):(y++)

其功能是：如果 x<y，那么使变量 x 自增，否则使变量 y 自增。

条件运算符具有右结合性。例如：a=1 ,b=2, c=3,d=4

则 a>b?a:c>d?c:d 相当于 a>b?a:(c>d?c:d)

先计算 c>d?c:d, c>d 为假，所以值为 d 的值，即 4，再执行 a>b?a:d, a>b 为假，最终值为4。

（3）条件表达式中，表达式1的类型可以与表达式2和表达式3的类型不同，如：x?'a':'b'

x 是整型变量，如 x=0，则条件表达式的值为'b'，表达式2和表达式3的类型也可以不同，此时条件表达式的值的类型为两者中较高的类型。

（4）条件运算符具有右结合性。

2.14　应用举例

【例2.10】下列程序的输出是_____。

```
#include<stdio.h>
main()
{  printf("%d",null); }
```

A. 0　　　　　　　　B. 变量无定义　　　　　C. –1　　　　　　　　D. 1

分析：要回答本题的关键是要弄清以下两点。

（1）要把此处的 null 与 C 语言中预定义标识符 NULL 区别开。NULL 是在头文件 stdio.h 中定义的标识符，它代表字符'\0'；而 null 是小写字母拼写，因此不能将它当作 NULL，而是一般的用户标识符。

（2）C 语言规定，程序中用到的所有变量必须在使用之前进行定义。而本题中的程序在对 null 做输出处理之前，对它未给出明确的变量定义。

所以答案应该是 B。

【例 2.11】若 a 为整型变量，则以语句_____。

```
a=-2L;
printf("%d",a);
```

A．赋值不合法　　　　B．输出值为–2　　　　C．输出为不确定值　　D．输出值为 2

分析：本题的关键是要弄清楚 C 语言中常量的表示方法和有关的赋值规则。在一个整型常量后面加一个字母 l 或 L，则认为是 long int 型常量。一个整常量，如果其值在–32768 ~ +32767 范围内，可以赋给一个 int 型或 long int 型变量。但如果整常量的值超出了上述范围，而在 –2147483648 ~ +2147483647 范围内，则应将其值赋给一个 long int 型变量。本例中–2L 虽然为 long int 型变量，但是其值为–2，因此可以通过类型转换把长整型转换为整型，然后赋给 int 型变量 a，并按照%d 格式输出该值，即输出–2。

所以答案应该是 B。

【例 2.12】下述语句的输出为_____。

```
int x=-1;
printf("%d,%u,%o",x,x,x);
```

A．–1,–1,–l　　　　　　　　　　　　B．–1,32767,–177777

C．–l,32768,177777　　　　　　　　　D．–1,65535,177777

分析：为了给出此题的正确答案，必须弄清–1 在内存中的存储形式，在内存中–1 是以补码的形式存储的：

```
1 1 1 1 1 1 1 1 1 1 1 1 1 1 1 1
```

如果将其视为有符号数，即按%d 的格式输出，最高位是符号位，1 表示负数，计算出原码，其值为–1；若将此数视为无符号数，即按%u 的格式输出，则最高位也被看做是数据位，直接计算出其值是 65535(2^{16}–1)；若按%o 格式输出，即按八进制输出，其值是 177777。

所以答案应该是 D。

【例 2.13】下面语句中，符合 C 语言语法的赋值语句是_____。

A．a=7+b+c=a+7;　　　　　　　　　B．a=7+b++=a+7;

C．a=7+b,b++,a+7;　　　　　　　　　D．a=7+b;c=a+7;

分析：此题主要是考查学生对赋值语句的掌握情况。一般情况下，表达式不能放在赋值号的左边，所以 A 和 B 选项是非法的；赋值运算优先级高于逗号运算，选项 C 不是一个 C 语言的赋值语句，而是逗号表达式语句，D 是两条正确的赋值语句。

所以答案应该是 D。

【例 2.14】下列表达式中，_____不满足"当 x 的值为偶数时值为真，x 为奇数时值为假"要求。

A．x%2==0　　　　　B．!x%2! =0　　　　C．(x/2*2-x)==0　　　　D．!(x%2)

分析：此题中因为%是取余运算，因此，若 x 为偶数，表达式 x%2 的值必然为 0。可见选项 A 中表达式 x%2==0 在 x 为偶数时为真，不是本题的正确答案。选项 B 中，表达式等于((!x)%2)!=0，由于!x 的值与 x 的奇偶性无关，所以此表达式满足题中要求，是本题的答案。选项 C 中的 x/2*2-x 恰好是计算 x 除 2 所得的余数，与 x%2 意义相同，也不符合题意。注意表达式 x=0 与!x 的逻辑值相等，所以 D 也错误。

所以答案应该是 B。

【例 2.15】对于条件表达式(M)?(a++):(a--)，其中的表达式 M 等价于_____。

A. M==0   B. M==1   C. M!=0   D. M!=1

分析：因为条件表达式 e1?e2:e3 的含义是 e1 为真时，其值等于表达式 e2 的值，否则为表达式 e3 的值。"为真"就是"不等于假"，因此 M 等价于 M!=0。其实在 C 语言中，x 与 x!=0，!x 与 x==0 总是逻辑等价的。选项 A 的含义是"M 为假"，不正确。选项 B 片面地理解了"逻辑真"，也是错误的。只有选项 C 是正确的。

所以答案应该是 C。

【例 2.16】下述程序的输出是_____。

```
#include<stdio.h>
main()
{ int a=-1,b=4,k;
  k=(a++<=0)&&(!(b--<=0));
  printf("%d,%d,%d",k,a,b);
}
```

分析：此题虽然涉及关系运算和逻辑运算，但重在对++和--的理解。首先，a++和 b--分别使 a 加 1，b 减 1，所以，最后 a 和 b 的值分别是 0 和 3，表达式 a++和 b--的值都是对应变量的原值，分别为-1，4，因此表达式 a++<=0 的值为真，表达式 b--<=0 的值为假，!(b--<=0)为真。于是 k 值为 1。

所以输出是 1,0,3。

【例 2.17】下述程序的输出结果是_____。

```
#include<stdio. h>
main( )
{ int a=2;
  a%=3;
  printf("%d,",a);
  a+=a*=a-=a*=3;
  printf("%d",a);
}
```

分析：a%=3，等价于 a=a%3=2%3=2。

尽管表达式 a+=a*=a-=a*3 表面上很复杂，计算时只要注意到赋值表达式的值和变量值随时被更新就很容易计算出正确的结果。根据赋值运算符由右至左的结合性，我们将其展开计算。开始时，a=2。表达式 a*=3 使得 a 值为 6，此表达式的值也为 6。于是，表达式 a-=a*=3 相当于 a-=6，使得 a=a-6=6-6=0。至此，后面的表达式已不必继续计算，最终 a=0。

所以输出 2,0。

2.15 本章小结

本章重点讲解 C 语言数据类型中的基本类型，它是学习构造类型、指针类型的基础。本章还介绍了以下内容。

（1）字符集和标识符的构成及标识符的分类。

（2）常量的概念以及符号常量的定义及使用。

（3）变量的概念以及变量的类型、定义和使用。

（4）介绍了 C 语言的运算符和表达式，每个表达式都有一个值和类型。表达式求值按运算符的优先级和结合性所规定的顺序进行。

（5）针对不同的数据类型，系统会实现自动转换，由少字节类型向多字节类型转换。不同类型的变量相互赋值时，也由系统自动进行转换，把赋值号右边的类型转换为左边的类型。如果运算过程中要进行转换，可以使用强制转换，由强制转换运算符完成转换。

（6）对于运算符优先级和结合性，一般而言，单目运算符优先级较高，赋值运算符优先级低。算术运算符优先级较高，关系和逻辑运算符优先级较低。多数运算符具有左结合性，单目运算符、三目运算符、赋值运算符具有右结合性。

2.16　练习与提高

一、选择题

1. 下列 4 组数据类型中，C 语言允许的一组是（　　　）。

    A. 整型、实型、逻辑型、双精度型

    B. 整型、实型、字符型、空类型

    C. 整型、双精度型、集合型、指针类型

    D. 整型、实型、复数型、构造类型

2. 在 C 语言中不同数据类型的长度是（　　　）。

    A. 相同的   B. 由用户自己定义的

    C. 任意的   D. 与机器字长有关的

3. C 语言中，int 类型数据占 2 字节，则 unsigned int 类型数据的取值范围是（　　　）。

    A. 0 ~ 255   B. 0 ~ 65535   C. -256 ~ 255   D. -32768 ~ 32767

4. 下列数据中，合法的长整型数据是（　　　）。

    A. 496857568   B. 0.254785645   C. 2.1596e10   D. 0L

5. 以下数据中，不正确的数值或字符常量是（　　　）。

    A. 0.0   B. 5L   C. 0xabcd   D. 09861

6. 下列不属于字符型常量的是（　　　）。

    A. 'a'   B. "a"   C. '\117'   D. '\x86'

7. 下列 4 个字符串常量中，错误的是（　　　）。

    A. "12.1"   B. 'abc'   C. "a"   D. " "

8. 下列 4 组八进制或十六进制整型常数中，正确的一组是（　　　）。

    A. 0abc 017　0xa   B. 016 0xbf 018

    C. 010　-0x11 0x16   D. 0A21 7FF 123

9. 下列 4 组转义字符中，合法的一组是（　　　）。

    A. '\t'　'\\'　'\n'   B. '\'　'\017'　'\x'

C. '\019' '\f' 'xab'　　　　　　　　　　D. '\\0' '\101' 'xif'

10. 若 char c='\101'; 则变量 *c*（　　　）。

　　A. 包含 1 个字符　　　　　　　　　　B. 包含两个字符

　　C. 包含 3 个字符　　　　　　　　　　D. 不合法

11. C 语言中，运算对象必须是整型数的运算符是（　　　）。

　　A. +　　　　　　B. %　　　　　　C. ++　　　　　　D. ()

12. 在以下运算符中，优先级别最高的是（　　　）。

　　A. +　　　　　　B. *　　　　　　C. ()　　　　　　D. ++

13. 已定以 char a; int b; float c; 后，表达式 x+y*z 的数据类型是（　　　）。

　　A. int　　　　　　B. char　　　　　　C. float　　　　　　D. double

14. 已定以 int a=7; float x=2.5, y=4.7; 后，表达式 x+a%3*(int)(x+y)%2/4 的值是（　　　）。

　　A. 2.500000　　B. 2.750000　　C. 3.500000　　D. 0.000000

15. 若 d 为 double 型，表达式 d=1, d+5, d++ 的值是（　　　）。

　　A. 0　　　　　　B. 6.0　　　　　　C. 2.0　　　　　　D. 1.0

16. 设 x 的值为 2，表达式 x%=x+=x*=x+2 的值是（　　　）。

　　A. 0　　　　　　B. 1　　　　　　C. 2　　　　　　D. 3

17. 合法的 C 语言标识符是（　　　）。

　　A. 56a　　　　　　B. for　　　　　　C. f*b　　　　　　D. sum

18. 选出合法的 C 语言赋值语句（　　　）。

　　A. a=b=c　　　　B. i++　　　　C. a=58，b=34　　　　D. k=(int)a*c;

19. 已知字母 A 的 ASCII 码值为 65，则表达式 'A'+'B'-3 的值是（　　　）。

　　A. 无确定值　　B. 131　　　　C. 127　　　　D. 128

二、设 x=3.5,a=5.5,y=10,b=15 求下面表达式的值。

① x+y%4*(int)a+b/4%2*a

② (float)(y+b)/2+(int)a%(int)x

③ b/=y+=b*=3+y

④ y+=y-=y*=y

⑤ y+=y-=y*y

第 3 章
顺序程序设计

C 语言的语句是用来向计算机系统发出操作指令的。一个语句经过编译后产生若干条机器指令，语句是向计算机发出指令的基本单位，是 C 语言的重要组成部分，它表示程序的执行步骤，实现程序的功能。

C 程序的输入/输出功能是通过调用标准的 I/O 库函数实现的。对于数据的输入输出，在 C 语言中提供了多种不同的格式。

从程序结构的角度来看，程序可以分为 3 种基本结构，即顺序结构、选择结构、循环结构，这 3 种基本结构可以组成各种复杂程序。本章介绍 C 语言中构成顺序结构的一些语句，使读者对 C 程序有一个初步的认识，为后面各章的学习打下基础。

顺序结构是 C 语言的基本结构，程序运行时按照语句编写的顺序依次执行，语句的执行次序和它们的语句顺序一致，在顺序结构中，每个语句都被执行一次，而且只被执行一次。

本章学习目标
- 掌握 C 语言基本语句的分类。
- 掌握字符数据输入输出函数。
- 掌握格式化输入输出函数及其格式控制字符串。
- 能够进行简单的顺序程序设计。

3.1　C 语句概述

语句是语言的主要组成部分之一，不同语句完成不同功能。和其他高级语言一样，C 语言的语句用来向计算机系统发出操作指令。一个实际的程序应该包含若干语句。应当注意，C 语句都用来完成一定的操作任务，声明部分的内容不应称为语句，如 int a; 不是一个 C 语言的语句，它不产生机器操作，而只是对变量的定义。

一个 C 程序可以由若干个源程序文件（分别进行编译的文件模块）组成，一个源文件可以由若干个函数和预处理命令以及全局变量声明组成，一个函数包含声明部分和执行部分，执行部分即由语句组成。程序的功能也是由执行语句实现的。一个 C 程序结构如图 3-1 所示。

C 语言的语句可以分为以下 5 类。

（1）控制语句，完成一定的控制功能。C 语言只有 9 种控制语句，它们是：

① if() ~else ~　　　（分支语句）

② switch　　　　　（多分支语句）

③ while()~   （当型循环语句）

④ do ~while()   （do 循环语句）

⑤ for()~   （for 循环语句）

⑥ break   （跳出语句，终止执行 switch 或循环）

⑦ continue   （结束本次循环语句）

⑧ goto   （转向语句）

⑨ return   （返回语句）

图 3-1   C 程序结构

上面 9 个语句中的()表示其中是条件，~表示一个内嵌语句。例如："if()~ else ~"具体语句可以写成：

```
if(a>=b)max=a;else max=b;
```

（2）函数调用语句，由函数调用加一个分号构成一个语句。

其一般形式为：

```
函数名(实际参数表);
```

执行函数语句就是调用函数体，并把实际参数赋予函数定义中的形式参数，然后执行被调函数体中的语句，求取函数值（在后面函数中再详细介绍）。

例如：

```
printf("C Program");        /*调用库函数，输出字符串。*/
scanf("%d",&a);             /*调用库函数，输入整型变量 a 值。*/
```

（3）表达式语句，由一个表达式加一个分号构成。

其一般形式为：

```
表达式;
```

执行表达式语句就是计算表达式的值。

例如：

```
x=y+z;    /*赋值语句；*/
y+z;      /*加法运算语句，但计算结果不能保留，无实际意义；*/
i++;      /*自增 1 语句，i 值增 1。*/
```

例如："a=3"是一个赋值表达式，而"a=3;"则为赋值语句。任何表达式加上一个分号都成为一个语句，"i++;"、"a+b;"等都是合法的语句，"a+b;"的作用是求"a+b"的和，但不把结果赋给一个变量，虽然没有实际意义，但是合法。

（4）空语句，只有一个分号的语句，即“；”，空语句是什么也不执行的语句。在有的循环中，循环体什么也不做，就用空语句来表示。

例如：

```
while(getchar()!='\n')
  ;
```

本语句的功能是，只要从键盘输入的字符不是回车则重新输入。

这里的循环体为空语句。

（5）复合语句，用{}把多条语句括起来就成为复合语句。

在一些语句的格式中，要求由一个语句构成，但在实际处理时，却要由多个语句才能完成，这时就可以用复合语句。在程序中应把复合语句看成是单条语句，而不是多条语句。

例如：

```
{ x=y+z;
  a=b+c;
  printf("%d%d",x,a);
 }
```

是一条复合语句。

再例如对 a、b 两个数进行比较，若 a>b 交换 a、b 的值，用下面语句实现 if(a>b){t=a;a=b;b=t;}。

注意复合语句内的每一个语句都要有分号。

3.2　赋 值 语 句

赋值语句是由赋值表达式再加上分号构成的表达式语句。

其一般形式为：

变量=表达式；

例如：

```
a=2;
s+=a;
```

赋值语句的功能和特点都与赋值表达式相同。它是程序中使用最多的语句之一。

在赋值语句的使用中需要注意以下几点。

（1）赋值语句的功能。有计算的功能和保存计算值的功能，赋值号的左边必须是变量，右边可以是常量、变量、表达式。赋值语句是先把右边表达式的值计算出来，赋给左边的变量保存起来。

（2）注意区别赋值语句和赋值表达式的使用场合，在需要表达式的地方不能使用语句，在需要语句的地方不能使用表达式。

例如：

```
if(a>b)max=a;  else  max=b;
```

不能写成：

```
if(a>b) max=a else max=b
```

又如

```
if((a=b)>c)c=a;
```

不能写成：

```
if((a=b;)>c)c=a;
```

（3）注意赋值语句和变量赋初值的区别。给变量赋初值是变量定义的一部分，赋初值后的变量与其他变量之间仍用逗号分隔，而赋值语句必须用分号结尾。例如“int a=1,b=2,c;”是对 a、b 分别赋初值，而“a=5;b=10;”是赋值语句。在对变量定义时不允许连续给多个变量赋初值，而赋值语句允许连续赋值。例如，“int a=b=c=5;”是错误的，应改为“int a=5,b=5,c=5;”，而在程序中“a=b=c=5;”是正确的。

（4）赋值运算具有右结合性，程序执行时从右向左执行。

例如：

```
a=b=c=5;
```

由于在赋值符“=”右边的表达式也可以又是一个赋值表达式，所以上述语句相当于“a=(b=(c=5));”。

因此，下述形式

```
变量=(变量=表达式);
```

是成立的，从而形成嵌套的情形。

其展开之后的一般形式为：

```
变量=变量=…=表达式;
```

3.3　字符数据的输入/输出

所谓输入/输出是以计算机主机为主体而言的。从计算机向外部输出设备（如显示器、打印机、磁盘等）输出数据称为“输出”，从输入设备（如键盘、磁盘、光盘、扫描仪等）向计算机输入数据称为“输入”。本章所述的输入/输出设备主要指的是键盘和显示器。

与其他高级语言有所不同，C 语言没有提供输入输出语句，数据输入/输出是由函数来实现的，在调用输入输出函数之前，应使用下面预编译命令对头文件“stdio.h”进行文件包含说明。

```
#include <stdio.h>
```

或

```
#include "stdio.h"
```

输入/输出函数主要包括字符数据的输入/输出函数及格式化输入/输出函数。本节介绍字符数据的输入输出函数。

3.3.1　字符输出函数 putchar()

putchar()函数是字符输出函数，其功能是在默认输出终端（一般为显示器）上输出单个字符。其一般形式为：

```
putchar(ch);
```

说明：putchar 是函数名，ch 是函数的参数，该参数必须是一个字符型变量或一个整型变量，ch 也可以代表一个字符常量或整型常量，也可以是一个转义字符。

例如：

```
putchar('A');      /*输出大写字母 A*/
putchar(x);        /*输出字符变量 x 的值*/
```

```
putchar('\101');        /*也是输出字符 A*/
putchar('\n');          /*换行*/
```

对控制字符则执行控制功能，不在屏幕上显示。

【例 3.1】输出字符'A'、'a'（变量为字符型）。

```
#include <stdio.h>
main()
{
char  c;
c='A';
putchar(c);
putchar('\n');
putchar('a');
}
```

输出结果为：

```
A
a
```

程序运行时，先输出字符型变量 c 的值'A'，之后输出一个换行，又输出一个字符常量'a'。

【例 3.2】输出字符'A'（变量为数值型）。

```
#include <stdio.h>
main()
{
int c;
c=65;
putchar(c);
putchar('\n');
putchar(97);
}
```

输出结果为：

```
A
a
```

整型变量 c 的 ASCII 值 65 对应的是字符'A'。程序运行时，执行一次 putchar()输出一个字符，先输出字符'A'，输出一个换行后，输出一个字符'a'（'a'的 ASCII 值是 97）。

【例 3.3】输出转义字符。

```
#include <stdio.h>
main()
{
putchar('\101');
putchar('\n');
putchar('\x61');
}
```

输出结果为：

```
A
a
```

'\101'是用八进制表示的'A'，'\n'表示换行，'\x61'是用十六进制表示的'a'。

3.3.2　字符输入函数 getchar()

getchar()函数是字符输入函数，其功能是从系统默认的输入终端（一般为键盘）输入一个字符，可以是字母字符、数字字符和其他字符等。其一般形式为：

```
getchar();
```

（1）getchar 是函数名，函数本身没有参数，其函数值就是从输入设备得到的字符，注意 getchar 后的括号不能省略。

（2）程序运行时需要输入一个字符，然后必须按回车键确认，程序才能执行下一个语句。要注意的是，回车前所输入的全部字符都会在屏幕上显示，但只有第一个字符作为函数的返回值。

【例 3.4】输入一个字符，然后输出。

```
#include <stdio.h>
main()
{ c=getchar();
  putchar(c);
}
```

运行时输入：

A

输出结果为：

A

此程序也可以改为：

```
#include <stdio.h>
main()
{
  putchar(getchar());
}
```

程序的结果不变。

【例 3.5】输入一个大写字母，变成小写字母输出。

```
#include <stdio.h>
main()
{ char c;
  c=getchar();
  putchar(c+32);
}
```

运行时输入：

A

输出结果为：

a

使用 getchar 函数还应注意以下几个问题。

（1）getchar 函数只能接受单个字符，输入数字也按字符处理。输入多于一个字符时，只接收第一个字符。函数得到的字符可以赋给一个字符变量或整型变量，也可以作为表达式的一部分。

（2）使用本函数前必须包含文件"stdio.h"。

（3）在 TC 屏幕下运行含本函数程序时，将退出 TC 屏幕进入用户屏幕等待用户输入。输入完毕再返回 TC 屏幕。

3.4　格式输入/输出

上节介绍的 putchar()和 getchar()函数每次只能输出或输入一个字符，而 printf()和 scanf()一次可以输出或输入若干个任意类型的数据。虽然它们也是库函数，但考虑到 printf() 和 scanf() 函数使用频繁，系统允许在使用这两个函数时，可不加预编译编命令#include<stdio.h >或#include "stdio.h"。

3.4.1　格式输出函数 printf()

printf() 函数称为格式输出函数，其关键字最末一个字母 f 即为"格式"（format）之意。在 C 语言中如果向终端或指定的输出设备输出任意的数据且有一定格式时，则需要使用 printf() 函数。其作用是按照指定的格式向终端设备输出数据。在前面的例题中我们已多次使用过这个函数。

1．printf() 函数的调用形式

printf() 函数的一般调用形式为：

```
printf("格式控制字符串",输出表列);
```

功能：在格式控制字符串的控制下，将各参数转换成指定格式，在标准输出设备上显示或打印。

括号内包含以下两部分内容。

（1）格式控制字符串。

格式控制字符串可包含两类内容：普通字符和格式说明。

普通字符只被简单地输出在屏幕上，所有字符（包括空格）一律按照自左至右的顺序原样输出，在显示中起提示作用。

格式说明以%开头，在%后面跟有各种格式字符，以说明输出数据的类型、形式、长度、小数位数等。如：

```
"%d"表示按十进制整型输出；
"%ld"表示按十进制长整型输出；
"%c"表示按字符型输出等。
```

（2）输出表列。

输出表列中给出了各个输出项，输出项可以是合法的常量、变量和表达式，输出表列中的各项之间要用逗号分开。

要求格式字符串和各输出项在数量和类型上应该一一对应。

例如：

```
printf("China");
```

输出结果：

```
China
```

例如：

```
printf("a=%d,b=%d",a,b);
```

在上面双引号中的字符除了"%d"和"%d"以外，还有非格式说明的普通字符 a=,b=按原样输出。如果 a、b 的值分别为 7、9，则输出结果为：

```
a=7,b=9
```

由于 printf 是函数，因此，"格式控制"字符串和"输出表列"实际上都是函数的参数。所以 printf 函数的一般形式也可以表示为：

```
printf(参数 1,参数 2,参数 3…参数 n)
```

printf 函数的功能是将参数 2 ~ 参数 n 按参数 1 给定的格式输出。

2. printf 常用输出格式

在 Turbo C 中 printf 函数的格式字符串的一般形式为：

%[标志][输出最小宽度][.精度][长度]格式字符

其中，方括号[ ]中的项为可选项。

对不同类型的数据用不同的格式字符。常用的有以下几种格式字符。

（1）d 格式符。用来输出十进制整数。有以下几种用法。

① %d，按整型数据的实际长度输出。

② %md，m 为指定的输出字段的宽度。如果数据的位数小于 m，则左端补以空格，若大于 m，则按实际位数输出。例如：

```
printf("%4d,%4d\n",a,b);
```

若 a=123，b=12345，则输出结果为 a=□123,b=12345（□代表空格）

③ %ld，输出长整型数据。例如：

```
long a=123450;
printf("%ld\n",a);
```

如果用%d 输出，就会发生错误，因为整型数据的范围为–32768～32767。对 long 型数据应当用%ld 格式输出。对长整型数据，也可以指定字段宽度，如将上面 printf 函数中的"%ld"改为"%7ld"，则输出为：

```
□123450
```

一个 int 型数据可以用%d 或%ld 格式输出。

（2）o 格式符，以八进制数形式输出整数。由于是将内存单元中各位的值（0 或 1）按八进制形式输出，因此输出的数值不带符号，即将符号位也一起作为八进制数的一部分输出。例如：

```
int k=-1;
printf("%d,%o",k,k);
```

–1 在内存单元中的存放形式（以补码形式存放）为：1111111111111111

输出结果为：

```
-1,177777
```

不会输出带负号的八进制整数。对长整数（long 型）可以用"%lo"格式输出。同样可以指定字段宽度，如 "printf("%8o",k);"输出为 "□□177777"。

（3）x 格式符，以十六进制数形式输出整数。同样不能出现负的十六进制数。例如：

```
int a=-1;
printf("%x,%o,%d",k,k,k);
```

输出结果为：

```
ffff,177777,-1
```

同样可以用"%lx"输出长整型数，也可以指定输出字段的宽度（如"%12x"）。

（4）u 格式符，用来输出 unsigned 型数据，即无符号数，以十进制形式输出。

一个有符号整数（int 型）也可以用%u 格式输出；反之，一个 unsigned 型数据也可以用%d 格式输出。按相互赋值的规则处理。unsigned 型数据也可用%o 或%x 格式输出。

【例 3.6】无符号数据的输出。

```
main()
{ unsigned int a=65535;
  int b=-1;
  printf("a=%d,%o,%x,%u\n",a,a,a,a);
  printf("b=%d,%o,%x,%u\n",b,b,b,b);
}
```

输出结果为：
```
a=-1,177777,ffff,65535
b=-2,177777,fiff,65535
```
大家看到 a、b 的类型、值不同，但由于在内存中的存储形式相同，用的格式相同，则输出的数据相同，同一数据用的格式不同，则输出的数据形式也不同。

（5）c 格式符，用来输出一个字符。如：
```
char c='a';
printf("%c",c);
```
输出结果为：
```
a
```

　　　　　　"%c"中的 c 是格式符，逗号右边的 c 是变量名。

　　一个整数，只要它的值在 0～255 范围内，也可以用字符形式输出，在输出前，系统会将该整数作为 ASCII 码转换成相应的字符；反之，一个字符数据也可以用整数形式输出。

【例 3.7】字符数据的输出。
```
main()
{
    char ch='a';
    int  k=97;
    printf("1:%c%d\n",ch,ch);
    printf("2:%c%d\n",k,k);
}
```
输出结果为：
```
1:a97
2:a97
```
也可以指定输出字数宽度，例如：
```
ch='a';
printf("%2c",ch);
```
则输出结果为：
```
□a
```
即 ch 变量输出占 2 列，前面补一个空格。

（6）s 格式符用来输出一个字符串。有以下几种用法。

① %s，例如：
```
printf("%s","welcome");
```
输出结果为：
```
welcome
```
② %ms，输出的字符串占 m 列，如字符串本身长度大于 m，则突破 m 的限制，将字符串全部输出。若串长小于 m，则左补空格。例如：
```
printf("%6s,%9s","welcome","welcome");
```
输出结果为：
```
welcome,□□welcome
```
③ %-ms，如果串长小于 m，则在 m 列范围内，字符串左对齐，右补空格。例如：
```
printf("%-8s,%-5s","welcome","welcome");
```

输出结果为：

```
welcome□,welcome
```

④ %m.ns，输出占 m 列，但只取字符串左端的 n 个字符。这 n 个字符输出在 m 列的范围内，右对齐，左边补空格。例如：

```
printf("%6.3s,%8s","welcome","welcome");
```

输出结果为：

```
□□□wel,□welcome
```

⑤ %-m.ns，其中 m、n 含义同上，n 个字符输出在 m 列范围内，左对齐，右补空格。如果 n>m，则 m 自动取 n 值，即保证 n 个字符正常输出。例如：

```
printf("%-6.3s,%2.3s","welcome","welcome");
```

输出结果为：

```
wel□□□,wel
```

⑥ %.ns 或%-.ns 其中-、n 含义同上，n 个字符输出在 n 列。例如：

```
printf("%-.4s,%.4s","welcome","welcome");
```

输出结果为：

```
wel,wel
```

【例 3.8】字符串的输出。

```
main()
{
  printf("%3s,%-7.3s,%.3s,%7.3s\n","welcome", "welcome","welcome","welcome");
}
```

输出结果为：

```
welcome,wel□□□□,wel,□□□□wel
```

（7）f 格式符，用来输出实数（包括单、双精度），以小数形式输出。有以下几种用法。

① %f 不指定字段宽度，由系统自动指定，使整数部分全部输出，并输出 6 位小数。值得注意的是，并非全部数字都是有效数字。单精度实数的有效位数一般为 7 位。显然，只有前 7 位数字是有效数字。千万不要以为凡是打印出来的数字都是准确的。

双精度数也可用%f 格式输出，它的有效位数一般为 16 位，也给出 6 位小数。

【例 3.9】输出单精度数和双精度数时的有效位数。

```
main()
{ float x;
  double y;
  x=11111.111111;y=22222.222222;
  printf("x=%f,y=%lf\n",x,y);
}
```

输出结果为：

```
x=11111.118125,y=22222.222222
```

可以看到单精度数的最后 4 位小数（超过 7 位）是无意义的，而双精度数在 16 位之内都是有效的。

② %m.nf 指定输出的数据共占 m 列，其中有 n 位小数。如果数值长度小于 m，数据右对齐，左端补空格。

③ %-m.nf 与%m.nf 基本相同，只是使输出的数值左对齐，右端补空格。

【例 3.10】输出实数时指定小数位数。

```
main()
```

```
{ float x=1234.567;
  printf("%f□□%9f□□%9.2f□□%.2f□□%-9.2f\n",x,x,x,x,x);
}
```

输出结果为：

```
1234.567001□□1234.567001□□□1234.57□□1234.56□1234.57□□
```

f 的值应为 1234.567，但输出为 1234.567001，这是由于实数在内存中的存储误差引起的。

（8）e 格式符，以指数形式输出实数。可用以下形式。

① %e 不指定输出数据所占的宽度和数字部分的小数位数，有的 C 编译系统指定给出 6 位小数，指数部分占 5 位（如 e+002），其中 e 占 1 位，指数符号占 1 位，指数占 3 位。数值按规范化指数形式输出（即小数点前必须有而且只有 1 位非零数字）。

```
printf("%e",1234.56);
```

输出结果为：

```
1.234560e+003
```

输出的实数共占 13 列宽度。

不同系统的规定略有不同。

② %m.ne 和%-m.ne。m、n 和 "-" 字符含义与前面相同。此处 n 为输出的数据的小数部分（又称尾数）的小数位数。若 x= 1234.56，则：

```
printf("%e□□%9e□□%9.1e□□%.1e□□%-9.1e\n",x,x,x,x,x);
```

输出结果为：

```
1.234560e+003□□1.234560e+003□□□1.2e+003□□1.2e+003□□1.2e+003□
```

第 2 个输出项按%9e 输出，即只指定了 m=9，未指定 n，凡未指定 n，自动使 n=6，整个数据长 13 列，超过给定的 9 列，突破 9 列的限制，按实际长度输出。第 3 个数据共占 9 列，小数部分占 1 列。第 4 个数据按"%.1e"格式输出，只指定 n=1，未指定 m，自动使 m 等于数据应占的长度，应为 8 列。第 5 个数据应占 9 列，数值只有 9 列，由于是"%- 9.1e"，数值左对齐，右补一个空格。

（9）g 格式符，用来输出实数，它根据数值的大小，自动选 f 格式或 e 格式（选择输出时占宽度较小的一种），且不输出无意义的零。例如，若 x=123.456，则

```
printf("%f□□%e□□%g",x,x,x);
```

输出结果为：

```
123.456000□□1.234560e+002□□123.456
```

用%f 格式输出占 10 列，用%e 格式输出占 13 列，用%g 格式时，自动从上面两种格式中选择短者(以%f 格式为短)，故占 10 列，且按%f 格式用小数形式输出，最后 3 个小数位 "0" 为无意义的 0，不输出，因此输出 123.456，然后右补 3 个空格。%g 格式用得较少。 以上介绍了 9 种格式字符的使用，归纳总结如表 3-1 所示。

表 3-1　　　　　　　　　　　　　　格式字符表

格式字符	说　明
d	以有符号十进制的形式输出整数（正数不输出符号）
o	以八进制无符号形式输出整数（不输出前导符 0）
x,X	以十六进制无符号形式输出整数（不输出前导符 0x），用 x 则输出十六进制数中的字母时，用小写字母 a～f，用 X 则输出十六进制数中的字母时，用大写字母 A～F

格式字符	说　　明
u	以无符号十进制形式输出整数
c	以字符形式输出，只输出一个字符
s	输出字符串
f	以小数形式输出单、双精度数，隐含输出 6 位小数
e, E	以标准指数形式输出单、双精度数，数字部分小数位数为 6 位。用 e 时指数用 e 表示，用 E 时指数用 E 表示
g ,G	选用%f 或% e 格式中输出宽度较短的一种格式，不输出无意义的 0，用 G 时指数用 E 表示

在格式字符串中，%和格式字符之间可以插入以下几种附加符号（又称修饰符）。

（1）标志：标志字符为 0、−、+、#、空格 5 种，其意义如表 3-2 所示。

表 3-2　　　　　　　　　　　　　　printf 的附加格式说明字符

字　　符	说　　明
l	表示输出的是长整形整数，可加在 d、o、x、u 前面
m	表示输出数据的最小宽度
.n	对实数，表示输出 n 位小数，对字符串，表示截取 n 个字符，对整数，表示至少占 n 位，不足用前置 0 占位
0	表示左边补 0
—	输出结果左对齐，右边填空格；默认则输出结果右对齐，左边填空格
+	输出符号（正号或负号）
空格	输出值为正时冠以空格，为负时冠以负号
#	对 c,s,d,u 类无影响；对 o 类，在输出时加前缀 0；对 x 类，在输出时加前缀 0x

（2）输出最小宽度：即表 3-2 中的"m"字符，用来指定输出数据项的最小字段宽度，通常用十进制表示。省略宽度指示符时，按实际位数输出；若实际位数大于定义的宽度，也按实际位数输出；若实际位数小于定义的宽度，数据右对齐，左边补以空格。

（3）精度指示符：精度指示符以"."开头，后跟十进制整数。精度指示符通常与宽度指示符结合使用，格式为"m.n"，其中"m"表示输出数据所占总的宽度，"n"表示输出数据的精度。

对于浮点数，"n"表示输出数据的小数的位数，当输出数据的小数位数大于"n"时，截去右边多余的小数，并对截去的第一位小数做四舍五入；当输出数据的小数位数小于"n"时，在小数的最右边添 0。

也可以省略"m.n"中的 m，用".n"表示小数的位数，并对截去的第一位小数进行四舍五入，这时输出数据的宽度由系统决定。若指定"%.0f"，则不输出小数部分，但要对第一位小数进行四舍五入。

对于 g 或 G，".n"表示输出的有效数字，并对截去的第一位进行四舍五入，整数部分并不丢失，隐含的输出有效数字为 6 位有效数字。

对于字符串，".n"则表示要输出字符的个数；如果实际位数大于所定义的精度时，则截去超过的部分。

（4）长度：长度格式符为 h、1 两种，%hd 表示按短整型输出，%ld 表示按长整型输出，%lf

按双精度输出。

3.　调用 printf 函数时的注意事项

（1）在使用函数输出时，格式控制字符串后的输出项必须与格式说明对应的数据按照从左到右的顺序——匹配。

（2）格式字符必须用小写字母。如%d 不能写成%D。

（3）在控制字符串中可以增加提示修饰符和转义字符。

（4）如果想输出字符"%"，则应该在格式控制字符串中用连续的两个百分号表示，例如：

```
printf("%f%%",.5);
```

输出结果是：

```
0.500000%。
```

（5）当格式说明个数少于输出项时，多余的输出项不能输出。若格式说明多于输出项时，各个系统的处理不同，如：Turbo c 对于缺少的项输出不定值；VAX C 则输出 0 值。

（6）用户可以根据需要指定输出项的字段宽度（域宽），对于实型数据还可指定小数位数，当指定的域宽大于输出项的宽度时，输出采取右对齐方式，左边填空格。

（7）在输出时，先对输出表列的各项求值，再输出。输出顺序是从左到右，而求值顺序，有的编译系统是从左到右，有的是从右到左，Turbo C 是按从右到左进行的。请看下面两个例子。

【例 3.11】写出下列程序的运行结果。

```
main()
{ int i=8;
    printf("%d,%d,%d,n%d,%d,%d\n",++i,--i,i++,i--,-i++,-i--);
}
```

输出结果为：

```
8,7,7,8,-7,-8
main()
{   int i=8;
    printf("%d,",++i);
    printf("%d,",--i);
    printf("%d,",i++);
    printf("%d,",i--);
    printf("%d,",-i++);
    printf("%d\n",-i--);
}
```

输出结果为：

```
9,8,8,9,-8,-9
```

这两个程序的区别是用一个 printf 语句和多个 printf 语句输出。但从结果可以看出是不同的。为什么结果会不同呢？就是因为 printf 函数对输出表中各量求值的顺序是自右至左进行的。在第一例中，先对最后一项"-i--"求值，结果为-8，然后 i 自减 1 后为 7。再对"-i++"项求值得-7，然后 i 自增 1 后为 8。再对"i--"项求值得 8，然后 i 自减 1 后为 7。再求"i++"项得 7，然后 i 自增 1 后为 8。再求"--i"项，i 先自减 1 后输出，输出值为 7。最后才求输出表列中的第一项"++i"，此时 i 自增 1 后输出 8。

但是必须注意，求值顺序虽是自右至左，但是输出顺序还是从左至右，因此得到的结果是上述输出结果。

【例 3.12】程序示例。

```
main()
```

```
{  int a;
   long b;
   float f;
   double d;
   char c;
   printf("\nint:%d long:%d float:%d double:%d char:%d\n",
     sizeof(a),sizeof(b),sizeof(f),sizeof(d),sizeof(c));
}
```

输出结果为:

```
int:2 long:4 float:4 double:8 char:1
```

输出各种数据类型的字节长度。

3.4.2　格式输入函数 scanf()

在 C 语言中，scanf()函数的作用是把从终端（如键盘）上输入的数据传送给对应的变量，从输入设备输入任意类型的数据时，使用 scanf()函数。

1. scanf()函数的调用形式

scanf()函数的一般调用形式为:

```
scanf("格式控制字符串",地址表列);
```

功能:读入各种类型的数据，接收从输入设备按输入格式输入的数据并存入指定的变量地址中。

格式控制字符的含义同 printf 函数;输入项地址表由若干个地址组成，代表每一个变量在内存中的地址。

例如:

```
scanf("%d%d",&a,&b);
```

其中 "%d%d" 为格式控制字符串; &a，&b 组成地址表列，表示两个输入项。

说明:

（1）格式控制字符串的作用是指定输入数据的格式，由 "%" 符号开始，其后是格式描述符。

（2）各输入项只能是合法的地址表达式，而不是变量名。"&" 是 C 语言中求地址运算符，在变量名前加上地址运算符&就表示此变量的地址。

例如:

```
&a, &b
```

分别表示变量 a 和变量 b 的地址。

这个地址就是编译系统在内存中给 a、b 变量分配的地址。在 C 语言中，使用了地址这个概念，这是与其他语言不同的。应该把变量的值和变量的地址这两个不同的概念区别开来。变量的地址是 C 编译系统分配的，用户不必关心具体的地址是多少。

变量的地址和变量值的关系如下。

在赋值表达式中给变量赋值，如:

```
a=567;
```

则，a 为变量名，567 是变量的值，&a 是变量 a 的地址。

但在赋值号左边是变量名，不能写地址，而 scanf 函数在本质上也是给变量赋值，但要求写变量的地址，如&a。这两者在形式上是不同的。&是一个取地址运算符，&a 是一个表达式，其功能是求变量的地址。

例如:

```
scanf("%d",x);
```

是不合法的，应将 x 改为&x。

2. scanf 函数常用的格式说明

scanf 函数中每个格式控制字符串都必须用%开头，以一个"格式字符"作为结束。其一般形式如下：

`%[*][输入数据宽度][长度]格式字符`

与 printf()类似，scanf()的格式控制字符串中也可以有多个格式说明，表 3-3 所示为 scanf 用到的格式字符，表 3-4 所示为附加格式说明字符。

（1）格式字符：表示输入数据的类型。

（2）"*"符：表示该输入项读入后不赋予相应的变量，即跳过该输入值。例如：

`scanf("%d%*d%d",&a,&b);`

当输入为"10□25□30"时，把 10 赋予 a，25 被跳过，30 赋予 b。

（3）宽度：用十进制整数指定输入的宽度，即读取输入数据中相应位数赋给相应的变量，舍弃多余部分。例如：

`scanf("%5d",&a);`

当输入"12345678"时，只把"12345"赋予变量 a，其余部分被截去。又如：

`scanf("%4d%4d",&a,&b);`

当输入"12345678"时，把"1234"赋予 a，而把"5678"赋予 b。

（4）长度：长度格式符为 l 和 h，l 表示输入长整型数据（如%ld）和 double 型数据（如%lf）。h 表示输入短整型数据（如%hd）。

表 3-3　　　　　　　　　　　scanf()中的格式字符

格式字符	说　　　明
d	输入有符号的十进制整数
o	输入无符号的八进制整数
x	输入无符号的十六进制整数
c	输入单个字符
s	输入字符串。以非空字符开始，以第一个空格结束
u	输入无符号的十进制整数
f,e,g,E,G	以小数形式或指数形式输入单、双精度数

表 3-4　　　　　　　　　　　scanf 的附加格式说明字符

字　　符	说　　　明
l	表示输入的是长整数或双精度数据，可加在 d、o、x、f、e 前面
h	表示输入短整型数据（可用于 d、o、x）
m	表示输入数据的最小宽度（列数）
*	表示本输入项在读入后不赋给相应的变量

3. 调用 scanf 函数时的注意事项

（1）scanf()的格式说明符个数必须与输入项的个数相等，数据类型必须从左至右一一对应，否则虽然编译能够通过，但结果将不正确。

【例 3.13】程序示例。

```
#include <stdio.h>
main()
{long i;
 scanf("%d",&i);
 printf("%ld",i);
}
```

运行情况如下：

```
1111111111
4208071
```

程序中，变量 i 为长整型，但输入格式描述符为%d（int 型），而所键入的数据已超过 int 型数据的范围，同时输出语句的格式说明为长整型，因此输出结果和输入数据不符，将输入数据改为长整型后，即将 "scanf("%d",&i)" 改为 "scanf("%ld",&i)"，就可得到正确结果。

（2）输入时不能规定精度，例如："scanf("%6.2f",&x);" 是不合法的。但对整型数可以用%md 的形式截取数据。如 "scanf("%3d%3d",&a,&b);" 输入数据 "123456789" 按回车键后，则 a 按 3 位截取数据得到 a 的值为 123，b 也按 3 位截取数据得到 b 的值为 456。

（3）注意输入数据的格式，如下所述。

① 如果在格式控制字符串中每个格式说明之间不加其他符号，例如：

```
scanf("%d%d",&a,&b);
```

则在执行时，输入的两数据之间以一个或多个空格（空格用"□"表示）间隔，或用回车键、跳格键分隔。

② 如果在格式控制字符串中格式说明间用逗号分隔，例如："scanf("%d,%d",&a,&b);" 执行时，输入的两数据间以逗号间隔。例如：123,456<回车>。

③ 如果格式控制字符串中除了格式说明符之外，还包含其他字符，则输入数据时，在与之对应的位置上也必须原样输入相同的字符。例如：

```
scanf("a=%d,b=%d",&a,&b);
```

输入数据时，应按格式控制字符串输入 "a=3,b=2"。

```
scanf ("%c %c %c",&a,&b,&c);
```

则输入时各数据之间可加空格。

④ 在使用%c 格式时，输入的数据之间不需要分隔标志，空格、回车符和转义字符都将作为有效字符读入。例如：

```
scanf("%c%c%c ",&c1,&c2,&c3);
```

□a\t <回车>

则字符□变量赋给 c1，a 赋给变量 c2，字符\t 赋给变量 c3。

```
scanf("%c%c ",&c1,&c2);
```

若想给 c1 赋值"a"，c2 赋值"b"，正确的输入方法是：

ab <回车>

ab 的中间不能有任何字符，包括空格。例如：

```
scanf("%c%c ",&c1,&c2);
```

输入 a□b，则 c1 取 a，c2 取□。

输入 a<回车>b，则 c1 取 a，c2 取<回车>。

（4）在输入数据（常量）遇到以下情况时，认为该数据输入结束。

① 遇空格或遇回车或跳格（Tab）键。

② 遇宽度结束，例如：

```
scanf("%3d",&x);
```

只取 3 列。

③　遇非法输入，例如：

```
scanf("%d%c%d",&m,&j,&k);
```

输入：123c12o1

输入 123 之后遇字母 c，则认为第一个数据到此结束，把 123 赋给变量 m，字符 c 赋给变量 j，因为 j 只要求输入一个字符，c 后面的数值应赋给变量 k，如果由于疏忽把 1201 打成了 12o1，则认为数值到字母 o 结束，将 12 赋给 k。

（5）scanf 函数也有一个返回值，这个返回值就是成功输入的项数。

【例 3.14】程序示例。

```
#include <stdio.h>
main()
{ int x,y;
   printf("%d\n",scanf("%d%d",&x,&y));
}
```

程序运行的结果为：

```
45□54<回车>
2
```

（6）格式说明%*表示跳过对应的输入数据项不予读入。例如：

```
scanf("%3d%*3d%3d ",&x,&y);
```

输入数据 1234567890，则先取 3 位（123）赋给 x，即 x 的值为 123，再取 3 位（456），由于格式中有*，因此这次取得的数据不赋给任何变量，最后取 3 位（789）赋给 y，即 y 的值为 789。

（7）当输入的数据的个数小于输入项的个数时，程序等待输入，直到满足要求为止。当输入的数据的个数大于输入项的个数时，多于的数据并不消失，而是作为下一个输入操作时的输入数据。

【例 3.15】程序示例。

```
#include <stdio.h>
main()
{ int a,b,c,d;
   scanf("%d%d",&a,&b);
   printf("a=%d,b=%d\n", a,b);
   scanf("%d%d",&c,&d);
   printf("c=%d,d=%d",c,d);
}
```

程序运行的结果为：

```
45□54□23□89<回车>
a=45,b=54
c=23,d=89
```

当程序运行到第一个 scanf 时，要求输入两个整数，但这里输入了 4 个整数，输入的数据的个数大于了输入项的个数，这时只将 45 赋给了 a，54 赋给了 b，23 和 89 并没有消失，当运行到第二个 scanf 时，23 和 89 作为该输入操作的输入数据。

【例 3.16】输入格式举例。

```
main()
{ char ch;
   int k,m;
   float x;
   scanf("c=%ck=%d,%d%f",&ch,&k,&m,&x);
```

```
    printf("%c,%d,%d,%f\n",ch,k,m,x);
}
```

运行输入：

```
c=w k=123, 123□0.456
```

输出结果为：

```
w,123,123,0.456000
```

注意 　　输入格式中有 c=、k=，在输入时必须给出，两个 d 格式之间有逗号，则输入数据时也必须给出，其他格式之间没有分隔符，输入时用空格分隔即可。

3.5　应　用　举　例

【例 3.17】编写求圆的周长的程序。

方法如下。

（1）确定求圆的周长为本程序目标。确定解决此问题时用户应该输入圆的半径。

（2）确定方法：用公式 $l=2\pi r$ 计算。确定步骤：① 输入半径；② 用公式求周长；③ 输出周长值。

（3）确定用到的变量及类型：l（周长），r（半径）都应说明为实型。

（4）将下列步骤①②③转换成 C 语句。

① 输入半径，scanf("%f",&r);

② 用公式求周长 l，l=2*3.14*r;

③ 输出周长值，printf("周长 l=%.2f",l);

程序如下。

```
#include <stdio.h>
 main()
 {
    float r,l;    /*定义两个实型变量*/
    scanf("%f",&r);    /*输入半径*/
    l=2*3.14*r;    /*求周长*/
    printf("周长 l=%.2f",l);    /*输出周长*/
 }
```

若输入：

```
3.5
```

运行结果：

```
周长 l=21.98
```

程序分析：程序中共有 3 条语句，程序执行时是按照这 3 条语句的书写顺序，从第一条开始到第三条为止，这就是顺序结构程序的执行方法。

【例 3.18】求 3 个数的平均数。

方法如下。

（1）确定求平均数为本程序目标。确定解决此问题，用户应该输入 3 个数。

（2）确定方法：用公式 average=(a+b+c)/3。确定步骤如下。

① 输入数据。

② 用公式求 average。

③ 输出平均值。

（3）确定用到的变量及类型：average（平均值），a、b、c（3 个数据）都应说明为实型。

（4）将下列步骤①②③转换成 C 语句。

① 输入 3 个数据，scanf("%f,%f,%f",&a,&b,&c);

② 用公式求平均值，average=(a+b+c)/3;

③ 输出平均值，printf("平均值为:%.2f",average);

程序如下。

```
#include <stdio.h>
main()
{
    float a,b,c, average;
    scanf("%f,%f,%f",&a,&b,&c);
    average=(a+b+c)/3;
    printf("平均值为:%.2f",average);
}
```

若输入：

1.0,2.2,4.6

运行结果：

平均值为：2.60

以后对类似这样简单的问题可以不必先写出算法或画流程图，而直接编写程序。

【例 3.19】从键盘输入一个大写字母，用小写字母输出。

可以利用 getchar() 函数，也可以用 scanf 函数输入数据，在 C 语言中大小写字母的转换比较容易，直接对操作对象加或减 32 完成（大写到小写加 32，小写到大写减 32），输出可以用 putchar 或 printf。

在 C 中所有用到的变量都要先定义后使用。

```
#include <stdio.h>
main()
{ char c1,c2;
    c1=getchar();
    c2=c1+32;
    putchar(c1);
    putchar(c2);
}
```

运行时若输入：

A

则输出结果为：

Aa

【例 3.20】从键盘输入 a~z 之间的某个字符，要求用输出它的下一个字符的大写字符，z 输出 A。

```
#include <stdio.h>
main()
```

```
{ char c1,c2;
  scanf("%c",&c1);
  c2=c1+1-32;
  printf("%c",c1);
  printf("%c",c2);
}
```

运行时若输入：

t

则输出结果为：

tU

【例 3.21】输入三角形的三边，利用海伦公式求其面积。

公式 $p=\dfrac{1}{2}(a+b+c)\ s=\sqrt{p(p-a)(p-b)(p-c)}$

```
#include <stdio.h>
#include <math.h>
main()
{ float a,b,c,p,s;
  scanf("%f,%f,%f",&a ,&b,&c);
  p=(a+b+c)/2;
  s=sqrt(p*(p-a)*(p-b)*(p-c));
  printf("a=%4.2f,b=%4.2f,c=%4.2f,area=%6.2f\n",a,b,c,s);
}
```

运行时输入：

3,4,6

输出结果是

a=3.00,b=4.00,c=6.00,area= 5.33

表达式的正确书写，p=(a+b+c)/2 不能写成 p=1/2*(a+b+c)，否则无论输入的数据是什么结果都为 0。

【例 3.22】下面程序的输出结果是_____。

```
main()
{ int a=012,b;
  printf("a=%d,b=%%d",a,b);
}
```

A．a12,b=3　　　　　B．a12,b=%d　　　　　C．a=10,b=%d　　　　　D．a=10,b=3

本题有 2 个知识点，一是整型数的表示，二是 printf 正确使用。012 是八进制整数，相当于十进制的 10，由于在 printf 中用的是十进制 d 格式，故应输出 a 的值为 10，在后面的格式字符串中 b=%%d，两个%%代表一个%，而后面的"d"成为普通字符输出，变量 b 没有对应的格式，就没有输出 b 的值。因此本题的答案应该选择 C。

【例 3.23】下面程序的输出结果是_____。

```
#include <stdio.h>
main()
{
    int a=2;
    a%=4-1;
    printf("%d,",a);
    a+=a*=a-=a*=3;
```

```
printf("%d",a);
}
```

  A．2,0　　　　　　　B．1,0　　　　　　　C．−1,12　　　　　　D．2,12

  本题有 2 个知识点，一是复合赋值运算，一是输出函数 printf 的使用。复合赋值运算的优先级、结合性都与赋值运算相同，都是右结合。因为%=优先级低于-，所以 a%=4-1 的结果应为 2，故 B、C 是错误的。"a+=a*=a-=a*3;"表面上看起来很复杂，计算时只要注意到每一时刻赋值表达式和变量的值，就很容易计算出结果。根据右结合性计算，开始时"a=2,a*=3"，使得 a 的值为 6，表达式的值也是 6，表达式"a-=a*3"相当于"a-=6"，使得"a=a-a=0"，后面的表达式都为 0，故答案应该选 A。

3.6　本　章　小　结

  C 语言中没有提供专门的输入输出语句，所有的输入输出都是调用标准库函数中的输入输出函数来实现。本章重点讲解赋值语句、字符输入／输出函数和格式输入／输出函数，以及顺序结构程序设计的方法，通过本章的学习，应该能够独立完成简单的顺序结构程序的设计。制作一个简单的程序要考虑多方面因素，包括定义几个变量、变量是什么类型的、输入语句中格式控制字符串与变量的个数、类型一一对应。数据的操作包括先执行哪些操作、用什么语句来实现等。

  （1）C 语言的语句主要包括简单语句和复合语句。简单语句主要有表达式语句、函数调用语句、控制语句、空语句等，复合语句是把多个语句用括号{}括起来组成的一个语句。

  （2）赋值语句的功能一是计算二是赋值。

  （3）字符输出函数 putchar（ch）是向终端输出单个字符。其中参数 ch 通常为字符型变量、整型常量、字符常量，也可以输出控制字符，如："putchar('\n')"表示输出一个换行符。

  （4）字符输入函数 getchar()，函数 getchar()没有参数，作用是从终端上输入一个字符。

  （5）格式输出函数 printf（格式控制，输出表列），作用是向终端输出若干任意类型的数据。其中"格式控制"是用双引号括起来的字符串，规定了"输出表列"中各项的输出形式。"输出表列"是需要输出的一个数据或一批数据，可以是变量或表达式表列，输出参数的个数必须与控制参数中的格式转换控制符个数相同。学习该函数重点应放在格式控制符上。

  （6）格式输入函数 scanf（控制参数，地址表列），功能是用来输入任何类型的多个数据。其中"控制参数"的含义与 printf()的控制参数的含义相同，"地址表列"是由若干个地址组成的表列。

  （7）顺序结构是 C 语言程序的基本结构之一，是在程序运行过程中，按照书写顺序逐条执行的结构。

3.7　练习与提高

一、选择题

1．putchar 函数可以向终端输出一个（　　　）。

  A．整型变量表达式值　　　　　　　　B．实型变量值

  C．字符串　　　　　　　　　　　　　D．字符或字符型变量值

2．以下程序的输出结果是（　　　）。

```
#include <stdio.h>
main()
{ int a=2,b=5;
  printf("a=%%d,b=%%d\n",a,b);
}
```

    A．a=%2,b=%5   B．a=2,b=5

    C．a=%%d,b=%%d   D．a=%d,b=%d

3．以下 C 程序正确的运行结果是（　　　）。

```
#include <stdio.h>
main()
{ long y=-43456;
  printf("y=%-8ld\n",y);
  printf("y=%-08ld\n",y);
  printf("y=%08ld\n",y);
  printf("y=%+8ld\n",y);
}
```

  A．y=□□-43456   B．y=-43456   C．y=-43456   D．y=□□-43456

       y=-□□43456   y=-43456   y=-43456   y=-0043456

       y=-0043456   y=-0043456   y=-0043456   y=00043456

       y=-43456   y=+-43456   y=□□-43456   y=+43456

4．以下 C 程序正确的运行结果是（　　　）。

```
#include <stdio.h>
main()
{ int y=2456;
  printf("y=%3o\n",y);
  printf("y=%8o\n",y);
  printf("y=%#8o\n",y);
}
```

    A．y=□□□2456   B．y=□□□4630

       y=□□□□□□□2456   y=□□□□□□□4630

       y=########2456   y=########4630

    C．y=2456   D．y=4630

       y=□□□□2456   y=□□□□4630

       y=□□□02456   y=□□□04630

5．输出语句"printf("*%10.2f*\n",57.666);"的输出结果是（　　　）。

    A．*0000057.66*   B．*□□□□□57.66*   C．*0000057.67*   D．*□□□□□57.67*

6．已有如下定义和输入语句，若要求 a1,a2,c1,c2 的值分别为 10，20，A 和 B，当从第一列开始输入数据时，正确的输入方式是（　　　）。

```
int a1,a2;char c1,c2;
scanf("%d%c%d%c",&a1,&c1,&a2,&c2);
```

    A．10A□20B↙   B．10□A20□B↙   C．10A20B↙   D．10A20□B↙

7．已有程序段和输入数据的形式如下，程序中输入语句的正确形式应当为（　　　）。

```
#include <stdio.h>
main()
{ int a;
  float f;
```

```
printf("Input number:");
```
输入语句
```
printf("\nf=%f,a=%d\n",f,a);
}
Input number:4.5□2↙
```

    A．scanf("%d,%f",&a,&f);   B．scanf("%f,%d",&f,&a);

    C．scanf("%d%f",&a,&f);   D．scanf("%f%d",&f,&d);

8．阅读以下程序，当输入数据的形式为 25，13，10↙，正确的输出结果为（　　　　）。

```
#include <stdio.h>
main()
{ int x,y,z;
  scanf("%d%d%d",&x,&y,&z);
  printf("x+y+z=%d\n",x+y+z);
}
```

    A．x+y+z=48   B．x+y+z=35   C．x+z=35   D．不确定值

9．当运行以下程序，输入 9876543210↙，则程序的运行结果是（　　　　）。

```
#include <stdio.h>
main()
{ int a;
  float b,c;
  scanf("%2d%3f%4f",&a,&b,&c);
  printf("a=%d,b=%f,c=%f\n",a,b,c);
}
```

    A．a=98,b=765,c=4321

    B．a=10,b=432,c=8765

    C．a=98,b=765.000000,c=4321.000000

    D．a=98,b=765.0,c=4321.0

二、填空题

1．有以下程序，假如运行时从键盘输入大写字母 A，程序运行后输出_____。

```
#include<stdio.h>
main()
{ char c;
  putchar(getchar()+32);
}
```

2．已有定义"int a;float b,c;char c1,c2;"，为使"a=1,b=1.5,c=12.3, cl='A',c2 ='a',"，正确的 scanf 函数调用语句是_____，输人数据的方式为_____。

3．执行以下程序时，若从第一列开始输入数据，为使变量"a=3, b=7, x=8.5, y=71.82, c1='A', c2='a',"，正确的数据输入形式是_____。

```
main ()
{ int a,b; float x,y; char c1,c2;
  scanf("a=%d b=%d",&a,&b);
  scanf("x=%f y=%f",&x,&y);
  scanf("c1=%c c2=%c",&c1,&c2);
  printf("a=%d,b=%d,x=%f,y=%f,c1=%c,c2=%c",a,b,x,y,c1,c2);
}
```

三、编程题

1．编写程序，输入两个整数，求出它们的商数和余数并进行输出。

2．编写程序，读入 3 个双精度数，求它们的平均值，并保留此平均值小数点后一位数，对小数点后第二位进行四舍五入，最后输出结果。

第4章
选择结构程序设计

选择结构也叫分支结构，是程序设计的一个基本结构，它的作用是根据所指定的条件是否满足，决定从给定的操作中选择其一。在 C 语言中，为实现选择结构程序设计，引入了 if 语句和 switch 多分支语句。在本章中介绍如何用 C 语言实现选择结构。

本章学习目标

- 掌握 if 语句的执行和使用，能够用 if 语句实现选择结构。
- 掌握 switch 语句的执行和使用，能够用 switch 语句实现多分支选择结构。
- 掌握选择结构嵌套的执行。
- 能够进行选择结构程序的设计。

4.1 if 语句

用 if 语句可以构成分支结构。它根据给定的条件进行判断，以决定执行某个分支程序段。C 语言提供了 3 种形式的 if 语句。

4.1.1 简单 if 语句

if 语句的简单形式有时也称单分支结构，它的形式是：

if(表达式)语句

例如：

if(x>y)printf("%d",x);

if 语句用来判断给定的条件是否满足，根据结果（真或假）来选择执行相应的语句。它的执行过程是，如果表达式为真（非 0），则执行其后所跟的语句，否则不执行该语句，这里的语句可以是一条语句，也可以是复合语句。单分支 if 语句的执行过程如图 4-1 所示。

【例 4.1】输入两个实数，按代数值由小到大的次序输出这两个数。

这个问题的算法很简单，只需要做一次比较即可。对类似这样简单的问题可以不必先写出算法或画流程图，而直接编写程序。或者说，算法在编程者的脑子里，相当于在算术运算中对简单的问题可以"心算"而不必在纸上写出来一样。

图 4-1 单分支 if 语句的执行过程

程序如下：

```
main()
{    float a,b,t;
     printf("\n input two numbers:");
     scanf("%f,%f",&a,&b);
     if(a>b)
       { t=a;a=b;b=t;}
     printf("%4.1f,%4.1f\n",a,b);
}
```

运行时输入：

```
1.5, 2.5
```

输出结果为：

```
□1.5□2.5
```

若输入：

```
5.4, 1.3
```

输出结果为：

```
□1.3□5.4
```

【例 4.2】输入 3 个数 a,b,c，要求按由小到大的顺序输出。

此题的算法比上一题稍复杂一些。可以用伪代码写出算法：

$a>b$ 则将 a 和 b 对换（a 是 a、b 中的小者）；

$a>c$ 则将 a 和 c 对换（a 是 a、c 中的小者，因此 a 是三者中最小者）；

$b>c$ 则将 b 和 c 对换（b 是 b、c 中的小者，也是三者中次小者）；

按顺序输出 a、b、c 即可。

```
main()
{
  float a,b,c,t;
  scanf("%f,%f,%f",&a,& b,&c);
  if(a>b)
  {t=a;a=b;b=t;}              /* a>b 实现 a 和 b 的互换 */
  if(a>c)
  {t=a;a=c;c=t;}              /* a>c 实现 a 和 c 的互换 */
  if(b>c)
  {t=b;b=c;c=t;}              /* b>c 实现 b 和 c 的互换 */
  printf("%4.1f%4.1f%4.1f\n",a,b,c);
}
```

运行时输入：

```
2.1,3.4,2.3
```

输出结果为：

```
□2.1□2.3□3.4
```

4.1.2　双分支 if 语句

if-else 型分支有时也称双分支结构，它的形式是：

```
if(表达式)
    语句 1
else
    语句 2
```

例如：

```
if(x>y)printf("%d",x);
else printf("%d",y);
```

它的执行过程是，如果表达式的值为真（非 0），就执行语句 1，否则，执行语句 2。

这里的语句 1 和语句 2 可以是一条语句，也可以是复合语句。双分支 if 语句的执行过程如图 4-2 所示。

图 4-2　双分支 if 语句执行过程

（1）if 后面的表达式不限于是关系表达式或逻辑表达式，可以是任意表达式。

（2）if 语句中的控制表达式应该用括号括起来，如果有 else 子句，则控制表达式后的语句同样必须用分号结束。

（3）若 if 子句或 else 子句由多个语句构成，则应该构成复合语句。

【例 4.3】输入两个数 a，b，输出其中较大的一个。

程序如下：

```
#include <stdio.h>
main()
{ int a,b;
  scanf("%d,%d",&a,&b);
  if(a>b)
    printf("%d\n",a);
  else
    printf("%d\n",b);
}
```

运行时输入：

```
5,8
```

输出结果为：

```
8
```

【例 4.4】输入一个数，如果为正数，求其平方根并输出，否则输出该数。

程序如下：

```
#include <stdio.h>
#include <math.h>
main()
{
  float x,y;
  printf("input one number:");
  scanf("%f",&x);
  y=x;
  if(x>0) y=sqrt(x);
  printf("y=%f",y);
}
```

运行情况如下：

```
input one number:4<回车>
y=2.000000
```

【例 4.5】某商品的零售价为每公斤 8.5 元，批发价为每公斤 6.5 元，购买量在 10 公斤以上，便可按批发价计算。设某顾客购买此商品 weight 公斤，请编程计算该顾客需付费（pay）多少钱。

程序如下：

```
main()
{
  float weight,pay;
  printf("Please input the weight:");
  scanf("%f",&weight);
  if (weight>=10)
    pay=weight*6.5;
  else
    pay=weight*8.5;
  printf("You should pay %f yuans\n",pay);
}
```

4.1.3　多分支 if 语句

if-else-if 形式是条件分支嵌套的一种特殊形式，经常用于多分支处理。它的一般形式为：

```
if(表达式 1)
  语句 1
else if(表达式 2)
  语句 2
else if(表达式 3)
  语句 3
......
else if(表达式 n)
  语句 n
else
  语句 n+1
```

例如：

```
if(number>500) cost=0.15;
else if(number>300) cost=0.10;
else if(number>100) cost=0.075;
else if(number>50) cost=0.05;
else cost=0;
```

它的执行过程是，如果表达式 1 为真，则执行语句 1，否则，如果表达式 2 为真，则执行语句 2，…，否则，如果表达式 n 为真，则执行语句 n，如果 n 个表达式都不为真，则执行语句 $n+1$。执行的流程图如图 4-3 所示。

图 4-3　if…else…if 形式的执行过程

【例 4.6】判别键盘输入字符的类别。

可以根据输入字符的 ASCII 码来判别类型。由 ASCII 码表可知 ASCII 值小于 32 的为控制字符，在'0'和'9'之间的为数字，在'A'和'Z'之间为大写字母，在'a'和'z'之间为小写字母，其余则为其他字符。

程序如下：

```c
#include "stdio.h"
main()
{ char c;
  printf("input a character:");
  c=getchar();
  if(c<32)
    printf("This is a control character\n");
  else if(c>='0'&&c<='9')
    printf("This is a digit\n");
  else if(c>='A'&&c<='Z')
    printf("This is a capital letter\n");
  else if(c>='a'&&c<='z')
    printf("This is a small letter\n");
  else
    printf("This is an other character\n");
}
```

这是一个多分支选择的问题，用 if-else-if 语句编程，判断输入字符 ASCII 码所在的范围，分别给出不同的输出。例如输入为'g'，输出显示 "This is a small letter"。

【例 4.7】输入 x 的值根据分段函数求 y 的值。

$$y = \begin{cases} x+1 & (x<1) \\ x^2+3 & (1 \leq x < 5) \\ x^2-3 & (x \geq 5) \end{cases}$$

程序如下：

```c
#include <stdio.h>
main()
{ int x,y;
  scanf("%d",&x);
  if(x<1)
    y=x+1;
  else if(x<5)
    y=x*x+3;
  else
    y=x*x-3;
  printf("%d\n",y);
}
```

【例 4.8】根据输入的百分制成绩（score），要求输出成绩等级（grade）A、B、C、D、E。90 分以上为 A，80～89 分为 B，70～79 分为 C，60～69 分为 D，60 分以下为 E。用 if 语句实现，程序如下：

```c
main()
{ int score;
  char grade;
  printf("\n Please input a score(0~100):");
```

```
    scanf("%d",&score);
    if (score>=90)
      grade='A';
    else if (score>=80)
      grade='B';
    else if (score>=70)
      grade='C';
    else if (score>=60)
      grade='D';
    else
    grade='E';
    printf("The grade is %c.\n",grade);
}
```

程序的运行情况如下：

```
Please  input  a  score(0~100):
86
The grade is B.
```

4.1.4　if 语句使用说明

（1）3 种形式的 if 语句中，在 if 后面都有"表达式"，一般为关系表达式或逻辑表达式，但可以是任何表达式，系统对表达式的值进行判断，若为 0，则按"假"处理，非 0 按"真"处理。例如下面的语句：

```
if(10) printf("hello!");
```

此语句是合法的，因为 10 非 0 则为真，所以输出"hello!"，由此可见，表达式不仅仅是关系表达式和逻辑表达式，可以是任何表达式。

例如：

```
if(a=5) 语句;
if(b) 语句;
```

都是允许的。只要表达式的值为非 0，即为"真"。

如在

```
if(a=5)b=7;
```

中表达式的值永远为非 0，所以其后的语句总是要执行的，当然这种情况在程序中不一定会出现，但在语法上是合法的。

又如，有程序段：

```
if(a=b)
 printf("%d",a);
else
 printf("a=0");
```

本语句的语义是：把 b 值赋予 a，如为非 0 则输出该值，否则输出"a=0"字符串，这种用法在程序中是经常出现的。

（2）第二种、第三种形式的 if 语句中，在每个 else 前面有一分号，整个语句结束处有一分号。这是由于分号是 C 语句中不可缺少的部分，这个分号是 if 语句中的内嵌语句所要求的。如果无此分号，则出现语法错误。但应注意，不要误认为上面是两个语句（if 语句和 else 语句）。它们都属于同一个 if 语句。else 子句不能作为语句单独使用，它必须是 if 语句的一部分，与 if 配对使用。

（3）在 if 和 else 后面可以只含一个内嵌的操作语句，也可以有多个操作语句，此时用花括号"{}"将几个语句括起来成为一个复合语句。如：

```
if(a+b>c&&b+c>a&&c+a>b)
{
  ss=(a+b+c)/2;area=sqrt(s*(s-a)*(s-b)*(s-c));
  printf("area=%6.2f\n",area);
}
else
printf("it is not a trilateral\n");
```

注意在第 5 行的花括号"}"外面不需要再加分号。因为{}内是一个完整的复合语句，不需另附加分号。

（4）在 if 语句中，条件判断表达式必须用括号括起来，在语句之后必须加分号。

4.2 if 语句的嵌套

在 if 语句中又包含一个或多个 if 语句，称为 if 语句的嵌套。其一般形式可表示如下：

```
if(表达式)
if 语句
```

或者为：

```
if(表达式)
    if 语句
else
    if 语句
```

在嵌套内的 if 语句可能又是 if…else 型的，这将会出现多个 if 和多个 else 重叠的情况，这时要特别注意 if 和 else 的配对问题。

例如：

```
if(表达式 1)
if(表达式 2)
    语句 1
else
    语句 2
```

其中的 else 究竟是与哪一个 if 配对呢?

应该理解为：

```
if(表达式 1)
    if(表达式 2)
    语句 1
    else
    语句 2
```

还是应理解为：

```
if(表达式 1)
    if(表达式 2)
    语句 1
else
    语句 2
```

为了避免这种二义性，C 语言规定，else 总是与它前面最近的 if 配对，因此对上述例子应按前一种情况理解。

例如：

```
if( )
    if( )
        语句1
    else
        语句2
else
    if( )
        语句1
    else
        语句2
```

应用 if 与 else 的配对关系。else 总是与它上面的最近的没有配对的 if 配对。假如写成：

```
if（条件1）
    if(条件2) 语句1
else
    if（条件3）
    语句2
    else
语句3
```

编程序者把 else 写在与第一个 if（外层 if）同一列上，希望 else 与第一个 if 对应，但实际上 else 是与第二个 if 配对，因为它们相距最近。因此，最好使内嵌 if 语句也包含 else 部分，这样 if 的数目和 else 的数目相同，从内层到外层一一对应，不会出错。

如果 if 与 else 的数目不一样，应尽量把嵌套的部分放在否定的部分，或为实现程序设计者的企图，可以加花括弧来确定配对关系。例如上例可改写为：

```
if（！条件1）
    if（条件3）语句2
    else 语句3
else
    if(条件2) 语句1
```

用原来条件 1 相反的内容作条件，这样就把原来肯定的部分放在了否定的部分，就不再存在二义性。

也可以改为：

```
if（条件1）
    {if(条件2) 语句1}
else
    if（条件3）    语句2
    else         语句3
```

这时 {} 限定了内嵌 if 语句的范围，因此 else 与第一个 if 配对。

【例 4.9】输入 x 的值根据分段函数求 y 的值。

$$y = \begin{cases} -1 & (x<0) \\ 0 & (x=0) \\ 1 & (x>0) \end{cases}$$

有以下几个程序，请判断哪个是正确的。

程序 1（N-S 图见图 4-4）：

```
main()
{ int x,y;
  scanf("%d",&x);
  if(x<0)
    y=-1;
  else if(x==0)
    y=0;
  else
    y=1;
  printf("x=%d,y=%d\n",x,y);
}
```

程序 2（N-S 图见图 4-5）：

```
main()
{ int x,y;
  scanf("%d",&x);
  if(x>=0)
      if(x==0)
          y=0;
      else
          y=1;
  else
      y=-1;
  printf("x=%d,y=%d\n",x,y);
}
```

程序 3（N-S 图见图 4-6）：

将上述 if 语句改为

```
main()
{ int x,y;
  scanf("%d",&x);
  y=1;
  if(x>=0)
  if(x==0)
      y=0;
  else
      y=-1;
  printf("x=%d,y=%d\n",x,y);
}
```

程序 4（N-S 图见图 4-7）：

```
main()
{ int x,y;
  scanf("%d",&x);
  y=0;
  if(x>=0)
  if(x>0)
    y=1;
  else
    y=-1;
  printf("x=%d,y=%d\n",x,y);
}
```

只有程序 1 和程序 2 是正确的。程序 1 体现了图 4-4 的流程，显然它是正确的。程序 2 的流程图如图 4-5 所示，它也能实现题目的要求。程序 3 的流程图如图 4-6 所示，程序 4 的流程图如图 4-7 所示，它们不能实现题目的要求。请注意程序中的 else 与 if 的配对关系。

图 4-4　程序 1 的 N-S 图

图 4-5　程序 2 的 N-S 图

图 4-6　程序 3 的 N-S 图

图 4-7　程序 4 的 N-S 图

例如，程序 3 中的 else 子句是和它上一行内嵌的 if 语句配对；而不与第 2 行的 if 语句配对。为了使逻辑关系清晰，避免出错，一般把内嵌的 if 语句放在外层的 else 子句中（如程序 1 那样），这样由于有外层的 else 相隔，内嵌的 else 不会被误认为和外层的 if 配对，而只能与内嵌的 if 配对，如像程序 3 和程序 4 那样写就很容易出错。所以，在进行选择结构嵌套设计时，应尽量把嵌套的部分放在否定的部分，即 else 子句中。

4.3　switch 语句

if 语句只有两个分支可供选择，而实际问题中常常需要用到多分支的选择。例如，学生成绩分类（90 分以上为'A'等，80 ~ 89 分为'B'等，70 ~ 79 分为'C'等……）；人口统计分类（按年龄分为老、中、青、少、儿童）；工资统计分类；银行存款分类……。当然这些都可以用嵌套的 if 语句来处理，但如果分支较多，则嵌套的 if 语句层数多，程序冗长，而且可读性降低。C 语言提供 switch 语句直接处理多分支选择，使程序更清楚。switch 选择结构如图 4-8 所示。

switch 语句的一般形式如下：

```
switch(表达式)
```

```
{case 常量表达式 1:语句 1
 case 常量表达式 2:语句 2
 ……
 case 常量表达式 n:语句 n
 default: 语句 n+1
}
```

switch 语句的执行过程是：根据 switch 后面的表达式的值，找到某个 case 后的常量表达式与之相等时，就以此作为一个入口，执行此 case 后的语句，及以下各个 case 或 default 后的语句，直到 switch 的结束或遇到 break 语句为止。若所有的 case 中的常量表达式的值都不与 switch 后的表达式的值匹配，则执行 default 的语句。

图 4-8　switch 选择结构

在使用 switch 语句时，应注意以下几点。

（1）switch 后面的表达式和 case 后面的常量表达式，ANSI C 标准允许它为任何类型，但常用整型或字符型数据。

（2）每一个 case 后的常量表达式的值应当互不相同。

（3）switch 语句中可以不包含 default 分支，如果没有 default，则所有的常量表达式都不与表达式的值匹配时，switch 语句就不执行任何操作。

另外，default 可以在 switch 语句中任何位置，若把 default 写在某些 case 前面，当所有的常量表达式都不与表达式的值匹配时，switch 语句就以 default 作为一个入口，执行 default 后面的语句及连续多个 case 语句，直至 switch 语句的结束。

（4）为了在执行某个 case 分支后，使流程跳出 switch 结构，即终止 switch 语句的执行，总是把 break 语句与 switch 语句一起合用，即把 break 语句作为每个 case 分支的最后一条语句，当执行到 break 语句时，使流程跳出本条 switch 语句。break 语句的作用是使流程跳出 switch 语句或跳出所在的循环体。

（5）由于 case 及 default 后都允许是语句，所以当安排多个语句时，必须用花括号括起。但如果是只有一条语句和 break 时可以不加花括号。

（6）多个 case 可以共用一个执行语句。

（7）在使用 switch 语句时，注意 case 和后面的表达式之间要有空格，如果没有空格，在编译时不会发现错误，但运行时结果不对。

【例 4.10】按照考试成绩的等级打印出百分制分数段，用 switch 语句实现。

程序如下：

```
main()
{ char grade;
  scanf("%c",&grade);
  switch(grade)
  { case 'A':printf("90~100\n");
    case 'B':printf("80~89\n");
    case 'C':printf("70~79\n");
    case 'D':printf("60~69\n");
    case 'E':printf("<60\n");
```

```
    default:printf("error\n");
  }
}
```

　　case 常量表达式只是起语句标号作用，并不是在该处进行条件判断。在执行 switch 语句时，根据 switch 后面表达式的值找到匹配的入口，就从此入口开始执行下去，不再进行判断。上面的例子中，若 grade 的值等于'A'，则将连续输出：

```
90~100
80~89
70~79
60~69
<60
error
```

　　为了避免上述情况，C 语言提供了 break 语句，用于跳出 switch 语句，将上面的 switch 结构改写如下：

```
main()
{ char grade;
  scanf("%c",&grade);
  switch(grade)
  { case 'A':printf("90~100\n");break;
    case 'B':printf("80~89\n");break;
    case 'C':printf("70~79\n"
    case 'D':printf("60~69\n");break;
    case 'E':printf("<60\n");break;
    default:printf("error\n");
  }
}
```

　　最后一个分支（default）可以不加 break 语句。如果 grade 的值为'B'，则只输出“80~89”，流程图如图 4-9 所示。

图 4-9　例 4.10 流程图

　　【例 4.11】输入年份和月份，输出这个月有几天。

```
main()
{ int  year,month,day;
  scanf("%d%d",&year ,&month);
  switch(month)
  { case 1:
    case 3:
    case 5:
    case 7:
    case 8:
    case 10:
    case 12:day=31;break;
    case 4:
    case 6:
    case 9:
    case 11:day=30; break;
    case 2:  if(year%4==0&&year%100!=0||year%400==0)
                   day=29;
             else
```

```
            day=28;
          break;
    default:printf("error\n");
  }
}
```

4.4 应 用 举 例

【例 4.12】编写程序，判断某一年是否闰年。

我们用图 4-10 来表示判别闰年的算法。以变量 leap 代表是否闰年的信息。若某年为闰年，则令 leap=1；若为非闰年，令 leap=0。最后判断 leap 是否为 1(真)，若是，则输出"闰年"信息。

图 4-10 例 4.12 流程图

程序如下：
```
main()
{ int year,leap;
  scanf("%d",&year);
  if(year%4==0)
    if(year%100==0)
      if(year%400==0)
        leap=1;
      else
        leap=0;
    else
      leap=1;
  else
    leap=0;
  if(leap)
    printf("%d is a leap year.\n ",year);
  else
    printf("%d is not a leap year.\n ",year);
}
```
运行时输入：

2005

输出结果为：

2005 is not a leap year.

运行时输入：

```
2004
```

输出结果为：

```
2004 is a leap year.
```

也可以用一个逻辑表达式包含所有的闰年条件，将上述 if 语句用下面的 if 语句代替：

```
if((year%4==0&&year%100!=0)||(year%400==0))leap=1;
else leap=0;
```

【例 4.13】输入数字 1～7，输出对应星期几。

```
main()
{ int a;
  printf("input integer number:");
  scanf("%d",&a);
  switch (a)
  { case 1:printf("Monday\n");break;
    case 2:printf("Tuesday\n"); break;
    case 3:printf("Wednesday\n");break;
    case 4:printf("Thursday\n");break;
    case 5:printf("Friday\n");break;
    case 6:printf("Saturday\n");break;
    case 7:printf("Sunday\n");break;
    default:printf("error\n");
  }
}
```

【例 4.14】输入一个字符，判别它是否是大写字母，如果是把它转换成小写字母，否则不转换。然后输出最后得到的字符。

程序如下：

```
main()
{ char ch;
  scanf("%c",&ch);
  if(ch>='A'&& ch<='Z')
    ch+=32;
  printf ("%c",ch);
}
```

输入 A 则输出 a。

程序中的 if 语句可以用条件运算符取代。if 语句可改为：

```
ch=(ch>='A'&&ch<='Z')?(ch+32):ch;
```

请思考：if 语句在什么情况下可以用条件运算符来代替？

【例 4.15】由键盘输入 3 个整数分别给变量 a、b、c，输出绝对值大的数。

在此题中用到绝对值函数，应把 math.h 头文件包含在此程序中。以后凡是用到算术函数时都应用到此文件。

```
#include <stdio.h>
#include <math.h>
main()
{  int a,b,c,max;
   scanf("%d,%d,%d",&a, &b,&c);
   max=a;
   if(abs(max)<abs(b)) max=b;
   if(abs(max)<abs(c)) max=c;
   printf("max=%d\n",max);
```

```
    }
```
运行时输入：

10,-55,12<回车>

输出结果为：

max=-55

也可以采用条件运算符。例如：

```
#include <stdio.h>
#include <math.h>
main()
{ int a,b,c,max;
  scanf("%d,%d,%d",&a, &b,&c);
  max=(abs(a)>abs(b))?a:b;
  max=(abs(max)>abs(c))?max:c;
  printf("max=%d\n",max);
}
```

扩展此例题：输入 3 个整数，输出最大数和最小数。

```
main()
{ int a,b,c,max,min;
  printf("input three numbers:");
  scanf("%d%d%d",&a,&b,&c);
  if(a>b)
    {max=a;min=b;}
  else
    {max=b;min=a;}
  if(max<c)
    max=c;
  else
    if(min>c)
      min=c;
  printf("max=%d\nmin=%d",max,min);
}
```

本程序中，首先比较输入的 a,b 的大小，并把大数装入 max，小数装入 min 中，再与 c 比较，若 max 小于 c，则把 c 赋予 max；如果 c 小于 min，则把 c 赋予 min。因此 max 内总是最大数，而 min 内总是最小数。最后输出 max 和 min 的值即可。

【例 4.16】给一个百分制成绩，要求输出成绩等级 A、B、C、D、E。90 分以上为 A，80～89 分为 B，70～79 分为 C，60～69 分为 D，60 分以下为 E。此题可以用 switch 语句实现，但成绩值有 101 个，如果把所有的值都列出来，程序很长。可以把成绩除以 10，这样，原有的 101 个值就映射成 11 个值，然后根据这 11 个值进行选择。

程序如下：

```
main()
{ int score;
  char grade;
  scanf("%d",&score);
  switch(score/10)
  { case 10:
    case 9:grade='A';break;
    case 8:grade='B'; break;
    case 7:grade='C';break;
    case 6:grade='D';break;
    case 5:
```

```
        case 4:
        case 3:
        case 2:
        case 1:
        case 0:grade='E';
     }
     printf("score=%d,grade=%c\n",score,grade);
  }
```

输入数据：

```
98<回车>
```

输出结果为：

```
score=90,grade=A
```

60 分以下都是'E'采用同一个语句处理，为了简化，不考虑输入的数据出错，这时可以将下列语句：

```
case 5:
case 4:
case 3:
case 2:
case 1:
case 0:grade='E'
```

改为：

```
default:grade='E'
```

【例 4.17】求一元二次方程 $ax^2+bx+c=0$ 的解。

算法分析：

$a=0$，不是二次方程。

$b^2-4ac=0$，有两个相等实根。

$b^2-4ac>0$，有两个不等实根。

$b^2-4ac<0$，有两个共轭复根。

N-S 流程图表示算法如图 4-11 所示。

程序如下：

```
#include <stdio.h>
#include <math.h>
main()
{ int a,b,c,d, x1,x2,r, p;
  scanf("%d,%d,%d",&a,&b,&c);
  if(abs(a)<=le-6)
    printf("is not a quadratic");
  else
    { d=b*b-4*a*c;
      if(fabs(d)<=le-6)
        printf("has two equal roots:%10.6f\n", -b/(2*a));
      else if(d>le-6)
  {  x1=(-b+sqrt(d))/(2*a);
     x2=(-b-sqrt(d))/(2*a);
     printf("has distinct real roots:%10.6f and%10.6f\n",x1,x2);
  }
  else
    {r=-b/(2*a);p=sqrt(-d)/(2*a);
     printf("has complex roots:\n");
     printf("%8.4f+%8.4fi\n",r,p);
```

图 4-11 解一元二次方程流程图

```
        printf("%8.4f-%8.4fi\n",r, p);
      }
   }
 }
```

程序中用 d 代表 d =b*b –4*a*c，先计算 d 的值，以减少以后的重复计算。对于判断 d 是否等于 0 时，要注意一个问题：由于 d（即 b*b –4*a*c）是实数，而实数在计算和存储时会有一些微小的误差，因此不能直接进行判断：if（d==0）……因为这样可能会出现本来是零的量，由于上述误差而被判别为不等于零而导致结果错误。所以采取的办法是判别 d 的绝对值（fabs(d)）是否小于一个很小的数（例如 10^{-6}，选此数是因为单精度实型数的有效位是 6 位），如果小于此数，就认为 d=0。程序中以 r 代表实部 p，以 p 代表虚部 q。由于没有复数类型，所以输出时采用格式输出复数的形式。

运行时输入：

1,2,1<回车>

则输出结果为：

`The equation has two equatroots:-1.000000`

若输入：

1,2,2<回车>

则输出结果为：

```
The equation has complex roots:
 -1.000000+  1.000000i
 -1.000000-  1.000000i
```

若输入：

2,6,1<回车>

则输出结果为：

`The equation has distinct real roots: -0.177124 and-2.822876`

【例 4.18】运输公司对用户计算运费。路程（s）越远，每公里运费越低。标准如下：

s<500　没有折扣

500≤s<1500　　1%折扣

1500≤s<2500　　3%折扣

2500≤s<3500　　5%折扣

3500≤s<4500　　8%折扣

4500≤s　　　10%折扣

设每公里每吨货物的基本运费为 p，货物重为 w，距离为 s，折扣为 d，则总运费 f 的计算公式为：

```
f=p*w*s*(1-d);
```

分析此问题，折扣的变化是有规律的，折扣的"变化点"都是 500 的倍数（500，1500，2500，3500，4500），可以通过 s/500 把距离映射成几个值，再利用 switch 语句实现。

```
#include <stdio.h>
main()
{ int c,s;
  float  p,w,d,f;
  printf("please input price,weight,distance\n");
  scanf("%f,%f,%d",&p,&w,&s);
  if(s>=4500)
```

```
   c=9;
 else
   c=s/500;
 switch(c)
 { case  0:d=0;break;
   case  1:
   case  2:d=.01;break;
   case  3:
   case  4: d=.03;break;
   case  5:
   case  6: d=.05;break;
   case  7:
   case  8:d=.08; break;
   case  9:d=.1;
 }
 f=p*w*s*(1-d);
 printf("freight=%10.2f\n",f);
}
```

运行时输入：

```
100,20,1500<回车>
```

则输出结果为：

```
freight=   2910000.00
```

【例 4.19】阅读程序下面程序：

```
#include <stdio.h>
main()
{ float x,y;
  scanf("%f",&x);
  if(x<1.0)
    y=0.0;
  else if (x>10&&x!=5)
    y=3.0/(x+1.0);
  else if(x<20)
    y=1.0/x;
  else
    y=20.0;
  printf("%f\n",y);
}
```

当程序执行时输入 5.0，则输出的 y 值为____

A. 0.0　　　　　　B. 0.5　　　　　　C. 0.2　　　　　　D. 20.0

分析：当输入的 x 值为 5.0 时，条件 $x<1.0$ 不满足，接着判断 x 大于 10 且 x 不等于 5，而现在输入的值正是 5，这个条件也不满足，接着判断下一个条件 x 小于 20，此时满足条件，即 "5.0<20.0"，执行 "y=1.0/x;"，得到 y 的值为 0.2，进行输出。故答案应选择 C。

【例 4.20】以下程序的输出结果是（　　　　）。

```
#include <stdio.h>
main()
{ int a,b,c;
  a=10;
  b=50;
  c=30;
  if(a>b) a=b,
  b=c;
```

```
  c=a;
  printf("a=%d,b=%d,c=%d",a,b,c);
}
```

A. a=10,b=50,c=10   B. a=10,b=30,c=10

C. a=50,b=30,c=10   D. a=50,b=30,c=50

分析：回答此题时应先注意到 "a=b,b=c;" 是一个语句，因 a > b 为假，if 语句什么都不做。再注意到语句 "c=a;" 与 if 语句无关，总要执行。所以，程序执行后，a、b 值不变，c 值为 10，所以答案是 A。

【例 4.21】下面程序从键盘输入一个整数，若该数能被 6 和 7 整除，则打印'y'，否则打印'n'，试在程序的空白处填上合适的内容使程序完整。

```
#include <stdio.h>
main()
{ int lj,__(1)__;
  scanf("%d",&k);
  lj=(k%6==0)__(2)__(k%7==0);
  if(__(3)__)
  printf("n\n");
  else
  printf("y\n");
}
```

分析：在 C 程序中用到的所有变量都要预先定义，由程序的赋值语句可以看出用到了 k，所以（1）应填 k；lj 取的值应该是表示能同时被 6 和 7 整除，是 "与" 的关系，所以（2）应该填 &&，根据题目要求，能同时整除时输出'y'，不能同时整除时输出'n'，所以 if 条件应该是不能同时整除，（3）填!lj 或 lj==0 都可以。

4.5 本 章 小 结

选择结构是 3 种基本结构之一，C 语言有两种语句来实现选择结构。

（1）if 语句，其形式主要有单分支 if 语句和双分支 if 语句和多分支 if 语句，也可以通过 if 语句的嵌套来实现多分支问题。

（2）另一种是 switch 语句，用于多个分支情况，根据表达式的值选择执行不同的语句块。

（3）break 语句用于跳出 switch 语句体，使 switch 语句真正起到分支作用。

（4）使用条件运算符也可以实现简单的选择结构。

4.6 练习与提高

一、选择题

1. 对于以下程序，若从键盘输入 2.0↙，则程序输出为（   ）。

```
#include <stdio.h>
main()
{ float x,y ;
  scanf("%f",&x) ;
```

```
if (x<0.0 ) y=0.0;
else if ((x<5.0)&&(x!=2.0)) y=1.0/(x+2.0);
else if (x<10.0 ) y=1.0/x ;
else y=10.0;
printf ("%f\n",y );
}
```

    A. 0.000000　　　　B. 0.250000　　　　　　C. 0.500000　　　　　D. 1.000000

2．对于以下程序，输出结果为（　　　）。

```
#include <stdio.h>
main()
{ int x=1,y=0,a=0,b=0 ;
  switch(x)
  { case 1: switch ( y )
       { case 0:a++;break ;
         case 1:b++;break ;
       }
    case 2:a++;b++;break ;
  }
  printf ("a=%d,b=%d\n",a,b);
}
```

    A. a=2,b=1　　　　B. a=1,b=1　　　　　C. a=1,b=0　　　　　D. a=2,b=2

3．下面的程序片段所表示的数学函数关系是（　　　）。

```
y=-1;
if(x!=0)
if(x>0) y=1;
else y=0;
```

A. $y=\begin{cases}-1(x<0)\\0(x=0)\\1(x>0)\end{cases}$　　B. $y=\begin{cases}1(x<0)\\-1(x=0)\\0(x>0)\end{cases}$　　C. $y=\begin{cases}0(x<0)\\-1(x=0)\\1(x>0)\end{cases}$　　D. $y=\begin{cases}-1(x<0)\\1(x=0)\\0(x>0)\end{cases}$

4．两次运行下面的程序，如果从键盘上分别输入 6 和 4，则输出结果是（　　　）。

```
#include <stdio.h>
main()
{ int x;
  scanf("%d",&x);
  if(x++>5) printf ("%d",x);
  else printf ("%d\n",x--);
}
```

    A. 7 和 5　　　　　B. 6 和 3　　　　　　C. 7 和 4　　　　　　D. 6 和 4

5．对于以下程序，输出结果为（　　　）。

```
#include <stdio.h>
main()
{
  int a,b,c;
  a=b=c=0;
  printf("%d,%d,%d,%d", a,b,c,a++ && b++ || c++);
}
```

    A. 1,0,1,0　　　　B. 1,1,1,0　　　　　C. 1,0,1,1　　　　　D. 1,1,1,1

6．执行以下程序段后，变量 a，b，c 的值分别是（　　　）。

```
int x=10,y=9;
int a,b,c;
```

```
a=(--x==y++)?--x:++y;
b=x++;
c=y;
```

　　A．a=9,b=9,c=9　　　B．a=8,b=8,c=10　　　C．a=9,b=10,c=9　　　D．a=1,b=11,c=10

二、填空题

1．输入一个字符，如果它是一个大写字母，则把它变成小写字母；如果它是一个小写字母，则把它变成大写字母；其他字符不变，请在横线上填入正确内容。

```
main()
{ char ch;
  scanf("%c",&ch);
  if(____) ch=ch+32;
  else if(ch>='a' && ch<='z')____ ;
  printf("%c",ch);
}
```

2．以下程序根据输入的三角形的三边判断是否能组成三角形，若可以，则输出它的面积和三角形的类型。请在横线上填入正确内容。

```
#include "math.h"
main()
{ float a,b,c;
  float s,area;
  scanf("%f %f %f",&a,&b,&c);
if(____)
{ s=(a+b+c)/2;
  area=sqrt(s*(s-a)*(s-b)*(s-c));
  printf("%f",area);
  if(____)
  printf("等边三角形");
  else if(____)
  printf("等腰三角形");
  else if((a*a+b*b==c*c)||(b*b+c*c == a*a)||(a*a+c*c==b*b))
  printf("直角三角形");
  else printf("一般三角形");
}
  else printf("不能组成三角形");
}
```

3．根据以下函数关系，对输入的每个 x 值，计算相应的 y 值。请在程序的横线上填上正确的内容。

$$y = \begin{cases} 0 & x<0 \\ x & x=0 \\ 10 & 0<x<20 \\ 0.5x+2.0 & 20 \leqslant x<40 \\ -2 & 40 \leqslant x \leqslant 100 \end{cases}$$

```
 main()
{ int x,c;
  float y;
  scanf("%d",&x);
  if(__(1)__) c=-1;
  else
```

```
    （2）  ；
switch(c)
{ case -1:y=0;break;
case 0:y=x;break;
case 1:y=10;break;
case 2:
case 3:y=-0.5*x+20;break;
default :y=-2;
}
if(   （3）  ) printf("y=%f",y);
else printf("error\n");
}
```

三、编程题

1．编写程序，输入一个整数，打印出它是奇数还是偶数。

2．对一批货物征收税金，价格在 1 万元以上的货物征税 5%；价格在 5000 元以上、1 万元以下的货物征税 3%；价格在 1000 元以上、5000 元以下的货物征税 2%；价格在 1000 元以下的货物免税。编写程序，读入货物的价格，计算并输出税金。

3．编写一个程序，输入某个学生的成绩，若成绩在 85 分以上，则输出"VERY GOOD"；若成绩在 60 分到 85 分之间，则输出"GOOD"；若成绩低于 60 分，则输出"BAD"。

4．对于以下函数

$$y = \begin{cases} x & (-5<x<0) \\ x-1 & (x=0) \\ x+1 & (0<x<10) \end{cases}$$

编写程序，要求输入 x 的值，输出 y 的值。分别用：

（1）不嵌套的 if 语句　（2）嵌套的 if 语句　（3）if-else 语句　（4）switch 语句

第 5 章
循环结构程序设计

　　循环结构是结构化程设计中的一种重要结构。它的特点是反复执行某些操作，在科学计算、工程问题及日常事务处理过程中经常会遇到一些问题，例如，要输入某个班级学生成绩进行处理；求若干个数的累加和；从键盘上输入一个整数 n，求 $n!$；迭代求根等，很多实用的程序都包含循环。循环结构是结构化程序设计的基本结构之一，它和顺序结构、选择结构共同作为各种复杂程序的基本构造单元，因此熟练掌握选择结构和循环结构的概念及使用是程序设计的基本要求。

　　本章将介绍循环结构程序设计的方法、实现及典型算法等内容。

　　一般来讲，循环结构程序设计要考虑以下两个方面的问题。

　　（1）循环条件：循环条件是循环结构设计的关键，它决定着循环体执行的次数。循环条件常常由关系表达式和逻辑表达式来表示。

　　（2）循环体：循环体即是需要重复执行的工作。它可以是一组顺序的语句，也可以是一组具有选择结构的语句，甚至还可以又是一组具有循环结构的语句。循环结构程序设计就是要正确描述循环条件，并对问题分析出其规律性，利用 C 语言提供的循环控制语句来实现具体的功能。

　　C 语言中可以用以下语句来实现循环：

　　（1）用 goto 语句和 if 语句构成循环；

　　（2）用 while 语句；

　　（3）用 do-while 语句；

　　（4）用 for 语句。

本章学习目标

- 了解 goto 语句和语句标号的使用。
- 掌握 for 语句、while 语句、do-while 语句、continue 语句和 break 语句的使用。
- 利用以上语句实现循环结构程序设计。

5.1　goto 语句以及用 goto 语句构成循环

　　goto 语句为无条件转向语句，它的一般形式为：

```
goto 语句标号;
```

　　语句标号用标识符表示，它的命名规则与变量名相同，即由字母、数字和下划线组成，其第一个字符必须为字母或下划线，不能用整数来做标号。例如：

```
goto label_1;
```

是合法的，而

```
goto 10;
```

是不合法的。结构化程序设计方法主张限制使用 goto 语句，因为滥用 goto 语句将使程序流程无规律、可读性差。但也不是绝对禁止使用 goto 语句。一般来说，可以有以下两种用途。

（1）与 if 语句一起构成循环结构。

（2）从循环体中跳转到循环体外，但在 C 语言中可以用 break 语句和 continue 语句跳出本层循环和结束本次循环。goto 语句的使用机会已大大减少，只是需要从多层循环的内层循环跳到外层循环时才用到 goto 语句。但是这种用法不符合结构化原则，一般不宜采用，只有在不得已时（例如能大大提高效率）才使用。

【例 5.1】用 if 语句和 goto 语句构成循环，求 $\sum_{k=1}^{100} k$。

此问题的算法是比较简单的，可以直接写出程序：

```
main()
{ int  k,sum=0;
  k=1;
  loop: if(k<=100)
  { sum=sum+k;
    k++;
    goto loop;}
  printf("%d\n",sum);
}
```

运行结果如下：

```
5050
```

这里用的是“当型”循环结构，当满足“k<=100”时执行花括弧内的循环体。也可以用 if 语句和 goto 语句构成“当型循环”。由于在 C 语言中有 while 语句和 do-while 语句，所以很少使用 if 语句和 goto 语句实现循环。

5.2　while 语句

while 语句用来实现当型循环结构。其一般形式如下：

```
while(表达式)语句
```

其流程图如图 5-1 所示。执行时先判断表达式，若表达式为非 0 值，执行循环体语句，然后再判断表达式，直到表达式为 0（假）结束循环。

图 5-1　当型循环流程图

【例 5.2】求 $\sum\limits_{k=1}^{100} k$ 。

用 N-S 流程图表示算法，如图 5-2 所示。

根据流程图写出如下程序：

```
main()
{ int k,sum=0;
  k=1;
  while(k<=100)
  { sum=sum+k;
    k++;
  }
  printf("%d\n",sum);
}
```

sum=0
k=1
当 k<=100 时
sum=sum+k
k++
输出 sum

图 5-2 $\sum\limits_{k=1}^{100} k$ 算法 N-S 流程图

【例 5.3】从键盘上输入一个整数 n，求 n!，利用 while 语句编程实现。

当 n 较大时，n!是一个很大的数，为此将存放结果的变量 fac 定义为实型，若 n 较小时，fac 可以定义为整数。先将 fac 置 1，然后依次乘上 2，3，4……直到 n。

程序如下：

```
main()
{ int n,k,fac;
  printf("\nEnter n:");
  scanf("%d",&n);
  k=fac=1;                /*给变量 k、fac 赋初值，k 用来控制循环，fac 用来存放阶乘值*/
  while(k<=n)             /*循环继续的条件*/
  { fac*=k;              /*进行累乘求积*/
    k++;                 /*乘数增值*/
  }
  printf("\n%d=%d",n,fac);          /*输出计算的结果*/
}
```

运行情况如下：

```
Enter n:5<回车>
n!=120
```

此程序中，在循环前将 fac 置为 1，在循环中，第一次执行语句 "fac*=k" 时，将 1 乘到 fac 中得到 1!，存于 fac 中，执行 "k++" 语句时，将 k 加 1 送到 k（当前 k 的值为 2），第二次执行语句 "fac*=k" 时，将 2 乘到 fac 中得到 2!，存于 fac 中，如此继续直到 n，将 n 乘到 fac 中，这种逐个往上乘的方法称累乘求积。

注意　在累乘求积前，累乘单元 fac 必须先置 1，否则它为任意数。

使用 while 循环结构应注意以下几点。

（1）while 循环结构的特点是 "先判断后执行"，如果表达式的值一开始就为 "假"，循环体一次也不执行。

（2）循环体中，如果包含一个以上的语句，则应用花括号括起来，以复合语句的形式出现。

（3）循环体内一定要有改变循环条件的语句，使得循环趋向于结束，否则循环将无休止地进行下去，即形成死循环。如例 5.2 中的语句"k++;"，循环控制变量 k 每循环 1 次增加 1，则最终会达到或超过终值，结束循环。

（4）为使循环能够正确开始运行，还要做好循环前的准备工作，如例 5.3 中的语句"k=fac=l;"，分别给循环控制变量和累乘积单元进行初始化，一般用于存放累乘积的单元通常初始值为 1，而用于存放累加和的单元通常初始值为 0（如例 5.2 中的 sum 单元）。

【例 5.4】从键盘上输入 20 个学生的成绩，求平均分。

分析：要想求平均分，首先要求总分。设一个变量 n 用来累计已处理完的学生成绩的个数，当处理完 20 个成绩后，程序结束。每个学生成绩的处理流程都是一样的，20 个学生成绩的处理无非是对一个学生成绩处理流程进行 20 次的重复，而每次只需输入不同的学生成绩进行累加求和，循环结束后用总分除以人数即求得平均分。算法表示如图 5-3 所示。

程序如下：

```
main()
{ int n=1;    /*循环控制变量赋初值*/
  float score,sum=0,aver;
  printf("Enter  score:\n");
  while(n<=20) /*循环继续的条件*/
  { scanf("%f",score);
    sum+=score;    /*累加求和*/
    n++;}     /*循环控制变量增值*/
  aver=sum/20;
  printf("average=%5.1f\n",aver);
}
```

图 5-3　求 20 个学生平均分流程图

【例 5.5】输入两个数 m，n，求 m，n 的最大公约数。

用辗转相除法求最大公约数，此方法是用 m 除以 n 求余数 r，当 $r \neq 0$ 时，用除数作被除数，用余数作除数再求余数，如此反复，直到 $r=0$ 时，除数即为所求的最大公约数。例如：求 24 和 16 的最大公约数，先用 24 除 16 余 8，此时余数不为 0，再将 16 作被除数，8 作除数再求余数，此时余数为零，则除数 8 即为最大公约数。流程图如图 5-4 所示。

```
main()
{ int m,n,r;
  scanf("%d,%d",&m,&n);
  r=m%n;
  while(r!=0)
    { m=n;n=r;r=m%n;}
  printf("%d\n",n);
}
```

运行时输入：24,16<回车>

输出 8。

图 5-4　求最大公约数流程图

【例 5.6】输入一批非零整数，以 0 为结束符，输出其中的最小值。

设一变量 min，用此变量存放当前最小的整数。先把第一个整数赋值给变量 min，以后每输入一个整数，就要和 min 的值进行比较，如果该值比 min 的值小，则把此值赋值给变量 min，使其值总保持最小，直到输入 0 结束，则最终变量 min 的值即为所求。流程图如图 5-5 所示。

程序如下：

```
#include<stdio.h>
main()
{ int x,min;
```

```
    printf("input numbers, last one is 0. \n"); /*输出提示信息*/
    scanf("%d",&x);
    min=x;      /*先将第一个数赋值给变量min*/
     while(x!=0)
     {
         if(min>x)
         min=x; /*输入值比变量min的值小,用当前值替换变量min
的值*/
         scanf("%d",&x);
     }
     printf("min=%d\n",min);  /*输出最小值*/
}
```

图 5-5 求最小值算法流程图

程序的运行情况：

input numbers, last one is 0: 3 1 6 7 5 9 8 23 67 98 -3 23 0<回车>

输出：

min=-3

程序开始执行时，先将数字 3 赋值给变量 min，然后依次输入 1 6 7 5 9 8 23 67 98 -3 23 0，当输入数字 1 时，当前变量 min 的值为 3，1 小于 3，则用 1 替换 3，6 大于 1，不用赋给 min，重复执行下去，直到输入 0 结束。最后输出 min 的值-3 即为最小值。

5.3 do-while 语句

do…while 语句的特点是先执行循环体，然后判断循环条件是否成立。其一般形式为：

```
do
    语句
while(表达式);
```

执行过程：先执行一次指定的循环体语句，然后判别表达式，当表达式的值为非零（真）时，返回重新执行循环体语句，如此反复，直到表达式的值等于 0 为止，此时循环结束。其流程图如图 5-6 所示。

【例 5.7】 用 do…while 语句求 $\sum_{k=1}^{100} k$ 。

先画出 N-S 流程图，如图 5-7 所示。

图 5-6 直到型循环流程图

图 5-7 用直到型循环求 $\sum_{k=1}^{100} k$

程序如下：

```
main()
{ int k,sum=0;
  k=1;
  do
  { sum=sum+k;
    k++;
  }
  while(k<=100);
  printf("%d",sum);
}
```

对同一个问题可以用 while 语句处理，也可以用 do…while 语句处理。do…while 语句结构可以转换成 while 结构。图 5-6 所示的流程图改画成图 5-8，两者完全等价。而图 5-8 中虚线框部分就是一个 while 结构。可见，do…while 结构是由一个语句加一个 while 结构构成的。若图 5-1 中表达式值为真，则图 5-1 也与图 5-8 等价（因为都要先执行一次语句）。

在一般情况下，用 while 语句和用 do…while 语句处理同一问题时，若两者的循环体部分是一样的，它们的结果也一样。如例 5.2 和例 5.7 程序中的循环体是相同的，得到的结果也相同。但是如果 while 后面的表达式一开始就为假（0）时，两种循环的结果是不同的。

【例 5.8】while 和 do…while 循环的比较。

（1）
```
main()
{ int sum=0,k;
  scanf("%d",&k);
  while(k<=10)
  { sum=sum+k;
    k++;
  }
  printf("sum=%d",sum);
}
```

运行情况如下：

1<回车>

sum=55

再运行一次：

11<回车>

sum=0

（2）
```
main()
{ int sum=0,k;
  scanf("%d",&k);
  do
  { sum=sum+k;
    k++;
  }
  while(i<=10);
  printf("sum=%d",sum);
}
```

运行情况如下：

1<回车>

sum=55

再运行一次：

11<回车>

sum=11

图 5-8　while 循环流程图

当输入 k 的值小于或等于 10 时，两者得到的结果相同。而当 k>10 时，两者结果就不同了。这是因为此时对 while 循环来说，一次也不执行循环体（表达式 k<=10 为假），而对 do…while 循环语句来说则要执行一次循环体。可以得到结论：第一次判断 while 后面的表达式的值为"真"时，两种循环得到的结果相同。否则，两者结果不相同。

do…while 循环是先执行循环体一次，后判断表达式的当型循环（因为当条件满足时才执行循环体）。

【例 5.9】计算 $e^x = 1 + x + \dfrac{x^2}{2!} + \dfrac{x^3}{3!} + \cdots$ 直到最后一项的绝对值小于 10^{-6} 时停止计算，x 由键盘

输入。

计算 e^x 本来可以利用系统提供的标准函数直接写出。但是标准函数是如何计算 e^x 的呢？通过这个例子，将使我们对此有所了解，并可作为直到型循环的例子。本例是累加求和的问题，产生一项加一项，第一项为 1，而其他各项前后两项之间存在着一定的关系，只需将前一项乘一个因子 x/n 即可。N-S 流程图如图 5-9 所示。

```c
#include<stdio.h>
#include<math.h>
main()
{   int n=0;
    float s=0,t=1,x;
    scanf("%f",&x);
    do
    {  s+=t;
       n++;
       t=t*x/n;
    }
    while(fabs(t)>=1e-6);
    printf("exp(%f)=%f\n",x,s);
}
```

输入 x
t=1
n=0
s=0
s=s+t
n++
t=t*x/n
直到|t|小于 10^{-6} 结束
输出 x,s

图 5-9 求 e^x 的 N-S 图

运行时若输入：

1<回车>

输出结果为：

exp(1.000000)=2.718282

5.4 for 语句

C 语言中的 for 语句使用最为灵活，不仅可以用于循环次数已经确定的情况，而且可以用于循环次数不确定而只给出循环结束条件的情况，它完全可以代替 while 语句。for 语句的一般形式为：

for(表达式 1;表达式 2;表达式 3)   语句

它的执行过程如下。

（1）先求解表达式 1。

（2）判断表达式 2，若其值为真（值为非 0），则执行 for 语句中指定的内嵌语句，然后执行下面第（3）步。若为假（值为 0），则结束循环，转到第（5）步。

（3）求解表达式 3。

（4）转回上面第（2）步继续执行。

（5）循环结束，执行 for 语句下面的一个语句。

可以用图 5-10 来表示 for 语句的执行过程。

for 语句最易理解的形式如下。

for(循环变量赋初值;循环条件;循环变量增值)
    语句

例如：

for(k=1;k<=100;k++)
    sum=sum+k;

图 5-10 for 语句的执行过程

它的执行过程与图 5-2 完全一样。可以看到它相当于以下语句：

```
k=1;
while(k<=100)
{  sum=sum+k;
   k++;
}
```

显然，用 for 语句简单、方便。对于以上 for 语句的一般形式也可以改写为 while 循环的形式：

```
表达式 1;
while(表达式 2)
{  语句
   表达式 3;
}
```

（1）for 语句的一般形式中的表达式 1 可以省略，此时应在 for 语句之前给循环变量赋初值。注意省略表达式 1 时，其后的分号不能省略。如 "for(;k<=100;k++)sum=sum+k;"，执行时，跳过"求解表达式 1"这一步，其他不变。

（2）如果表达式 2 省略，即不判断循环条件，循环无终止地进行下去，也就是认为表达式 2 始终为真。

例如：表达式 1 是一个赋值表达式，表达式 2 空缺。它相当于：

```
k=1;
while(1)
{  sum=sum+k;
   k++;
}
```

（3）表达式 3 也可以省略，但此时程序设计者应另外设法保证循环能正常结束。例如：

```
for(k=1;k<=100;)
{  sum=sum+k;
   k++;
}
```

在上面的 for 语句中只有表达式 1 和表达式 2，而没有表达式 3。k++的操作不放在 for 语句的表达式 3 的位置处，而作为循环体的一部分，效果是一样的，都能使循环正常结束。

（4）可以省略表达式 1 和表达式 3，只有表达式 2，即只给循环条件。例如：

```
for(;k<=100;)                           while(k<=100)
   {  sum=sum+k;        相当于           {  sum=sum+k;
      k++;                                  k++;
   }                                     }
```

在这种情况下，完全等同于 while 语句。可见 for 语句比 while 语句功能强，除了可以给出循环条件外，还可以赋初值，使循环变量自动增值等。

（5）3 个表达式都可省略，如：

```
for(;;)语句相当于while(1)语句
```

即不设初值，不判断条件（认为表达式 2 为真值），循环变量不增值，无终止地执行循环体。

（6）表达式 1 可以是设置循环变量初值的赋值表达式，也可以是与循环变量无关的其他表达式。如：

```
k=1;
for(sum=0;k<=100;k++)
    sum=sum+k;
```

表达式 3 也可以是与循环控制无关的任意表达式。

表达式 1 和表达式 3 可以是一个简单的表达式，也可以是逗号表达式，即包含一个以上的简单表达式，中间用逗号间隔。如：

```
for(sum=0,k=1;k<=100;k++)
    sum=sum+k;
```

或：

```
for(sum=0,k=1;k<=100;sum+=k,k++);
```

表达式 1 和表达式 3 都是逗号表达式，注意，由于把要处理的内容都放在了 for 语句内，循环体为空语句，逗号不能省略。

在逗号表达式内按自左至右顺序求解，整个逗号表达式的值为其中最右边的表达式的值。如："for(k=l;k<=100;k++,k++)sum=sum+k;"相当于"for(k=l;k<=100;k=k+2)sum=sum+k;"。

（7）表达式一般是关系表达式（如 i<=100）或逻辑表达式（如 a<b&&x<y），但也可以是数值表达式或字符表达式，只要其值为非 0，就执行循环体。分析下面的例子：

```
for(i=0;(c=getchar())!='\n';i+=c);
```

在表达式 2 中先从终端接收一个字符赋给 c，然后判断此赋值表达式的值是否不等于'\n'（换行符），如果不等于'\n'，就执行循环体。它的作用是不断输入字符，将它们的 ASCII 码相加，直到输入一个"换行"符为止。

此 for 语句的循环体为空语句，把本来要在循环体内处理的内容放在表达式 3 中，作用是一样的。可见 for 语句功能强，可以在表达式中完成本来应在循环体内完成的操作。

```
for(;(c=getchar())!='\n';) printf("%c",c);
```

只有表达式 2，而无表达式 1 和表达式 3。其作用是每读入一个字符后立即输出该字符，直到输入一个"换行"为止。请注意，从终端键盘向计算机输入时，是在按【Enter】键以后才送到内存缓冲区中去的。运行情况：

注意

```
Computer(输入)
Computer(输出)
```

而不是：

```
CCoommppuutteerr
```

即不是从终端敲入一个字符马上输出一个字符，而是按【Enter】键后数据送入内存缓冲区，然后每次从缓冲区读一个字符，再输出该字符。

【例 5.10】输入 10 个数，求这 10 个数的和。设每次读入的值放置于 x，和用 sum 标识，为了求 sum 可以利用一个循环，让它循环 10 次，每循环一次，读一个新的 x 值，并把它加到 sum 中。注意在循环前应将 sum 置 0。算法流程图如图 5-11 所示。

```
#include<stdio.h>
main()
{ int sum,x,i;
sum=0;
for(i=1;i<=10;i++)
{ scanf("%d",&x);
```

sum=0		
i=1		
i<=10		
	输入 x	
	sum=sum+x	
	i++	
输出 sum		

图 5-11　求 10 个数的和

```
      sum=sum+x;
   }
   printf("sum=%d\n",sum);
}
```

运行时输入：

```
1 5 7 8 9 67 56 45 34 21<回车>
```

输出：

```
sum=253
```

在此程序中，循环前先将 sum 置 0。在循环中，第一次执行语句"sum=sum+x;"时，将读入的第一个 x 值与 sum（此时为 0）相加，结果为第一个 x 的值，并将它存于 sum 中，第二次执行该语句时，将读入的第二个 x 值与 sum（此时为第一个 x 值）相加，结果为前两个 x 值的和，并将它存入 sum 中。如此继续，直到第 10 次执行该语句时，将读入的第 10 个 x 值与 sum 相加，得到 10 个 x 值的和存于 sum 中。这种逐个往上加的方法称累加求和。

在累加求和之前，累加单元一定要先清 0，否则可能是一个任意数，这样在第一次与 sum 累加时就出错了，清零操作一定要放在循环前做，循环中执行累加，在循环后输出累加结果。

【例 5.11】求斐波那契数列 a0，a1，a2，…，a20。

斐波那契数列可以按如下定义：

```
a0=0
a1=1
a2=a0+a1
a3=a1+a2
…
an=an-2+an-1
```

按此定义可以得到斐波那契数列，它们是：

```
0,1,1,2,3,5,8,13,21…
```

开始让 a0=0，a1=1，根据 a0 和 a1 可以计算出 a2（a2=a0+a1）。此后 a0 的值已不再需要，将 a1 的值放到 a0 中，将 a2 的值放到 a1 中，仍旧执行"a2=a0+a1"，这时 a2 的值实际上是 a3 的值。如此反复可以算出斐波那契数列的每项值。算法流程图如图 5-12 所示。

```
#include<stdio.h>
main()
{ int a0,a1,a2,k;
  a0=0;
  a1=1;
  printf("%6d%6d",a0,a1);
  for(k=2;k<=20;k++)
  { if(k%5==0)
    printf("\n");
    a2=a0+a1;
    printf("%6d",a2);
    a0=a1;
    a1=a2;
  }
}
```

| a0=0　　a1=1 |
| 输出 a0,a1 |
| k=2 |
| k<=20 |
| a2=a0+a1 |
| 输出 a2 |
| a0=a1　a1=a2 |
| k++ |

图 5-12　求斐波那契数列

运行结果：

```
0    1    1    2    3
5    8    13   21   34
```

55	89	144	233	377
610	987	1597	2584	4181
6765				

【例 5.12】求 $1+\dfrac{1}{1\times 2}+\dfrac{1}{2\times 3}+\dfrac{1}{3\times 4}+\cdots+\dfrac{1}{n(n+1)}$ 直到最后一项的值小于 10^{-2}，如果累加到第 20 项（即 $n=19$）时，最后一项的值还不小于 10^{-2} 也不再计算，要求打印出 n 的值、最后一项值及多项式之和。在循环前先把第一项的值放到和中，进行 19 次循环，产生一项累加一项，每得到一项判断是否小于 10^{-2}，若小于直接跳出循环，否则进行下次循环。算法流程图如图 5-13 所示。

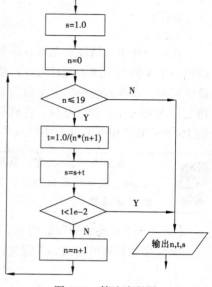

```c
#include<stdio.h>
main()
{ float s,t;
  int n;
  s=1.0;
  for(n=1;n<=19;n++)
  { t=1.0/(n*(n+1));
    s+=t;
    if(t<1e-2)break;
  }
  printf("n=%d,t=%f,sum=%f\n",n,t,s);
}
```

运行结果：

```
n=10,t=0.009091,sum=1.909091
```

图 5-13　算法流程图

此程序执行时，当某一项的值小于 10^{-2} 时，从循环跳出，这是从循环体内跳到循环体外，是允许的，但是它并没有执行完循环要求的次数，不符合结构化原则。

5.5　几种循环的比较

（1）3 种循环都可以用来处理同一问题，一般情况下它们可以互相代替。

（2）while 和 do...while 循环，只在 while 后面指定循环条件，在循环体中应包含使循环趋于结束的语句。for 循环可以在表达式 3 中包含使循环趋于结束的操作，甚至可以将循环体中的操作全部放到表达式 3 中。因此 for 语句的功能更强，凡用 while 循环能完成的，用 for 循环都能实现。

（3）用 while 和 do...while 循环时，循环变量初始化的操作应在 while 和 do...while 语句之前完成。而 for 语句可以在表达式 1 中实现循环变量的初始化。

（4）while 循环、do...while 循环和 for 循环，可以用 break 语句跳出循环，用 continue 语句结束本次循环。

5.6　循　环　嵌　套

一个循环体内又包含另一个完整的循环结构，称为循环的嵌套。内嵌的循环中还可以嵌套循环，这就是多层循环。各种语言中关于循环的嵌套的概念都是一样的。

3 种循环（while 循环、do…while 循环和 for 循环）可以互相嵌套。例如，下面几种都是合法的形式：

```
(1)while()
       while()
        {}
(2)do
       do
        {……}
       while();
     while();
(3)for(;;)
     for(;;)
(4)while()
       do
        {……}
       while();
(5)for(;;)
       while()
        {……}
(6)do
       for(;;)
        {……}
     while();
```

【例 5.13】编程输出以下形式的乘法九九表。

```
1*1= 1  1*2= 2  1*3= 3  1*4= 4  1*5= 5  1*6= 6  1*7= 7  1*8= 8  1*9= 9
2*1= 2  2*2= 4  ……                                                2*9=18
  ……
9*1= 9  9*2=18  ……                                               9*9=81
```

分析：首先观察第一行乘法表的变化规律。注意到被乘数为 1 不变，而乘数从 1 变化到 9，每次增量为 1，因此，构造如下循环即可实现第一行乘法表的输出：

```
for(j=1;j<=9;j++)
printf("%1d*%1d=%2d ",1,j);
```

再观察第二行乘法表的变化规律。与第一行唯一不同的是被乘数为 2，而处理过程完全一样，因此，只需将被乘数改为 2，对上述循环再执行一次即可。

同理，第三行、第四行……，只需让被乘数从 1 变化到 9，对上述循环执行 9 次。因此在上述循环的外面再加上一个循环（即构成双重循环），即可得所要求的乘法九九表。算法的流程图如图 5-14 所示。

程序如下：

图 5-14　打印九九表

```
main()
{ int i,j;
    for(i=1;i<=9;i++)  /*i 作为外循环控制变量控制被乘数变化*/
    {  printf("\n");
       for(j=1;j<=9;j++)  /*j 作为内循环控制变量控制乘数变化*/
         printf("%1d*%1d=%2d ",i,j,i*j);
    }
}
```

双重循环的执行过程是：先执行外循环，当外循环控制变量 i 取初值 1 后，执行内循环，在内循环 j 从 1 变化到 9 的过程中，i 始终不变，直到内循环执行完毕，到了外循环，i 才变为 2，而后再执行内循环，j 又从 1 变化到 9，如此下去，直到外循环控制变量 i 超过终值，整个双重循环才执行完毕。

【例 5.14】全班有 30 个学生，每个学生考 8 门课。要求分别统计出每个学生的平均成绩。

首先考虑求一个学生平均成绩。设置循环控制变量 i 控制课程数，其变化从 1 到 8，每次增量为 1。每个学生的处理过程是一样的，因此，只需对上述流程重复执行 30 遍（即形成双重循环，每遍输入不同学生的各科成绩，即可求得 30 个学生的平均成绩。设置循环控制变量 j 控制学生人数，其变化从 1 到 30，每次增量为 1。算法流程如图 5-15 所示。

程序如下：

j=1
i<=30
sum=0
i=1
i<=8
输入 score
sum=sum+score
i++
aver=sum/8
输出 j,aver
j++

图 5-15　例 5.14 算法 N-S 图

```c
main()
{    int i,j,score,sum;
     float aver;
     j=1;
     while(j<=30)
     {  sum=0;
        for(i=1;i<=8;i++)
        {printf("Enter NO.%d the score%d:",j,i);
         scanf("%d",&score);      /*输入第 j 个学生第 i 门课成绩*/
         sum=sum+score;           /*累计第 j 个学生的总成绩*/
        }
        aver=sum/8.0;             /*计算第 j 个学生的平均成绩*/
        printf("NO.%d aver=%5.2f\n",j,aver); /*输出第 j 个学生的平均成绩*/
        j++;
     }
}
```

（1）程序中的变量 sum 作为累加单元，在累加一个学生的总成绩之前，一定要初始化为 0，否则会将第一个学生的总成绩全部加到第二个学生的成绩上。此外 sum 初始化语句的位置很关键，既不能放在内循环的里面，也不能放在外循环的外面（请大家考虑为什么）。

（2）如果对该题进一步提问：统计出全班的总平均成绩。可再设置一个累加变量 total 用于累加每个学生的平均成绩，最后除以学生人数即可。

在原来程序的基础上可改为：

```c
main()
{    float total=0;int i,j,score,sum ,total_aver;
     while(j<=30)
     {…
     total=total+aver;      /*累加全班的平均成绩*/
     }
     total_aver=total/30;    /*计算全班总平均成绩*/
     printf("Class total_aver is:%5.2f\n",total_aver);
}
```

累加变量 total 初始化语句及进行平均成绩累加语句的位置。

使用循环的嵌套结构要注意以几点。

（1）外层循环应完全包含内层循环，不能发生交叉。

例如下面这种形式是不允许的：

```
do
{  …
for(…)
{…while(…);
}
}
```

（2）嵌套的循环控制变量一般不应同名，以免造成混乱。

例如：

```
for(i…)
{…
for(i…)
{…}
}
```

（3）嵌套的循环要注意正确使用缩进式书写格式来明确嵌套循环的层次关系，以增加程序的可读性。

5.7　continue 语句

一般形式为：

```
continue;
```

其作用为结束本次循环，即跳过循环体中下面尚未执行的语句，接着进行下一次是否执行循环的判定。

continue 语句和 break 语句的区别是：continue 语句只结束本次循环，而不是终止整个循环的执行。而 break 语句则是结束整个循环过程，不再判断执行循环的条件是否成立。如果有以下两个循环结构。

（1）while(表达式 1)
　　{ if(表达式 2)…
　　　break
　　}

（2）while(表达式 1)
　　{ …if(表达式 2)
　　　continue;
　　}

程序（1）的流程图如图 5-16 所示，而程序（2）的流程图如图 5-17 所示。请注意图 5-16 和图 5-17 中当"表达式 2"为真时流程的转向。

【例 5.15】输出 100 ～ 200 之间的不能被 3 整除的数。

```
main()
{  int n;
```

```
for(n=100;n<=200;n++)
{  if(n%3==0)
     continue;
   printf("%4d",n);
}
}
```

图 5-16　程序（1）流程图

图 5-17　程序（2）流程图

当 n 能被 3 整除时，执行 continue 语句，结束本次循环（即跳过 printf()函数语句），只有 n 不能被 3 整除时，才执行 printf()函数。当然，例 5.14 中循环体也可以改用一个语句处理：

```
if(n%3!=0)
   printf("%d",n);
```

在程序中用 continue 语句是要说明 continue 语句的作用。

5.8　break 语句

在 4.3 节中已经介绍过用 break 语句可以使流程跳出 switch 结构，继续执行 switch 语句下面的一个语句。实际上，break 语句还可以用来从循环体内跳出循环体，即提前结束循环，接着执行循环下面的语句。如：

```
for(r=1;r<=10;r++)
{   area=pi*r*r;
    if(area>100)break;
    printf("%f\n",area);
}
```

计算 r=1 到 r=10 时的圆面积，直到面积 area 大于 100 为止。从上面的 for 循环可以看到：当 area>100 时，执行 break 语句，提前结束循环，即不再继续执行其余的几次循环。

break 语句的一般形式为：

```
break;
```

break 语句不能用于循环语句和 switch 语句之外的任何其他语句中。

5.9　应　用　举　例

【例 5.16】输入一行字符，分别统计出其中英文字母、空格、数字和其他字符的个数。

程序如下：

```
#include<stdio.h>
main()
   { char c;
     int letter=0,space=0,digit=0,other=0;
     while((c=getchar())!='\n')
     { if(c>='a'&&c<='z'||c>='A'&&c<='Z')
          letter++;
       else if(c==' ')
          space++;
       else if(c>='0'&&c<='9')
          digit++;
       else
          other++;
     }
     printf("letter=%d,space=%d,digit=%d,other=%d\n",letter,space,digit,other);
   }
```

运行时输入：

```
a1b23c d d,+44*<回车>
```

输出结果为：

```
letter=5,space=2,dlgit=5,other=2
```

【例 5.17】输出以下图案。

```
    *
   ***
  *****
   ***
    *
```

对于打印图形这类程序，一般用双重循环来实现。外层循环用来控制行数，内层循环用来控制每行中每列的内容，然后换行。此图形可以分成两部分，上三角和下三角，两部分分别输出。在上三角中随着行数的增加，每行多 2 个"*"，而且"*"的个数和行有一定的关系，如果行用 i 表示，则每行有 2*i-1 个"*"。另外注意"*"的位置，为了控制输出位置，可以输出一定的空格。下三角中，随着行数的增加，每行少 2 个"*"，而且"*"的个数和行有一定的关系，如果行用 i 表示，则每行有 k-2*i 个"*"，其中 k 跟上三角的行数有关，k 的值应该是上三角中最后一行"*"的个数。

程序如下：

```
main()
{ int i,j,k,n=3;
  for(i=1;i<=n;i++)
  { printf("\n"); /*换行*/
       for(j=1;j<=41-i;j++)printf(" ");  /*输出空格,第一个星定位在 40 列*/
       for(j=1;j<=2*i-1;j++)printf("*");/*输出星*/
  }
  k=2*n-1; /*k 的值是最后一行星的个数*/
  for(i=1;i<=n-1;i++)
{  printf("\n");  *换行*/
   for(j=1;j<=41-n+i;j++)printf(" ");/*输出空格,空格和上三角有关,n 是上三角行数*/
   for(j=1;j<=k-2*i;j++)printf("*");/*输出星*/
}
}
```

运行此程序后输出本题中的图案。

【例5.18】打印出所有的"水仙花数",所谓"水仙花数"是指一个三位数,其各位数字立方和等于该数本身。例如,153 是一水仙花数,因为 $153=1^3+5^3+3^3$。

程序如下:

```
main()
{  int n,a,b,c;
   for(n=100;n<1000;n++) /*因为是三位数,能确定 n 的取值范围*/
   {  a=n/100;/*求百位数*/
      b= n%100/10;/*求十位数*/
      c=n%10;/*求个位数*/
      if(n==a*a*a+b*b*b+c*c*c)
      printf("%5d",n);
   }
   printf("\n");
}
```

输出结果是:

```
153  370  371  407
```

【例5.19】判断 m 是否素数。

素数是大于 1 且除了 1 和它本身外不能被其他任何整数所整除的整数。为了判断某数 m 是否是素数,一个简单的办法是用 2,3,4,5…m–1 这些数逐个去除 m,看能否除尽,若被其中一个数除尽,则 m 不是素数,否则 m 是素数。当 m 较大时,用这种方法除的次数太多,可以有很多办法改进,以减少除的次数,提高运行效率,例如,可以用 2,3,…m/2 去除,也可用 2,3…$\sqrt{m}$ 去除,若除不尽,则 m 是素数。算法如图 5-18 所示。程序如下:

```
#include<math.h>
main()
{
   int m,i,k;
   scanf("%d",&m);
   k=sqrt(m);
   for(i=2;i<=k&&m%i!=0;i++);
     if(i>k)
       printf("%d is a prime mumber\n",m);
     else
   printf("%d is not a prime number\n",m);
}
```

图 5-18　判断 m 是否素数的算法

运行时输入

35<回车>

输出结果是:

```
35 is not a prime number
```

再次运行输入

11<回车>

输出结果是:

```
11 is a prime number
```

【例5.20】求 100 ~ 199 的全部素数。

在例 5.19 的基础上,用一个嵌套的 for 循环实现,增加外层循环产生 100 ~ 199 的数据,内层循环用于判断是否是素数,另外我们知道素数一定是奇数,则在判断 100 ~ 199 素数时,可以把偶数排除在外。流程图如图 5-19 所示。

程序如下：

```
#include<math.h>
  main()
{
    int m,k,i,n=0;
    for(m=101;m<=200;m=m+2)
    {
        k=sqrt(m);
        for(i=2;i<=k&& m%i!=0;i++);
        if(i>k){printf("%4d",m);n++;}
        if(n%10==0)printf("\n");
    }
}
```

图 5-19　求 100～199 的全部素数

运行结果如下：

```
101 103 107 109 113 127 131 137 139 149
151 157 163 167 173 179 181 191 193 197
199
```

n 的作用是累计输出素数的个数，控制每行输出 10 个数据。

【例 5.21】计算 f_{ij},s_i,m 各值。已知 $f_{ij}=\sqrt{x_i^2+y_j^2}$，$s_i=\sum_{j=1}^{10}f_{ij}$，$m=\prod_{i=1}^{5}s_i$，$x_i$=2,4,6,8,10 y_j=0.1,0.2,0.3…1

该问题要求对 5 个 x 值和 10 个 y 值计算出 50 个 f 值，然后每个 f 值相加得到一个 s 值，共得到 5 个 s 值，最后这 5 个 s 相乘得到一个 m 值。每个 s 值是由 10 个 f 累加得到的，累加前 s 要清 0，m 是由 5 个 s 值累乘得到的，累乘前应先置 1，但应注意 s，m 初始化的位置，x、y 有规律，可分别由循环变量 i、j 得到。流程图如图 5-20 所示。

```
#include<math.h>
main()
{   int j,i;
    float m,s,x,f,y;
    m=1;
    for(i=1;i<=5;i++)
    {   s=0;
        x=2*i;
        for(j=1;j<=10;j++)
        {   y=j/10.0;
            f=sqrt(x*x+y*y);
            s=s+f;
            printf("%f,%f,%f\n",x,y,f);
        }
        printf("%d,%f\n",i,s);
        m=m*s;
    }
    printf("%f\n",m);
}
```

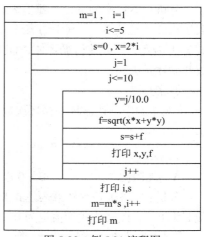

图 5-20　例 5.21 流程图

【例 5.22】求 1～1000 之间的同构数（同构数是一个数的平方低位与数相同）。如 25 和 625 是同构数。算法思想：依次产生 1～1000 之间的数，每产生一个数，先求出其平方，再求出此数的位数，再分离出平方的低位与原数比较。流程图如图 5-21 所示。

```
#include<math.h>
main()
```

```
{ int m, n,j; long k;
  for(m=1;m<=1000;m++)
  { k=(long)m*m;
    j=1;
    n=m;
    do
    { n=n/10;
      j=j*10;
    }while(n>0);
    if(k%j==m)
    printf("%4d%10ld\n",m,k);
  }
}
```

运行结果：

```
1          1
5          25
6          36
25         625
76         5776
376        141376
625        390625
```

图 5-21　求 1～1000 之间的同构数的算法

【例 5.23】下述 for 循环语句_____。

```
int i,k;
for(i=0,k=-1;k=1;i++,k++)
printf("!!!");
```

A．判断循环结束的条件非法　　　　　　B．是无限循环

C．只循环一次　　　　　　　　　　　　D．一次也不循环

分析：本例中的关键是赋值表达式 k=l。在 C 语句中，for 循环的基本结构是"for (表达式 1；表达式 2；表达式 3)"，其中的表达式 2 决定了循环是否进行。此题中，由于表达式 2 是赋值表达式 k=1 为真，因此执行循环体，使 k 增 1，但循环再次计算表达式 2 时又使 k 为 1，如此往复。故此循环是无限循环。

答案是 B。

【例 5.24】下述循环的循环次数是_____。

```
int k=2;
while(k=0)printf("%d",k),
k--;printf("\n");
```

A．无限次　　　　　B．0 次　　　　　C．1 次　　　　　D．2 次

分析：回答本题须注意表达式 k=0 是赋值表达式而非关系表达式，不论 k 为何值，表达式 k=0 使 k 为 0，且此表达式的值也为 0，故不能进入循环，答案是 B。

【例 5.25】在下述程序中，判断 i>j 共执行了_____次。

```
#include<stdio.h>
main()
{ int i=0,j=10,k=2,s=0;
  for(;;)
  { i+=k;
    if(i>j)
    { printf("%d",s);
      break;
    }
```

```
    s+=i;
  }
}
```

A．4　　　　　　　B．7　　　　　　　C．5　　　　　　　D．6

分析：本例涉及 break 语句，重点在循环次数的判定。本例的循环由于无出口，只能借助 break 语句终止。题目要求说明判断 i>j 的执行次数，只需考察经过 i+=k 运算如何累计 i 的值（每次累计 i 的值，每次累计判别 i>j 一次），i 值分别是 0,2,4,6,8,10,12 时，判断 i>j 为真，程序输出 s 的值并结束，共循环 6 次。答案是 D。

【例 5.26】若下述程序运行时输入的数据是 3.6,2.4，则输出结果是＿＿＿。

```
#include<math.h>
#include<stdio.h>
main( )
{ float x,y,z;
  scanf("%f,%f",&x,&y);
  z=x/y;
  while(1)
  { if(fabs(z)>1.0)
      { x=y;  y=z;   z=x/y;}
    else
    break;
  }
  printf("%f",y);
}
```

A．1.500000　　　B．1.600000　　　C．2.000000　　　D．2.400000

分析：此例是一个使用 break 语句作出口的循环，且只能通过 break 语句终止。因为所涉及的数据都是浮点数，故"/"是普通除法。具体计算步骤如下。

（1）x=3.6，y=2.4，z=1.5

（2）x=2.4，y=1.5，z=1.6

（3）x=1.5，y=1.6，z=0.9374998

最后，输出的 y 值为 1.6

答案是 B。

【例 5.27】　以下程序的输出结果是＿＿＿＿。

```
#include<stdio.h>
main(   )
{ int i;
  for(i=1;i<=5;i++)
  { if(i%2)
      putchar('<');
    else
     continue;
    putchar('>');
  }
  putchar('#');
}
```

A．<><><># 　　　B．><><># 　　　C．<><# 　　　D．><<#

分析：本例考察 continue 语句的基本使用方法。在程序中，当 i%2 为真时，执行输出语句，否则执行 continue 语句，即开始 i++ 运算，进入下一次循环。即当 i 是偶数时（i%2 为 0）无任何输出。因此，本例的循环体可以改写成如下形式。

```
for(i=1;i<=5;i+=2)
{putchar('<');
putchar('>');
}
```

循环的执行过程是i=1，i=3，i=5，共 3 次，所以，循环的输出结果为<><>#。

答案是 A。

【例 5.28】下述程序的输出结果是_____。

```
#include<stdio.h>
main()
{ int i,j,x=0;
  for(i=0;i<2;i++)
  { x++;
    for(j=0;j<=3;j++)
    { if(j%2)continue;
        x++;
    }
    x++;
  }
  printf("x=%d\n",x);
}
```

分析：此题的关键是要弄清嵌套 for 循环的执行步骤及 continue 语句的作用。外层 for 循环共执行两次，每执行一遍，即执行 4 次内层循环。应当注意的是：在执行内层循环过程中，由于循环体内的 if 语句中存在 continue 语句，因此当 j=0 或 j=2 时，循环体中的 x++语句将不被执行，而直接判定是否执行下一轮循环。执行 for 循环时 x 的变化如下。

第一次执行外层循环：i=0 时，x 增 1(x=1)，j=0，x 不变，j=1，x 增 1(x=2)，j=2，x 不变， j=3，x 增 1(x=3)内层循环结束，x 增 1(x=4)

第二次执行外层循环：i=1 时，x 增 1(x=5)，j=0，x 不变，j=1，x 增 1(x=6)，j=2，x 不变， j=3，x 增 1(x=6)内层循环结束，x 增 1(x=8)

所以，整个循环执行完后，x 的值为 8。

输出 x=8

【例 5.29】计算一个数列的前 n 项之和。该数列的前两项是由键盘输入的正整数，以后各项按下列规律产生：先计算前两项之和，若和小于 200，则该和作为下一项，否则用和除以前两项中较小的一项，将余数作为下一项。填充程序中的空白。

```
#include<stdio.h>
main()
  { int n,k1,k2, k3,m, ms,j;
    scanf("%d,%d,%d",&n,&k1,&k2);
    m=k1+k2;
        (1)
    for(j=3;j<=n;j++)
      if (    (2)    )
        if (k1<k2)
          k3=m%k1;
        else
          k3=m%k2;
        (3)
        (4)
    ms=ms+k3;
    k1=k2;
```

```
        k2=k3;
        m=k1+k2;
      }
      printf("%d\n",ms);
   }
```

分析：首先了解每一个变量作用，k1 代表第一项，k2 代表第二项，k3 代表新项，m 存放前两项的和，ms 存放数列的和，本题算法并不难，循环外 m 取前两项的和，ms 在循环外要赋值，（1）应该给 ms 赋值，循环内 ms 只是累加新项，没有加第一项和第二项，所以，（1）填 "ms=m;" 或 "ms=k1+k2;"，循环体内第一个 if 语句中的条件是对 m 是否小于 200 的判定，根据下面的语句（2）应该填入 "m>=200;" 第二个 if 语句是完成将和除以前两项中较小的一项的余数作为下一项，根据题意和 if 语句的结构（3）应该填入 "else"，（4）应该填入 "k3=m;"。

【例 5.30】用公式 $\frac{\pi^2}{6} \approx \frac{1}{1^2} + \frac{1}{2^2} + ... + \frac{1}{n^2}$ 可以计算 π 的近似值，下面是计算 π 的近似值的程序，其中 n 由键盘输入。

```
#include<stdio.h>
#include<math.h>
main()
{   int n,j;
    float sum,t,pi;
      scanf("%d",&n);
      _____(1)_____;
        j=1;
        while(j<=n)
      {   t=_____(2)_____;
          sum=sum+t;
          _____(3)_____;
        }
        pi=sqrt(6.0*sum);
        printf("pi=%8.6f\n",pi);
}
```

分析：sum 用于存放和，t 用于存放产生的项，j 用于存放项数，pi 用于存放最后的结果。sum 在循环之前要清 0，所以（1）应该填入 "sum=0"，（2）应该填入产生项，根据题意填入 "1.0/(j*j)" 或 "1/(float)(j*j)"，（3）填入 "j=j+1" 或 "j++"。

【例 5.31】译密码。为使电文保密，往往按一定规律将其转换成密码，收报人再按约定的规律将其译回原文。例如，可以按以下规律将电文变成密码。

将字母 A 变成字母 E，a 变成 e，即变成其后的第 4 个字母，W 变成 A，X 变成 B，Y 变成 C，Z 变成 D。字母按上述规律转换，非字母字符不变。如 "China!" 转换为 "Glmre!"。输入一行字符，要求输出其相应的密码。

程序如下：

```
#include<stdio.h>
main()
{   char c;
    while((c=getchar())!='\n')
      if((c>='a'&&c<='z')||(c>='A'&&c<'Z'))
      {   c=c+4;
          if(c>'Z'&&c<='Z'+4 || c>'z')
          c=c-26;
        }
      printf("%c",c);
```

```
}
```

运行结果如下：

```
China!<回车>
Glmre!
```

程序中对输入的字符处理办法是：先判定它是否是大写字母或小写字母，若是，则将其值加 4（变成其后的第 4 个字母）。如果加 4 以后字符值大于'Z'或'z'，则表示原来的字母在 v（或 v）之后，应按规律将它转换为 A~D（或 a~d）之一。办法是使 c 减 26。还有一点需要注意：内嵌的 if 语句不能写成

```
if(c>'Z'||c>'z')c=c-26;
```

因为当字母为小写时都满足 "c>'Z'" 条件，从而也执行 "c=c-26;" 语句，这就会出错。

【例 5.32】阅读程序，回答相应问题。

```
main()
{
  int n,k;
  float a,b,h,f0,s=0,s1,x;
  scanf("%d",&n);
  a=0;
  b=1;
  h=(b-a)/n;
  x=a;
  f0=x*x;
  for(k=1;k<=n;k++)
  {
    s1=f0*h;
    s=s+s1;
    x=x+h;
    f0=x*x;
  }
  printf("%f,%f,%d,%f\n",a,b,n,s);
}
```

问题 1：本程序的功能是什么？

问题 2：程序中的 n 越大，对程序中 s 的计算结果有什么影响？

分析：函数 f(x) 在区间 [a,b] 上的定积分 $\int_a^b f(x)\mathrm{d}x$ 其几何意义是求 f(x) 曲线和直线 $x=a$，$y=0$，$x=b$ 所围成的图形的面积。为了求出此面积，将 [a,b] 分成 n 个小区间，每个区间的长度为 $(b-a)/n$，再近似求出每个小区间的面积，然后将几个小区间的面积加起来，就近似得到总面积。当 n 越大，即区间分得越小，则近似程度越高。

近似计算小区间面积的方法常用的有矩形法、梯形法、辛普生法。

（1）矩形法：即用小矩形代替小曲边梯形，求每个小矩形的面积后相加，即为积分的近似值。

（2）梯形法：即用小梯形代替小曲边梯形。

（3）辛普生：即用一条抛物线代替该区间 [a,b] 的曲线 f(x)，求出抛物线与 $x=a+(i-1)h$，$y=$f(x)，$x=a+ih$ 围成的小曲边梯形的面积。

根据程序中的计算可知 f(x)=$x×x$，$a=0$，$b=1$。

问题 1：本程序的功能是求 $\int_0^1 x^2\mathrm{d}x$ 的近似值。

问题 2：程序中的 n 越大，则近似程度越高。

5.10　本 章 小 结

C 语言提供了 3 种专门用于循环的语句 while，do…while，for。

（1）3 种循环都可以用来处理同一问题，一般情况下它们可以互相代替。

（2）while 语句用来实现当型循环结构。执行时先判断表达式，若表达式为非 0 值，执行循环体语句，再判断表达式，直到表达式为 0（"假"）结束循环。

（3）do…while 语句的特点是先执行循环体，然后判断循环条件是否成立，用来实现直到型循环结构。

（4）C 语言中的 for 语句使用最为灵活，不仅可以用于循环次数已经确定的用来实现当型循环结构情况，而且可以用于循环次数不确定而只给出循环结束条件的情况，它完全可以代替 while 语句。

（5）3 种循环语句可以相互嵌套组成多重循环。循环之间可以并列但不能交叉。

（6）break 语句可用于退出当前循环，继续执行循环后的语句。continue 语句则用于退出当前这次循环，后面循环还将继续执行

5.11　练习与提高

一、选择题

1. 下面程序段，描述正确的是（　　　）。
```
x=3;
do{ y=x--;
    if(!y){printf("*");continue;}
    printf("#");
}while(1<=x<=2);
```
　　A．将输出##　　　　　　　　　　　　B．将输出##*

　　C．是死循环　　　　　　　　　　　　D．含有不合法的控制表达式

2. 设已定义 i 和 k 为 int 类型变量，则以下 for 循环语句（　　　）。
```
for(i=0,k=-1;k=1;i++,k++)
printf("****\n");
```
　　A．判断循环结束的条件不合法　　　　B．是无限循环

　　C．循环一次也不执行　　　　　　　　D．循环只执行一次

3. 以下程序段的输出结果是（　　　）。
```
int x=3;
do
  { printf`("%3d",x=2); }
  while(!--x);
```
　　A．1　　　　　　　B．30　　　　　　C．12　　　　　　　　D．死循环

4. 下面程序的输出为（　　　）。
```
#include<stdio.h>
main()
```

```
{ int y=10;
  while(y--);
  printf("y=%d\n",y);
}
```
  A．y=0   B．while 构成无限循环   C．y=1   D．y=-1

二、填空题

1．此程序用来输出最大值和最小值，输入 0 时结束。
```
main()
{ float x, max, min;
  scanf("%f",&x);
  max=x;
  min=x;
  while(___(1)___)
  { if(x>max) max=x;
    if(___(2)___) min=x;
    scanf("%f",&x);
  }
  printf("\nmax=%f\nmix=%f\n",max,min);
}
```

2．根据公式求 a 和 b 的最大公约数。

$$gcd(a,b)=\begin{cases} a & \text{当 } b=0 \text{ 时} \\ gcd(a-b,b) & \text{当 } b\neq0 \text{ 且 } a\geqslant b \text{ 时} \\ gcd(b,a) & \text{当 } b\neq0 \text{ 且 } a<b \text{ 时} \end{cases}$$

```
main()
{ int  a,b,t;
  scanf("%d,%d",&a,&b);
  while(___(1)___ !=0)
  { if(a>=b)
      ___(2)___;
    else
    {t=a;a=b;b=t;}
  }
  printf("%d\n",a);
}
```

3．下面程序的功能是：求 5!+6!+7!+8!+9!+10!。
```
main()
{ double s=0,t;
  int i,j;
  for(i=5;i<=10;i++)
  { ___(1)___;
    for(j=1;j<=i;j++)
      t=t*j;
    ___(2)___;
  }
  printf("%e\n",s);
}
```

三、分析程序的运行结果

```
1. main()
   { int i,sum=0;
     for(i=1;i<=3;i++) sum+=i;
     printf("%d\n",sum);
```

```
      }
2. main()
   {  int x=23;
      do
      {  printf("%d",x--);
      }while(!x);
   }
3. main()
   {  int i=0,j=1;
      do
      {  j+=i++;
      }while(i<4);
      printf("%d\n",i);
   }
4. main()
   {  int x=1,total=0,y;
      while(x<=10)
      {  y=x*x;
         printf("%d  ",y);
         total+=y;
         ++x;
      }
    printf("\ntotal is%d\n",total);
    }
5. main()
   {  int i,j,k;
      for(i=1; i<=2;i++)
      {  for(j=1;j<=3;j++)
         {  for(k=1;k<=4;k++)printf(" ");
            for(k=1;k<=j;k++)printf("* ");
            printf("\n");
         }
      printf("\n");
      }
   }
```

四、编程题

1. 从键盘上依次输入一批数据（输入 0 结束），求其最大值，并统计出其中的正数和负数的个数。

2. 有一分数序列 1/2，2/3，3/4，4/5，5/6…，求出这个数列的前 20 项之和。

3. 打印出以下图案。

```
*****
 *****
  *****
```

4. 一个数如果恰好等于它的因子之和，这个数就称为"完数"。例如，6 的因子 1、2、3，而 6=1+2+3，因此 6 是"完数"。编程序找出 1000 之内的所有完数。

5. 一个球从 100 米高度自由下落，每次落地后返回原高度的一半，再落下。求它在第 10 次落地时共经过多少米？第 10 次反弹多高？

6. 用迭代法求 $x=\sqrt{a}$。求平方根的迭代公式为 $x_{n+1}=\dfrac{1}{2}(x_n+\dfrac{a}{x_n})$，要求前后两次求出的差的绝对值少于 0.00001。

第6章
数组

前面各章介绍的是 C 语言的基本数据类型，所用到的变量都是简单变量，在许多实际应用中，需要存储与处理大量的数据。例如，在数值计算中，向量和矩阵的运算，它们不但有多个数据，而且各数据间有一定的次序。像这样，数据量大、数据间有一定的次序关系的问题，如果用简单的变量来表示，不仅十分烦琐，而且很难描述它们之间的顺序关系，我们可以用数组存储数据。数组在 C 语言中是构造数据类型之一，本章主要介绍一维数组和多维数组的定义、使用、初始化、字符数组的使用等。

本章学习目标

- 掌握一维数组和多维数组的定义、初始化和引用。
- 掌握字符串与字符数组的定义和使用。
- 能够利用数组编程，掌握排序、查找、插入、删除、置逆、循环左移、循环右移、打印杨辉三角形、矩阵转置等算法。

6.1 数组和数组元素

数组是一种数据结构，处于这种结构中的变量具有相同的性质，并按一定的顺序排列，C 数组中每个分量称为数组元素，每个元素都有一定的位置，所处的位置用下标来表示。数组的特点是：数组元素排列有序且数据类型相同。所以，在数值计算与数据处理中，数组常用于处理具有相同类型的、批量有序的数据。

C 语言中，数组的元素用数组名及其后带方括号[ ]的下标表示，例如：

```
data[10],a[3][4],sum[3][6][5]
```

其中：

（1）data、a、sum 称为数组名，它们是由用户定义的标识符。

（2）带有一个方括号的称为一维数组，带有两个方括号的分别称为二维数组，二维及二维以上的数组统称为多维数组。

（3）数组的元素必须是同一类型，它们是在数组说明时规定的。数组的类型可以是基本类型，也可以是构造类型。本章介绍基本类型的数组，构造类型的数组将在后面介绍。

（4）方括号中的下标表示该数组元素在数组中的相对位置。数组元素是一个带下标的变量，称为下标变量，一个数组元素用一个下标变量标识。在内存中每个数组元素都分配一个存储单元，同一数组的元素在内存中连续存放，占有连续的存储单元。存储数组元素时是按其下标递增的顺序存储各元素的值。下标是整型常量或整型变量，并且从 0 开始。例如，上面的数组 data，它的第一个元素是 data[0]。

（5）数组名表示数组存储区域的首地址，数组的首地址也就是第一个元素的地址。例如上面的数组 data，它的首地址是 data 或&data[0]，数组名是一个地址常量，不能向它赋值。

（6）数组变量与基本类型变量一样，也具有数据类型和存储类型。数组的类型就是它所有元素的类型。C 语言的数组可以存放各种类型的数据，但同一数组中的所有元素必须为同一数据类型。

数组的使用简化了一个集合中每一项（元素）的命名，方便了数据的存取。在程序编译时，根据数组的类型，在相应的存储区分配相应的存储空间。

在数值计算和数据处理中，一个向量、一个矩阵、一张表格以及一批实验数据等，我们都可以用一个数组来表示。

【例 6.1】用数组表示向量 D 和矩阵 A。

$D=(d0,d1,d2,d3,d4,d5,d6,d7,d8,d9)$

$$A = \begin{pmatrix} a_{00} & a_{01} & a_{02} \\ a_{10} & a_{11} & a_{12} \\ a_{20} & a_{21} & a_{22} \\ a_{30} & a_{31} & a_{32} \end{pmatrix}$$

向量 D 可以用数组 d 表示，其中的每一个分量为一个数组元素，表示为：

$d[0]$，$d[1]$，$d[2]$，$d[3]$，$d[4]$，$d[5]$，$d[6]$，$d[7]$，$d[8]$，$d[9]$

矩阵 A 可以用数组 a 表示，其数组元素及排列顺序为

$a[0][0]a[0][1]a[0][2]$

$a[1][0]a[1][1]a[1][2]$

$a[2][0]a[2][1]a[2][2]$

$a[3][0]a[3][1]a[3][2]$

数组名 d 为数组中所有元素共用。在 d 数组中，不同的下标值既区别不同的元素，也表示它们在数组中的位置。如 $d[9]$ 是 d 数组中最后一个元素，它的前一个元素是 $d[8]$。同理，$a[2][2]$ 是 a 数组中的一个元素，它所在行的前一个元素是 $a[2][1]$，所在列的下一个元素是 $a[3][2]$。

按数组的结构形式，一维数组 d 中元素的顺序按线性排列，元素的序号（位置）用一个下标来表示。二维数组 a 中元素按"行列式"的形式排列，元素的位置用行和列两个下标表示。

6.2 一 维 数 组

6.2.1 一维数组的定义和使用

1. 一维数组的定义

一维数组的定义方式为：

类型说明 数组名[常量表达式];

例如：int a[10];

它表示数组名为 a，有 10 个元素的数组。内存中一维数组 a 的元素及存储形式（方框内的值为数组元素的值）如图 6-1 所示。

9	8	7	6	5	4	3	2	1	0
a[0]	a[1]	a[2]	a[3]	a[4]	a[5]	a[6]	a[7]	a[8]	a[9]

图 6-1　一维数组 a 的元素及存储形式

（1）数组名后是用方括号括起来的常量表达式，不能用圆括号。例如："int a(10);"是非法的。

（2）常量表达式表示数组元素个数，即数组的长度。C 语言规定数组元素下标从 0 开始，每维下标的最大值由相应的维定义数值减 1 确定，即维定义数值减 1 是下标的最大值。例如，"int a[10];"，维定义数值是 10，下标的最大值是 9，共 10 个元素。下标从 0 开始，这 10 个元素是：a[0]、a[1]、a[2]、a[3]、a[4]、a[5]、a[6]、a[7]、a[8]、a[9]，不存在数组元素 a[10]。

（3）常量表达式是整型常量或者是用标识符定义的常量，不能包含变量。即在 C 语言中不允许用变量对数组的大小进行定义。例如：

```
int n;
scanf("%d",&n);
int a[n];
```

是不合法的。

```
#define N 5
int a[N];
```

是合法的。

2. 一维数组元素的引用

数组与基本类型变量不同，对整个数组不能引用，只能引用数组中的某一个元素。也就是说，在表达式中，数组只能以数组元素的形式存在。数组元素的表示形式为：

数组名[下标]

其中，下标是一个整型表达式。例如，对数组"int a[10];"进行的操作

a[0]=1; a[2]=a[3]+a[5];

都为合法的一维数组引用。

【例 6.2】一维数组元素的引用。

```
main()
{ int k,a[10];
  for(k=0; k<=9;k++)
    a[k]=k+1;
  for(k=9;k>=0;k--)
    printf("%d  ",a[k]);
}
```

运行结果：

```
10 9 8 7 6 5 4 3 2 1
```

6.2.2　一维数组的初始化

数组元素的值可以用赋值语句或输入语句进行赋值，但占用运行时间。也可以在说明数组时对数组的元素进行赋值，这称为数组的初始化。在程序编译时，数组就得到初值。一维数组初始化的一般形式为：

类型说明 数组名[数组长度]={常量表达式 1,常量表达式 2,…};

例如：

```
int a[10]={ 0,1,2,3,4,5,6,7,8,9};
```

是正确的一维数组初始化。经过上面的初始化后，a[0]=0，a[1]=1，a[2]=2，a[3]=3，a[4]=4，a[5]=5，a[6]=6，a[7]=7，a[8]=8，a[9]=9。

（1）数组的长度可以省略，若不指明数组长度，则在设定数组初值时，系统会自动按初值的个数分配足够的空间。例如：

```
a[]={ 0,1,2,3,4,5,6,7,8,9};
```

与上面说明的结果是一样的，一共分配了 10 个空间，该数组的长度为 10。

（2）若指明了数组的长度，而花括号中常量个数小于数组的长度，则只给相应的数组元素赋值，其余赋 0 值。例如：

```
int a[10]={0,1,2,3,4};
```

其结果为：

```
a[0]=0,a[1]=1,a[2]=2,a[3]=3,a[4]=4,a[5]=0,a[6]=0,a[7]=0,a[8]=0,a[9]=0
```

在对部分数组元素赋初值时，由于数组长度与提供初值的个数不相同，数组长度不能省略。例如上面定义中省略数组长度 10 后写成：

```
int a[]={0,1,2,3,4};
```

系统就认为 a 数组有 5 个元素，而不是 10 个元素。

（3）若数组长度小于初值的个数，例如：

```
int a[4]={1,2,3,4,5};
```

则会产生编译错误。

（4）如果想使一个数组中全部元素值为 0，可以写成：

```
int a[10]={0,0,0,0,0,0,0,0,0,0};   或 int a[10]={0};
```

（5）当数组被说明为静态（static）或外部存储类型（即在所有函数外部定义）时，则在不给初值的情况下，数组元素将在程序编译阶段自动初始化为 0。例如：

```
static int a[5];
```

相当于：

```
static int a[5]={0,0,0,0,0};
```

（6）如果对非静态（static）数组或非外部存储类型的数组不赋初值，则数组元素取随机值。

【例 6.3】对不同数组的初值的输出。

```
main()
{  int i,a[10];
   static int b[10];
   for(i=0;i<10;i++)
      printf("%d ",a[i]);
   printf("\n");
   for(i=0;i<10;i++)
      printf("%d ",b[i]);
}
```

运行时输出

```
42 1165 72 0 0 -32 1366 0 64 3129     /*a 数组 10 个随机值*/
0 0 0 0 0 0 0 0 0 0                    /*b 数组是静态数组，自动赋初值为 0*/
```

【例 6.4】整数数组的初始化。

```
int a[]={0,1,2,3,4};
main()
{  int k;
   for(k=0;k<5;k++)
```

```
       printf("%d ",a[k]);
    }
```
运行结果：
```
 0 1 2 3 4
```

6.2.3　一维数组应用举例

【例 6.5】利用冒泡排序法对输入的数据从小到大排序输出。

冒泡法排序的算法描述如下。

设有 n 个数据，存放到 a[1]到 a[n]的 n 个数组元素中。

（1）从 a[1]到 a[n]，依次把两个相邻元素两两比较，即 a[1]与 a[2]比，a[2]与 a[3]比，…a[n-1]与 a[n]比。

（2）每次两相邻元素比较后，若前一个元素值比后一个元素值大，则交换两元素值，否则，不交换。

假如数组 a 中 a[1]～a[6]存放 6 个数据如下：
```
2 6 5 4 1 3
```
从 a[1]到 a[6]依次两两元素比较如下：

a[1]	a[2]	a[3]	a[4]	a[5]	a[6]	
2	6	5	4	1	3	初始
2	6	5	4	1	3	2 和 6 比不交换
2	5	6	4	1	3	6 和 5 比交换
2	5	4	6	1	3	6 和 4 比交换
2	5	4	1	6	3	6 和 1 比交换
2	5	4	1	3	6	6 和 3 比交换

由以上示例可以看到，按上述算法进行一轮两两比较，并依条件进行相邻元素的数交换后，最大数必然被放置在最后一个元素 a[6]中。对于 6 个元素一轮两两比较需要 5 次比较，对于 n 个元素，两两比较一轮则需进行 $n-1$ 次比较。

重复上述算法，把 a[1]到 a[5]中的最大数换到 a[5]，即倒数第二个位置，接下去把 a[1]到 a[4]中最大值换到 a[4]中……最后把 a[1]到 a[2]中最大值换到 a[2]中，即把 a 数组中 6 元素中的数据按由小到大的次序排好。对于 6 个元素排序，这种重复操作进行 6 轮，对 n 个元素，则需要重复 $n-1$ 轮。其 N-S 图如图 6-2 所示。

图 6-2　冒泡排序的 N-S 图

由于上述数组元素排序过程就像水中的大气泡排挤小气泡，由水底逐渐上升到水面的过程，因此称为冒泡排序法。

完整的过程如下：

```
             a[1]  a[2]  a[3]  a[4]  a[5]  a[6]
初始数组      2     6     5     4     1     3
第 1 轮比较   2     5     4     1     3     6
第 2 轮比较   2     4     1     3     5     6
第 3 轮比较   2     1     3     4     5     6
第 4 轮比较   1     2     3     4     5     6
第 5 轮比较   1     2     3     4     5     6
```

冒泡排序的程序如下：

```c
#define N 6
main()
{ int i,j,t,a[N+1];
  printf("Input N numbers:\n");
  for(i=1;i<=N;i++)
    scanf("%d",&a[i]);
    printf("\n");
    for(i=1;i<=N-1;i++)
    for(j=1;j<=N-i;j++)
      if(a[j]>a[j+1])
        {t=a[j];a[j]=a[j+1],a[j+1]=t;}
    printf("the sorted numbers:\n");
    for(i=1; i<=N;i++)
      printf("%3d",a[i]);
}
```

运行输入：

```
Input N numbers:
2 6 5 4 1 3
```

运行结果：

```
The sorted numbers:
1 2 3 4 5 6
```

以上程序对 6 个数据排序，为与习惯相符而未用元素 a[0]，定义数组长度为 7，最大下标值为 6。

【例 6.6】比较交换法（也叫顺序排序法）从大到小排序程序。

比较交换法排序的算法与冒泡法排序不同的是，这里不是相邻元素比较交换，而是当前尚未排序的首位元素与其后的各元素比较交换，描述如下：

设有 n 个数据，存放到 a[1] 到 a[n] 的 n 个数组元素中。

（1）通过比较交换将数组元素 a[1] 到 a[n] 中的最大值放入 a[1] 中；

（2）再次比较交换将数组元素 a[2] 到 a[n] 中的最大值放入 a[2] 中；

（3）以此类推，将 a[i] 到 a[n] 中的最大值存入到 a[i] 中，直到最后两个元素 a[n-1] 与 a[n] 进行一次比较，依条件交换，较大值存入 a[n-1] 中，即达到了按从大到小的排序。

为了把数组元素的最大值存入到 a[1] 中，将 a[1] 依次与 a[2]，a[3]，…，a[n] 每个元素比较，每次比较时，若 a[1] 小于 a[i](i=2,3,…,n)，则 a[1] 与 a[i] 交换；否则，a[1] 与 a[i] 不交换。这样重复进行 n−1 次比较并依条件交换后，a[1] 中就存入了最大值。

用以下 6 个元素，来描述这种比较与交换的第 1 轮过程：

```
a[1] a[2] a[3] a[4] a[5] a[6]
5   2   4   3   1   6
5   2   4   3   1   6   5和2比不交换
5   2   4   3   1   6   5和4比不交换
5   2   4   3   1   6   5和3比不交换
5   2   4   3   1   6   5和1比不交换
6   2   4   3   1   5   5和6比交换
6   2   4   3   1   5
```

以上是第 1 轮比较与交换的过程。重复上述过程将 a[2]到 a[n]的元素中最大值存入至 a[2]中。即再将 a[2]依次与 a[3]，a[4]，…，a[n]进行比较，共做 n–2 次比较，依条件交换将 a[2]到 a[n]这余下的 n–1 个元素中的最大值存到 a[2]中……以此类推，直到最后两个元素 a[n-1]与 a[n]较大值存入 a[n-1]中，即排序结束。算法的 N-S 图如图 6-3 所示。

用比较交换法对 6 个元素排序的过程如下：

```
        a[1]  a[2]  a[3]  a[4]  a[5]  a[6]
初始数据  5    7    4    3    8    6
第1轮    8    5    4    3    7    6
第2轮    8    7    4    3    5    6
第3轮    8    7    6    3    4    5
第4轮    8    7    6    5    3    4
第5轮    8    7    6    5    4    3
```

用比较交换法排序的程序如下：

图 6-3　顺序排序的 N-S 图

```c
#define N  6
main()
{  int i,j,t,a[N+1];
   printf("Input N numbers: \n");
   for(i=1; i<=N;i++)
     scanf("%d",&a[i]);
   printf("\n");
   for(i=1;i<=N-1;i++)
     for(j=i+1; j<=N; j++)
       if(a[i]<a[j])
         {t=a[i];a[i]=a[j];a[j]=t;}
   printf("the sorted numbers:\n");
   for(i=1; i<=N;i++)
     printf("%3d",a[i]);
}
```

运行输入：

```
Input N numbers:
5 7 4 3 8 6
```

运行结果：

```
The sorted numbers:
8 7 6 5 4 3
```

程序排序过程中，为与习惯相符而未用元素 a[0]，6 个数据排序，定义数组长度为 7。

【例 6.7】选择排序法从大到小排序程序。

上例中所用的比较交换法比较易于理解，但交换的次数较多。若数据量较大，排序的速度就会较慢。我们可以对这一方法进行改进，在每一轮比较中不是每当 a[i]>a[j]时就交换，而是用一

个变量 k 记下其中值较大的元素的下标值，在 a[i] 与 a[i+1] 到 a[n] 都比较后，只将 a[i] 与 a[n] 中值最大的那个元素交换，为此，在每一轮只需将 a[i] 与 a[k] 的值交换即可，这种方法称为"选择排序法"。算法的 N-S 图如图 6-4 所示。

选择排序法程序如下：

```
#define N 6
main()
{ int i,j,t,k,a[N+1];
  printf("Input N numbers:\n");
  for(i=1;i<=N;i++)
    scanf("%d",&a[i]);
  printf("\n");
  for(i=1;i<=N-1;i++)
  {
    k=i;
    for(j=i+1;j<=N;j++)
      if(a[j]>a[k])
      k=j;
    if(k!=i)
    {t=a[i];a[i]=a[k];a[k]=t;}
  }
  printf("The sorted numbers:\n");
  for(i=1;i<=N;i++)printf("%3d",a[i]);
}
```

图 6-4　选择排序的 N-S 图

运行输入：

```
Input N numbers:
5 7 4 3 8 6
```

运行结果：

```
The sorted numbers:
8 7 6 5 4 3
```

【例 6.8】将一维数组中的 n 个数置逆输出。（以 7 个数为例）

a[0]	a[1]	a[2]	a[3]	a[4]	a[5]	a[6]	
1	2	3	4	5	6	7	置逆前
7	6	5	4	3	2	1	置逆后

将数组元素逆序存放的算法如图 6-5 所示，实质上是将数组中前后对应位置上的两个元素进行交换。为实现图示的两两交换，设置两个代表数组元素下标的变量 i 和 j。i 的初值为 0，指向第一元素的位置；j 的初值为 $n-1$（n 为元素个数），表示最后一个元素的位置，a 为数组首地址。在 for 循环中，每进行一次两数交换，i 自增 1，j 自减 1，直到 i≥j（即成对的元素交换完）为止。

```
#define N 7
#include<stdio.h>
main()
{ int a[N],i,j,t;
  for(i=0;i<=N-1;i++)
    scanf("%d",&a[i]);
  printf("\n");
  for(i=0,j=N-1;i<j;i++,j--)
    {t=a[i];a[i]=a[j];a[j]=t;}
  for(i=0;i<=N-1;i++)
    printf("%5d",a[i]);
}
```

图 6-5　将 n 个数置逆的算法 N-S 图

【例 6.9】利用数组来处理 Fibonacci 数列，输出数列前 20 项。

在第 5 章我们介绍过此算法，当时用变量来存储数据，只能保存新项，以前用过的数据当新项产生时，就被覆盖了。而用数组存储则可以保留所有项，可以把产生项和输出项分开进行。

程序如下：

```
main()
{   int k.f[20]={1,1};
    for(k=2;k<20;k++)
     f[k]=f[k-1]+f[k-2];
    for(k=0;k<20;k++)
    {  if(k%5==0)
       printf("\n");    /*用于控制换行，每行 5 个数据*/
       printf("%6d",f[k]);
    }
}
```

运行结果如下：

```
1     1     2     3     5
8     13    21    34    55
89    144   233   377   610
987   1597  2584  4181  6765
```

【例 6.10】利用顺序查找，在给定的数据中查找一个数据是否存在，若存在，输出元素位置，否则输出不存在的信息。

给定的数据可以用数组存储，顺序查找的思想就是从第一个元素依次向后与要找的数据相比，若相同，查找结束输出位置，若不同，继续查找，直到最后一个元素，若未找到，则给出不存在的信息。算法的 N-S 图如图 6-6 所示。

程序如下：

| 输入 N 个数给 a[0]到 a[N-1] |
| 输入要查找的元素 x |
| i=0 |
| 当 i<=N-1 并且 a[i]!=x 时 |
| i++ |
| 输出 a[0]到 a[N-1] |

图 6-6　顺序查找 N-S 图

```
#define N 10
#include<stdio.h>
main()
{ int a[N], i,x;
  for(i=0;i<=N-1;i++)
    scanf("%d",&a[i]);
    printf("\n");
  scanf("%d",&x);
  for(i=0;i<=N-1&&a[i]!=x;i++); /*注意循环体中没有其他语句，所以要用一个空语句*/
  if(i>=N)
    printf("not found\n");
  else
    printf("found %d\n",i);
}
```

运行时输入

```
45 6 7 8 9 54 23 12 23 10
please input x
12
```

输出：

```
found 7
```

【例 6.11】循环左移 1 位。

左移前 1 2 3 4 5 6 7……$n-1$ n

左移后 2 3 4 5 6 7 8……n 1

算法思想：先把第一个元素保存起来，然后从第二个元素开始到最后一个元素依次向左移，最后把保存的第一个数据放在最后 1 位。算法的 N-S 图如图 6-7 所示。

程序如下：

```
#define N 10
#include<stdio.h>
main()
{ int a[N], i,x;
  for(i=0;i<=N-1;i++)
    scanf("%d",&a[i]);
  x=a[0];
  for(i=1;i<=N-1;i++)
    a[i-1]=a[i];
  a[N-1]=x;
  for(i=0;i<=N-1;i++)printf("%5d",a[i]);
}
```

图 6-7　循环左移 1 位流程图

【例 6.12】在给定的不同数据中查找一个数据是否存在，若存在，则删除该元素，否则输出不存在的信息。

算法思想：首先可以利用例 6.10 给出的顺序查找算法进行查找，若找到，则可以利用左移的思想把数据删除。算法的 N-S 图如图 6-8 所示。

```
#define N 10
#include<stdio.h>
main()
{ int a[N], j,i,x;
  for(i=0;i<=N-1;i++)
  scanf("%d",&a[i]);
  printf("\n please input x");
    scanf("%d",&x);
  for(i=0;i<=N-1&&a[i]!=x;i++);
  /*注意循环体中没有其他语句，所以要用一个空语句*/
  if(i>=N)
  { printf("not found\n");
    for(i=0;i<=N-1;i++)
    printf("%5d",a[i]);
  }
  else
    { for(j=i;j<N-1;j++)
        a[j]=a[j+1];
      for(i=0;i<N-1;i++)
        printf("%5d",a[i]);
    }
}
```

图 6-8　删除算法 N-S 图

运行时输入：

45 6 7 8 9 54 23 12 23 10
12

输出结果：

45 6 7 8 9 54 23 23 10

【例 6.13】循环右移 1 位。例如：

右移前 1 2 3 4 5 6 7……$n-1$ n

右移后 n 1 2 3 4 5 6 7 8……$n-1$

算法思想：和循环左移相类似，先把最后一个元素保存起来，然后从倒数第二个元素开始到第一个元素依次向右移 1 位，最后把保存的最后一个数据放在最前。算法的 N-S 流程图如图 6-9 所示。

程序如下：

```
#define N 10
#include<stdio.h>
main()
{  int a[N], i,x;
   for(i=0;i<=N-1;i++)
     scanf("%d",&a[i]);
   x=a[N-1];
   for(i=N-2;i>=0;i--)
     a[i+1]=a[i];
   a[0]=x;
   for(i=0;i<=N-1;i++)
     printf("%5d",a[i]);
}
```

输入 N 个数给 a[0]到 a[N-1]
x=a[N-1]
i=N-2
当 i>=0
a[i+1]=a[i]
i--
a[0]=x
输出 a[0]到 a[N-1]

图 6-9　循环右移 1 位 N-S 图

【例 6.14】在给定的数组中下标为 i 位置上插入一个元素。

插入前 12 34 45 65 1 2 98 56

插入后 12 34 45 65 99 1 2 98 56 (在第 5 个位置插入 99)

分析：从上面可以看出在数组中位置 i 以前的元素没有动，而位置 i 以后的元素依次向右移动 1 位，然后把要插入的元素放在第 i 位置。算法主要进行把位置 i 到最后一个元素向右移动的操作，但应注意移动的顺序应该从最后一个元素开始，还有要注意因为插入一个元素后数组增加了一个元素，所以在定义数组时应有足够的空间。算法的 N-S 图如图 6-10 所示。

程序如下：

```
#define N 10
#include<stdio.h>
main()
{  int a[N+1],i,j,x;
   for(i=0;i<=N-1;i++)
     scanf("%d",&a[i]);
     scanf("%d%d",&i,&x);
   for(j= N-1;j>=i;j--)
     a[j+1]=a[j];
   a[i]=x;
   for(i=0;i<=N;i++)
     printf("%5d",a[i]);
}
```

输入 N 个数给 a[0]到 a[N-1]
输入 i, x
j=N-1
当 j>=i
a[j+1]=a[j]
j--
a[i]=x
输出 a[0]到 a[N]

图 6-10　插入算法流程图 N-S 图

运行时输入：

1 2 3 4 5 6 7 8 9 10 6 99

输出结果：

1 2 3 4 5 6 99 7 8 9 10

【例 6.15】输入 20 名学生的学号和一门课的考试成绩。把高于平均分的学生学号和成绩打印出来。

按照题意，一名学生的数据包含两项内容：学号和一门课的成绩。为了存放学生数据，可以开辟两个数组，一个是整型数组，另一个是实型数组，前者用来存放 20 名学生的学号，后者用来存放 20 名学生的成绩。一名学生的数据（在此包含学号和一门课成绩）放在下标值相同的两个数组的数组元素中。如果用数组 n 存放学号，用数组 s 存放成绩，则 n[i] 和 s[i] 就代表第 i 名学生的学号和成绩。

如果只需求出 20 名学生的平均分，而不像本题所要求的那样要打印出高于平均分的学生数据，那么问题就变得十分简单，只需像以下程序段那样，利用 3 个变量，读一个数累加一个，最后把得到的总和除以人数即可：

```
sum=0.0;
for(i=0;i<20;i++)
{scanf("%f",&x);    sum+=x;}
ave=sum/20;
```

x 只是一个临时变量，没有必要把读入的每个成绩保留下来。但是为了要把高于平均分的学生学号和成绩打印出来，则必须在求得平均分之前把所有的学号和对应的成绩保存起来，并且在求得平均分后再把所保存的成绩与平均分比较，把大于等于平均分的成绩和与之对应的学号打印出来。为此，使用两个一维数组来存放学生数据将使程序变得十分简练。

定义了符号常量 M，用它来表示学生人数，因此数据的长度、循环的次数都可以用它来表示。如果程序要改成对 100 名学生的数据进行处理，则只需改动 "#define" 语句，然后重新编译连接一次即可，而无需去改动程序中任何其他地方。

程序如下：

```
#define M 20
main()
{  int n[M],i ,j,k;float sum=0.0,s[M],ave;
   for(i=0;i<M;i++)
     scanf("%d%f",&n[i],&s[i]);
   for(i=0;i<M;i++)
     sum+=s[i];
     ave=sum/M;
   printf("%f\n",ave);
   k=0;
   for(i=0;i<M;i++)
   {  if(s[i]>=ave)
        printf("%3d %6.1f ",n[i],s[i]);k++;
      if(k%5==4)printf("\n");
   }
}
```

运行时输入：

1 75 2 86 3 65 4 76 5 87 6 56 7 45 8 98 9 56 10 99 11 98 12 56 13 45 14 77 15 88 16 66 17 89 18 78 19 34 20 100

输出结果：

```
73.750000
1  75.0  2  86.0  4  76.0  5  87.0  8  98.0
10  99.0  11 98.0  14  77.0 15  88.0 17  89.0
18  78.0  20 100.0
```

【例 6.16】输入 20 名学生一门课的考试成绩，统计各分数段的人数。

如果以 10 分为一个分数段，则 0 分到 100 分共有 11 个分数段，因此需要有 11 个计数器，如果用普通的整型变量 C0，C1，…，C10 作为计数器，则起码要有 11 个判断语句，才能对输入的每一个成绩进行恰当的计数。如果定义一个整型数组：

```
int c[11];
```

利用数组的各个元素作为计数器，再深入一步分析可以发现：成绩与下标有着密切的关系。

凡是 0～9 分用下标为 0 的计数器来统计，11～19 分用下标为 1 的计数器统计……成绩与下标只是一个简单的倍数关系。

```
scanf("%d",&s);
k=s/10;
c[k]=c[k]+1;
```

读一个成绩计数一次，用成绩转换成对应下标 k，直接用 k 来引用对应的计数器，从而省略了 11 次比较，提高了程序的效率。

利用数组作为一组计数器，通过直接引用不同下标的元素来使用不同的计数器是数组的一种典型用途，在遇到类似的问题时，就可以考虑采用这样的数据结构，不仅简化了程序，而且使程序有较高的效率。

程序如下：

```
#define N 20
main()
{ int c[11]={0},s,j,k;
   for(j=1;j<=20;j++)
{ scanf("%d",&s);
   k=s/10;
   c[k]=c[k]+1;}
for(j=0;j<=9;j++)
printf("%3d--%3d%3d\n",j*10,j*10+9,c[j]);/*输出 0～99 分各段的人数*/
   printf("100        %d\n",c[10]);              /*输出 100 分的人数*/
}
```

运行时输入：

```
15 67 89 98 87 76 56 45 98 87 76 99 100 100 23 78 77 88 99 56
```

输出结果：

```
0--   9  0
10-- 19  1
20-- 29  1
30-- 39  0
40-- 49  1
50-- 59  2
60-- 69  1
70-- 79  4
80-- 89  4
90-- 99  4
100      2
```

6.3　多　维　数　组

C语言除了能处理一维数组以外，还可以处理多维数组（如二维、三维数组等）。本节主要介绍二维数组的定义和二维数组元素的引用。

6.3.1　二维数组的定义和引用

1.　二维数组的定义

二维数组是由两个下标表示的数组。定义二维数组的一般形式为：

类型说明 数组名[常量表达式][常量表达式];

其中，第 1 个常量表达式表示数组第一维的长度（行数），第 2 个常量表达式表示数组第二维的长度（列数）。

例如：int a[3][4];

定义 a 为 3×4（3 行 4 列）的二维数组，其元素及逻辑结构如下：

```
            第0列      第1列      第2列      第3列
第0行  a[0][0]     a[0][1]     a[0][2]     a[0][3]
第1行  a[1][0]     a[1][1]     a[1][2]     a[1][3]
第2行  a[2][0]     a[2][1]     a[2][2]     a[2][3]
```

可见，二维数组 a 的数组元素的行下标值从 0～2，列下标值从 0～3，共 12 个元素。

（1）表示行数和列数的常量表达式必须在两个方括号中，不能写成 int a[2,3]。

（2）二维数组（包含更多维数组）在内存中是以行为主序的方式存储，即在内存中先存放第 1 行的元素，再存放第 2 行的元素，例如：

```
int a[2][2];
```

a 的存储顺序如图 6-11 所示。

a[0][0]
a[0][1]
a[1][0]
a[1][1]

图 6-11　数组 a 的存储顺序

（3）对多维数组可以看成是其元素也是数组的数组。例如二维数组 a[3][4]可以看成是由 a[0][4]、a[1][4]、a[2][4]3 个数组组成的数组，这 3 个数组的数组名分别为 a[0]、a[1]和 a[2]，它们都是一维数组，各有 4 个元素。其中，数组名为 a[0]的数组元素有：

```
a[0][0]、a[0][1]、a[0][2]、a[0][3]
```

数组名为 a[1]的数组元素有：

```
a[1][0] 、a[1][1] 、a[1][2] 、a[1][3]
```

数组名为 a[2]的数组元素有：

```
a[2][0]、a[2][1] 、a[2][2] 、a[2][3]
```

这种逐步分解、降低维数的方法对于理解多维数组的存储方式、多维数组的初始化，以及以后的指针表示都有很大的帮助。

2. 二维数组元素的引用

多维数组被引用的是它的元素，而不是它的名字。名字表示该多维数组第一个元素的首地址。二维数组的元素的表示形式为：

数组名[下标][下标]

多维数组的元素与一维数组的元素一样可以参加表达式运算。例如：

b[1][2]=a[1][0];

【例 6.17】输入一个二维数组值，并将其在数组中的内容及地址显示出来。

```
main()
{ int a[2][3];
  int i;
  for(i=0;i<2;i++)
  { printf("Enter a[%d][0],a[%d][1],a[%d][2]\n",i,i,i);
    scanf("%d,%d,%d",&a[i][0],&a[i][1],&a[i][2]);
  }
  for(i=0;i<2;i++)
  { printf("a[%d][0]=%d,addr=%x\n",i,a[i][0],&a[i][0]);
    printf("a[%d][1]=%d,addr=%x\n",i,a[i][1],&a[i][1]);
```

```
        printf("a[%d][2]=%d,addr=%x\n",i,a[i][2],&a[i][2]);
    }
}
```

程序运行时提示：

```
Enter a[0][0],a[0][1],a[0][2]
```

键盘输入：

```
10, 20, 30
```

又提示：

```
Enter a[1][0],a[1][1],a[1][2]
```

键盘输入：

```
40, 50, 60
```

运行结果：

```
a[0][0]=10,addr=ffd2
a[0][1]=20,addr=ffd4
a[0][2]=30,addr=ffd6
a[1][0]=40,addr=ffd8
a[1][1]=50,addr=ffda
a[1][2]=60,addr=ffdc
```

上述 addr 值在不同的机器环境下有所不同。

6.3.2 二维数组的初始化

二维数组也与一维数组一样，可以在说明时进行初始化。二维数组的初始化要特别注意各个常量数据的排列顺序，这个排列顺序与数组各元素在内存中的存储顺序完全一致。可以用下面方法对二维数组初始化。

（1）分行给二维数组赋初值。如：

```
int a[3][4]={{1,2,3,4},{5,6,7,8},{9,10,11,12}};
```

这种赋初值方法比较直观，把第 1 个花括号内的数据赋给第 1 行的元素，第 2 个花括号内的数据赋给第 2 行的元素……即按行赋初值。

（2）可以将所有数据写在一个花括号内，按数组排列的顺序对各元素赋初值。如：

```
int a[3][4]={1,2,3,4,5,6,7,8,9,10,11,12};
```

效果与前面相同。但以第一种方法为好，1 个括号对一行，界限清楚。用第二种方法如果数据多，写成一大片，容易遗漏，也不易检查。

（3）可以对部分元素赋初值，如：

```
int a[3][4]={{1},{5},{9}};
```

它的作用是只对各行第 1 列的元素赋初值，其余元素值自动为 0。赋初值后数组各元素为：

$$\begin{pmatrix} 1 & 0 & 0 & 0 \\ 5 & 0 & 0 & 0 \\ 9 & 0 & 0 & 0 \end{pmatrix}$$

也可以对各行中的某一元素赋初值：

```
int a[3][4]={{1},{0,6},{0,0,11}};
```

初始化后的数组元素如下：

$$\begin{pmatrix} 1 & 0 & 0 & 0 \\ 0 & 6 & 0 & 0 \\ 0 & 0 & 11 & 0 \end{pmatrix}$$

也可以只对某几行元素赋初值：

```
int a[3][4]={{1},{5,6}};
```

（4）如果对全部元素都赋初值（即提供全部初始数据），则定义数组时对第一维的长度可以不指定，但第二维的长度不能省。如：

```
int a[3][4]={1,2,3,4,5,6,7,8,9,10,11,12};
```

与下面的定义等价：

```
int a[][4]={1,2,3,4,5,6,7,8,9,10,11,12};
```

系统会根据数据总个数分配存储空间，一共 12 个数据，每行 4 列，当然可确定为 3 行。也可以只对部分元素赋值，而在定义时省略第一维的长度，但应分行赋初值。如：

```
int a[][4]={{0,0,3},{},{0,1,0}};
```

这样的写法，能通知编译系统：数组共有 3 行。数组各元素为：

$$\begin{pmatrix} 0 & 0 & 3 & 0 \\ 0 & 0 & 0 & 0 \\ 0 & 1 & 0 & 0 \end{pmatrix}$$

【例 6.18】初始化一个数组然后输出其值。

```
main()
{int i,j,a[3][3]={{1,2,3},{4,5,6},{7,8,9}};    /*定义数组时进行初始化*/
    for(i=0;i<=2; i++)
      { printf("\n");   /*换行*/
        for(j=0;j<=2;j++)
        printf("%3d",a[i][j]);
      }
}
```

运行结果是：

```
1  2  3
4  5  6
7  8  9
```

6.3.3　二维数组程序举例

【例 6.19】一个 3×4 的矩阵，要求编写程序求出第 i 行、第 j 列元素的值。

```
main()
{int i,j;
   int a[3][4]={{1,2,3,4},{5,6,7,8},{9,10,11,12}};
   printf("input integer i:");
     scanf("%d",&i);
   printf("input integer j:");
   scanf("%d",&j);
   printf("a[%d][%d]=%d",i,j,a[i][j]);
}
```

运行输入：

```
input integer i:2
input integer j: 3
```

运行结果：

```
a[2][3]=12
```

【例 6.20】打印杨辉三角形。

```
1
```

```
1   1
1   2   1
1   3   3   1
1   4   6   4   1
1   5   10  10  5   1
...
```

分析：从上面的部分杨辉三角形可以找到其值的规律：每一行的第 1 个和最后 1 个值都是 1，其余的元素是上一行当前列的元素和上一行前一列的元素之和，如果用数组 y 来存储杨辉三角形，即 y[i][j]=y[i-1][j]+y[i-1][j-1]（当 1≤j≤i-1 时）。算法流程图如图 6-12 所示。

程序如下：

```
#define N 10
main()
{  int i,j;
   int y[N][N];
   for(i=0;i<N;i++)
   {  y[i][0]=y[i][i]=1;
      for(j=1;j<=i-1;j++)
         y[i][j]=y[i-1][j]+y[i-1][j-1];
   }
   for(i=0;i<N;i++)
   {  for(j=0;j<=i;j++)          /*注意杨辉三角形中只有前 i 个元素*/
        printf("%6d",y[i][j]);   /*利用%6d 的格式控制输出的数据对齐*/
      printf("\n");              /*一行输出完后换行*/
   }
}
```

图 6-12 打印杨辉三角形算法流程图

【例 6.21】输入一个 3×3 的数组，将其行和列互换（也称为矩阵转置）。

此算法有两种处理方式：一是利用原有空间就地转置，二是另外开辟空间，利用另一个数组来存储。

方法一：

转置前	转置后
1 2 3	1 4 7
4 5 6	2 5 8
7 8 9	3 6 9

比较一下会发现：转置前的数据以主对角线为分界线上三角和下三角进行交换后就得到转置后的数组，所以可以以上三角为基准和下三角进行交换，也可以以下三角为基准和上三角进行交换。算法流程图如图 6-13 所示。

程序如下：

```
#define N 3
main()
{int i,j,t,a[N][N];
   for(i=0;i<=N-1;i++)
     for(j=0;j<=N-1;j++)
       scanf("%d",&a[i][j]);/*输入数据*/
   for(i=1;i<= N-1;i++)
     for(j=0;j<i-1;j++)
       {t=a[i][j]; a[i][j]=a[j][i]; a[j][i]=t;}
   for(i=0;i<=N-1; i++)
```

图 6-13 矩阵转置的算法流程图

```
          {
            for(j=0;j<=N-1;j++)
              printf("%3d",a[i][j]);
            printf("\n");                     /*输出数据*/
          }
        }
```

互换前的数组:

```
1  2  3
4  5  6
7  8  9
```

运行结果:

```
1  4  7
2  5  8
3  6  9
```

方法二:利用 b 数组存储转置后的数据,两个数组之间存在着 b[i][j]=a[j][i],所以可以利用双重循环对 b 数组赋值即可得到。

程序如下:

```
#define N 3
main()
{    int i,j,b[N][N];
     int a[N][N]={{1,2,3},{4,5,6},{7,8,9}};
     for(i=0;i<=N-1;i++)
      for(j=0;j<=N-1;j++)
        b[j][i]=a[i][j];
      for(i=0;i<=N-1; i++)
      {for(j=0;j<=N-1;j++)
          printf("%3d",b[i][j]);
        printf("\n");
      }
}
```

互换前的数组:

```
1  2  3
4  5  6
7  8  9
```

运行结果:

```
1  4  7
2  5  8
3  6  9
```

【例 6.22】输入 3 个学生、5 门课程的成绩,分别存放在 3×6 矩阵的前 5 列上,求出每个学生的平均成绩后,存放在该数组最后一列的对应行上。

程序如下:

```
#include<stdio.h>
main()
{ float a[3][6],x,sum;
  int i,j;
  for(i=0;i<3;i++)
    for(j=0;j<5;j++)
      scanf("%f",&a[i][j]);
  for(i=0;i<3;i++)
  { sum=0;
    for(j=0;j<5;j++)
```

```
       sum=sum+a[i][j];
       a[i][5]=sum/5;
    }
  for(i=0;i<3;i++)
  {  for(j=0;j<6;j++)
       printf("%5.1f",a[i][j]);
     printf("\n");
  }
}
```

运行结果是：

67 87 67 56 78<回车>

98 87 89 67 89<回车>

56 76 66 61 52<回车>

67.0 87.0 67.0 56.0 78.0 71.0

98.0 87.0 89.0 67.0 89.0 86.0

56.0 76.0 66.0 61.0 52.0 62.2

由于数组的各元素中存放各课程成绩或平均成绩，其数据类型定义为浮点型。在前 5 列上存放各学生的 5 门课成绩（键盘输入），最后一列上存放该学生成绩的平均值。求平均值时要注意语句 sum=0 的位置。

6.4　字　符　数　组

前面介绍了字符串的概念，在 C 语言中，字符串可以用字符数组来存储。

6.4.1　字符数组的定义和使用

字符数组定义的一般形式：

char 数组名[数组长度];

例如：

char c[10];

是一个合法的字符数组说明。

由于字符型与整型是互相通用的，因此上面的定义也可改写为：

int c[10];

由于字符型和整型数据的范围不同，字符型占一字节，而整型占两字节，所以这两种表示所占的内存空间不同。

在实际应用中，可以用无符号整型数组来替代字符型数组。例如"char c[10];"可以用"unsigned int c[10];"来代替。

6.4.2　字符数组的初始化

在 C 语言中，字符型数组在数组说明时进行初始化，可以按照一般数组初始化的方法用{}包含初值数据。对字符数组的初始化有 3 种方式。

1. 用字符常量对字符数组进行初始化

char str [8]={'p','r','o','g','r','a','m','\0'};

与一般的数组一样，字符数组的[]中表示数组大小的常量表达式可以省略，即

```
char str []={'p','r','o','g','r','a','m','\0'};
```

这两种表示的作用是一样的，其中'\0'是字符串结束的标志。

2. 用字符的 ASCII 码值对字符数组进行初始化

由于在 C 语言中，所使用的字符的内码值是 ASCII 码值，所以，可以用字符的 ASCII 码值对字符数组进行初始化。例如，上例可以表示成：

```
char str[8]={112,114,111,103,114,97,109,0};
```

与一般的数组一样，字符数组的[ ]中表示数组大小的常量表达式可以省略，即：

```
char str[]={112,114,111,103,114,97,109,0};
```

3. 用字符串对字符数组进行初始化

在 C 语言中，可以将一个字符串直接赋给一个字符数组进行初始化。例如：

```
char str[]="program";
```

此种方式在初始化时为 str 数组赋予 8 个字符，最后一个元素是'\0'。而

```
char str[]={'p','r','o','g','r','a','m'};
```

只有 7 个元素。

6.4.3　字符串的输入/输出

字符串的输入和输出可以用 scanf()和 printf()函数，用%s 格式描述符，也可以用 gets()和 puts()函数进行输入和输出。

调用 scanf()函数时，空格和换行符都作为字符串的分隔符而不能读入。gets()函数读入由终端键盘输入的字符（包括空格符），直至读入换行符为止，但换行符并不作为串的一部分存入。对于这两种输入，系统都将自动把'\0'放在串的末尾。

1. 逐个字符输入输出

（1）在标准输入输出函数 printf()和 scanf()中使用%c 格式描述符。

（2）使用 getchar()和 putchar()函数，必须使用#include <stdio.h>。

【例 6.23】逐个字符输入输出。

```
main()
{ int i;
  char str[10];
  for(i=0;i<9;i++)
  scanf("%c",&str[i]);     /*或 str[i]=getchar();*/
  str[i]='\0';             /*人为加上串结束标志*/
  for(i=0;i<9;i++)
    printf("%c",str[i]);
}
```

运行时输入：

```
123456789
```

输出结果：

```
123456789
```

2. 字符串整体输入输出

（1）在标准输入输出函数 printf()和 scanf()中使用%s 格式描述符。

输入形式：

```
scanf("%s",字符数组名);
```

输出形式：

```
printf("%s",字符数组名);
```

【例 6.24】字符串整体输入输出。

```
main()
{   int i;
    char str[10];
    scanf("%s",str);
    printf("%s,%6s, %-.6s\n",str,str,str);
    /*%6s 输出全部字符，即使多于 6 个，而%.6s 只输出前 6 个字符，多余的不输出*/
    }
```

运行输入：

```
123456789
```

输出结果：

```
123456789,123456789,123456
```

其中 str 为字符数组名，代表 str 字符数组的起始地址。输入时系统自动在每个字符串后加入结束符'\0'。输出字符串时，遇到第 1 个'\0'，即结束。

（2）如果利用一个 scanf 函数输入多个字符串，则以空格或回车符分隔各字符串。例如：

```
char strl[5], str2[5],str3[5];
scanf("%s%s%s",strl,str2,str3);
```

输入数据：

```
How are you?
```

输入后 strl、str2.str3 数组状态如图 6-14 所示。

strl	H	o	w	\0	
str2	a	r	e	\0	
str3	y	o	u	?	\0

图 6-14　输入数据后的数组状态

【例 6.25】字符串的输入输出。

```
main()
{   char str[]="how are you?";
    char name[20];
    printf("%s\n",str);
    scanf("%s",name);
    printf("\n%s\n",name);
}
```

运行时输出：

```
how are you?
```

键盘输入：

```
wanggang
```

输出：

```
wanggang
```

（1）数组名（name）具有双重功能，一方面表示该数组的名字，另一方面表示该数组第一个元素的首地址。所以在 scanf()语句中，对于 name 不需要前置&，这一点与基本类型变量不同。如果将例中的 scanf()改成

```
scanf("%s",&name);
```

是错误的。在 printf()中也是直接使用该数组名（name）。

（2）例中定义的 str 数组在初始化时赋予 12 个字符的字符串，由于字符串的末尾隐含一个空字符'\0'，所以，数组 str 的实际长度为 13。

（3）字符串只能在变量说明时赋值给变量进行初始化，而在程序语句中是不能直接将一个字符串赋给一个字符数组的，如下程序段：

```
main()
{   char str[19];
    char name[20];
    str="how are you?";  /*错误!*/
}
```

程序第 3 行是错误的。如果在程序语句中要将一个字符串赋给一个字符数组，可用库函数 strcpy() 实现。

6.4.4　用于字符处理的库函数

C 语言中没有对字符串变量进行赋值、合并、比较的运算符，但提供了一些用于字符处理的函数，用户可调用这些函数来进行各种操作。

下面介绍几种常用的函数，调用以下函数时，在程序的开头应加预编译命令：

```
#include<string.h>
```

1. puts（字符数组）

将一个字符串（以'\0'结束的字符序列）输出到终端。用 puts 函数输出的字符串中可以包含转义字符。例如：

```
char str[]="China\nBeijing";
puts(str);
```

输出：

```
China
Beijing
```

输出完字符串后，自动换行。

2. gets（字符数组）

从终端输入一个字符串到字符数组，并且得到一个函数值，该函数值是字符数组的起始地址。函数调用如下：

```
gets(str)
```

用 puts 和 gets 函数只能输入或输出一个字符串，不能写成：puts(str1,str2)或 gets(str1,str2)。如果输入的字符串中有空格，则必须用 gets 函数而不能用 scanf 函数。

3. strcat（字符数组 1,字符数组 2）

连接两个字符数组中的字符串，把字符串 2 接到字符串 1 的后面，结果放在字符数组 1 中，函数调用后得到一个函数值——字符数组 1 的地址。

```
char str1[30]="People's Republic of ";
char str2[]="China";
printf ("%s",strcat(str1,str2));
```

输出：

```
People's Republic of China
```

（1）字符数组 1 必须足够大，以便容纳连接后的新字符串。

（2）连接前两个字符串的后面都有一个'\0'，连接时将字符串 1 后面的'\0'取消，只在新串最后保留一个'\0'。

4. strcpy（字符数组 1,字符串 2）

它是"字符串拷贝函数"，作用是将字符串 2 拷贝到字符数组 1 中去。

（1）字符数组 1 必须定义得足够大，以便容纳被拷贝的字符串。字符数组 1 的长度不应小于字符串 2 的长度。

（2）字符数组 1 必须写成数组名形式（如 str1）或字符型指针变量，字符串 2 可以是字符数组名或字符型指针变量，也可以是一个字符串常量。关于指针，将在第 9 章中介绍。例如：

```
char str[20];
char str2[20]="China";
```

则 "strcpy(str1,str2);" 与 "strcpy(str1,"China");" 等价。

（3）拷贝时连同字符串后面的 "\0'" 一起拷贝到字符数组 1 中。

（4）不能用赋值语句将一个字符串常量或字符数组直接赋给一个字符数组。如下面赋值语句是不合法的：

```
str1="China";
str1=str2;
```

而只能用 strcpy 函数处理。用赋值语句只能将一个字符赋给一个字符型变量或字符数组元素。如：

```
char c,a[5];
c='a';a[2]='b';
```

5. strcmp（字符串 1,字符串 2）

作用是比较字符串 1 和字符串 2。例如：

```
strcmp(str1,str2);
strcmp("China","beijing");
strcmp(str1,"Beijing");
```

字符串比较的规则与其他语言的相同，即对两个字符串自左至右逐个字符相比（按 ASCII 码值大小比较），直到出现不同的字符或遇到'\0'为止。如全部字符相同，则认为相等；若出现不相同的字符，则以第一个不相同的字符的比较结果为准，比较的结果由函数值带回。

（1）如果字符串 1 等于字符串 2，函数值为 0。

（2）如果字符串 1 大于字符串 2，函数值为一正整数。

（3）如果字符串 1 小于字符串 2，函数值为一负整数。

对两个字符串比较，不能用以下形式：

```
if(str1==str2)printf("yes");
```

而要用：

```
if(strcmp(str1,str2==0))printf("yes");
```

6. strlen（字符串）

是求字符串长度的函数。函数的值为字符串中实际长度，不包括'\0'在内。如：

```
char str[10]="China";
printf("%d",strlen(str));
```

输出结果不是 10，也不是 6，而是 5。

7. strlwr（字符串）

将字符串中大写字母转换成小写字母。lwr 是 lowercase（小写）的缩写。如：

strlwr("ABC")的值为"abc"。

8. strupr（字符串）

将字符串中的小写字母转换成大写字母。upr 是 uppercase（大写）的缩写。

strupr("abc")的值为"ABC"。

以上介绍了常用的 8 个字符串处理函数，应当再次强调：库函数并非 C 语言本身的组成部分，而是人们为使用方便而编写、提供使用的公共函数。每个系统提供的函数数量和函数名、函数功能都不尽相同。有一些基本的函数（包括函数名和函数功能），不同的系统所提供的是相同的，这就为程序的通用性提供了基础。

6.4.5 字符数组应用举例

【例 6.26】将字符数组中的字符串按逆序存放后输出。

程序如下：

```
#include<stdio.h>
 #include<string.h>
 main()
{ int i,j;
  char t,ch[80];
  gets(ch);
  puts(ch);
  for(i=0,j=strlen(ch)-1;i<j;i++,j--)          /*指定循环结束条件，j指向字符串末尾*/
    {t=ch[i];ch[i]=ch[j];ch[j]=t;}
  puts(ch);
}
```

运行结果是：

```
asdfgh<回车>
asdfgh
hgfdsa
```

【例 6.27】从键盘输入一个字符串，计算该字符串的长度。不要用 strlen 函数。

程序如下：

```
#include<stdio.h>
main()
{ int i=0;
  char a[80];
  gets(a);
  puts(a);
  while(a[i]!= '\0')i++;               /*只要不是字符串的结束符，i增1*/
  printf("%d\n",i);
}
```

运行结果是：

```
abcde<回车>
abcde
5
```

【例 6.28】编一程序，将两个字符串连接起来。不要用 strcat 函数。

程序如下：

```
#include<stdio.h>
main()
{ char s1[80],s2[40];
```

```
    int  i=0,j=0;
    printf("Input stringl:");
    scanf("%s",s1);
    printf("Input string2:");
    scanf("%s",s2);
    while(s1[i]!= '\0')
      i++;                            /*i 值不断增 1, 直到遇第一个字符串的结束标志为止*/
    while(s2[j]!= '\0')
      s1[i++]=s2[j++];                /*将第二个字符串的有效字符复制到第一个字符串后面*/
    s1[i]= '\0';                      /*增加字符串的结束标志*/
    printf("New string:%s",s1);
  }
```

运行情况如下:

```
Input stringl:
country<回车>
Input string2:
side<回车>
```

输出结果:

```
New string:countryside
```

思考: 编写程序, 将字符数组 f 中的全部字符拷贝到另一数组 t 中。不用 strcpy 函数。

【例 6.29】编写一个程序, 比较字符数组 s1 和 s2。不要用 strcmp 函数。

程序如下:

```
#include<stdio.h>
main()
{  int i=0,k;
   char s1[80],s2[80];
   gets(s1);gets(s2);puts(s1);puts(s2);
   while(sl[i]==s2[i]&&s1[i]!='\0')
     i++;      /* s1[i]!='\0'可改为 s2[i]!= '\0'*/
   k=s1[i]-s2[i];
   if(k>0)printf("(s1:%s)>(s2:%s)\n",s1,s2);
   if(k==0)printf("(s1:%s)==(s2:%s)\n",s1,s2);
   if(k<0)printf("(s1:%s)<(s2:%s)\n",s1,s2);
  }
```

运行时输入:

```
are<回车>
are<回车>
```

运行结果是:

```
are
are
(s1:are)==(s2:arel)
```

【例 6.30】输入一行字符, 统计单词个数, 单词之间用空格分隔。

程序如下:

```
#include<stdio.h>
main()
{  int i,num,blank;
   char str[80];
   gets(str);
   num=0;                            /*num 用来统计单词个数, 初值为 0*/
```

```
    blank=0;                        /*用单词的第一个字母判断是新单词,还是已统计过的单词,blank 为 0*/
                                    /*代表单词开始, blank 为 1 代表单词继续*/
    for(i=0;str[i]!='\0';i++)
      if(str[i]==' ')
        blank=0;        /*如是空格,表示不是单词,单词数不变*/
      else if(blank==0)               /*如不是空格,判断是不是新单词*/
      {   num++;                      /*blank 的值为 0 代表是新单词,单词数增 1*/
        blank=1;                      /*blank=1 表示已统计该单词*/
      }
    printf("words:%d\n",num);
}
```

运行结果如下:

```
I am a student. <回车>
words:4
```

【例 6.31】输入 5 个字符串,输出其中最大者。

程序如下:

```
#include<stdio.h>
#include<string.h>
main()
{ int i;
  char max[20],str[5][20];       /*在各行上存放一个字符串*/
  gets(str[0]);                   /*输入第一个字符串, str[i]表示第 i+1 行的首地址*/
  strcpy(max,str[0]);             /*将第一个字符串赋给 max。max 中将存放最大字符串*/
  for(i=1;i<5;i++)
  { gets(str[i]);
    if(strcmp(max,str[i])<0)  strcpy(max,str[i]);
  }
  printf("The largest string is\n%s\n",max);
}
```

运行时输入:

```
from<回车>
to <回车>
china<回车>
girl<回车>
first<回车>
```

运行结果是:

```
The largest string is
to
```

找出最大字符串和找出最长字符串的算法与找出最大数的算法类似,所不同的是处理字符串时,要用 strcmp 和 strcpy 函数来完成比较和复制操作。另外,要说明的是可以把 str[i]看成一维字符数组,可以如同一维数组那样进行处理。

6.5　应用举例

【例 6.32】下述程序的运行结果为_____

```
#include<stdio.h>
```

```
main()
{ char str[]="abcde";
  int a,b;
  for(a=b=0;str[a]!='\0';a++)
    if(str[a]!='c')
      str[b++]=str[a];
  str[b] ='\0';
  printf("str[]=%s\n",str);
}
```

A. str[]=abde   B. str[]=abcdef   C. str[]=a   D. str[]=ab

分析：本例的核心操作在于函数中的 for 循环，for 循环将整个字符串中的字符处理一遍。每次处理时，函数的基本工作是将除字母'c'之外的字符（str[a]!='c'）重新赋值，然后 a++，b++，继续处理下一个字符。对于字母'c'不赋值，且只有 a++而 b 不变。可见，循环的目的只是将'c'删除，因此，结果为 A。

【例 6.33】下述函数用二分法查找 key 值。数组中元素值已按递增次序排列。若找到 key 则输出对应的下标，否则输出-1。

```
#define N 10
#include<stdio.h>
main()
{ int a[N],key;
  int i,low,high,mid,k=-1,found=0;
  for(i=0;i<=N-1;i++)scanf("%d",&a[i]);
   scanf("%d",&key);
  low=0;
  high=N-1;
  while(____(1)____ &&found==0)
  { mid=(low+high)/2;
    if(key<a[mid])
        ____(2)____ ;
    else if(key>a[mid])
        ____(3)____ ;
    else
        ____(4)____ ;
  }
  printf("%d\n",k);
}
```

分析：二分法查找的基本要求是利用数组作存储结构，并且数组元素有序。二分法查找的基本思想是在给定的数据区间内 low<=high 时计算中间位置 mid，如果 a[mid]==key 查找成功，结束查找；如果 a[mid]>key，若数据存在则一定在前半个区间，所以应在前半个区间查找；如果 a[mid]<key，若数据存在则一定在后半个区间，所以应在后半个区间查找。基于上述算法，在此题中设置了 found 用于判断查找是否成功，若 found 为 0 表明查找不成功，若 found 为 1 表明查找成功。空白处（1）是对查找范围的限制，只要最小下标不超过最大下标即可。key<a[mid]时空白处（2）是将查找范围更新为前半个数组，这只有调节最大下标：high=mid-1，使用 mid-1 是为了不包括中间元素。key>a[mid]时空白处（3）将查找范围更新为后半个数组，可调节最小下标：low=mid+1，使用 mid+1 而不是 mid 也是为了不包括是中间元素。空白处（4）是在除了 key>a[mid]和 key<a[mid]之外所做的工作，此时只有 key==a[mid]，表明已经查到 k=mid 同时查找也应该结束，应该结束循环，所以应同时执行 found=1，使 found=0 不成立而结束循环，注意此处只能是一条语句。

答：（1）low<=high　　（2）high=mid−1　　（3）low=mid+1　　（4）k=mid,found=1。

【例 6.34】本程序用改进的冒泡法对数组 a 的元素从小到大排序，请填空。

```
 #define N 10
#include<stdio.h>
main()
{ int j,k,jmax,a[N];
  for(j=0;j<=N-1;j++)scanf("%d",&a[j]);
    jmax=    (1)   ;
  do
  { k=    (2)   ;
    for(j=0;j<jmax;j++)
      if(a[j]>a[j+1])
      { int temp=a[j];
        a[j]=a[j+1];
        a[j+1]=temp;
        k=    (3)   ;
      }
    jmax=    (4)   ;
  }while(jmax>0);
    for(j=0;j<=N-1;j++)
      printf("%5d",a[j]);
}
```

分析：改进的冒泡排序法是指每次处理时记住发生交换的最后位置，它说明在此之后的元素都在正确的位置上，下一次的处理即可提前，致使处理的次数能够减少。

从程序设计上看，显然需要一个二重循环，外层循环是对数组元素的每次处理，而内层循环则表示每次处理的方法。由于最大处理次数是 N−1 次，外层循环次数由 jmax 控制，所以初始时，jmax=N-l。

程序中的变量 k 用于记录最后发生交换的位置。因此，初始时 k=0，而发生元素交换时重新置 k 的值为 k=j。下一次处理的下标是 0～k（不包括 k），因为内层循环次数由 jmax 控制，为了准备下一次循环，应更新 jmax=k。这恰好与终止条件吻合：当 jmax=0 时，表示上次交换发生在第一个下标或根本没有元交换。不必再处理。

答：（1）N-1　　（2）0　　（3）j　　（4）k

【例 6.35】阅读程序，回答相应问题。

```
main()
 { int a[10]={98,67,1,2 ,45,77,87,102,66,16},max=0,max1=0,k;
   for(k=1;k<=9;k++)
   if(a[k]>a[max])
   { max1=max;max=k; }
   else if(a[k]>a[max1])
       max1=k;
   printf("%d,%d\n",a[max],a[max1]);
}
```

问题 1：该程序中 "max1=max;max=k;" 的作用是什么？

问题 2：程序执行后的输出结果是什么？

分析：在程序编译后，数组和 max 和 max1 已经置了初值，a[max]中存放最大值，a[max1]中存放次大值。在循环中从 a[1]到 a[9]依次和 a[max]比较，若某一个元素 a[k]大于 a[max]，则原来的最大值变成次大值，max1 记下 max 的值，用 max 记下当前位置 k；否则看 a[k]是否比次大值 a[max1]大，若比 a[max1]大，则用 max1 记下当前位置 k。循环结束时，a[max]中存放最大值，a[max1]

中存放次大值，故程序的执行结果是 102,98

解答：

问题 1 中两条语句的作用是用 max1 记下当前次大值的位置，即原来最大值的位置；用 max 记下当前最大值的位置。

问题 2：程序执行后的输出结果是 102,98。

6.6 本 章 小 结

数组是程序设计中最常用的数据结构。数组可分为数值数组（整数数组、实数数组），字符数组以及后面将要介绍的指针数组、结构体数组等。

（1）数组类型定义由类型说明符、数组名、数组长度（数组元素个数）3 部分组成。数组元素又称为下标变量。数组的类型是指下标变量取值的类型。

（2）对数组的赋值可以用数组初始化赋值，输入函数动态赋值和赋值语句赋值 3 种方法实现。对数值数组不能用赋值语句整体赋值、输入或输出，而必须用循环语句逐个对数组元素进行操作。

（3）数组可以是一维的、二维的或多维的。对二维数组元素的操作一般用二重循环。

（4）字符串是带有字符串结束符'\0'的一组字符，有了'\0'标志以后，字符串与一般的字符数组在操作上有根本区别。

6.7 练习与提高

一、选择题

1. 以下正确的概念是（　　）。

　　A．数组名的规定与变量名不相同

　　B．数组名后面的常量表达式用一对圆括弧括起来

　　C．数组下标的数据类型为整型常量或整型表达式

　　D．在 C 语言中，一个数组的数组下标从 1 开始

2. 对数组初始化正确的方法是（　　）。

　　A．int a（5）={1,2,3,4,5};　　　　　　B．int a[5]= {1,2,3,4,5};

　　C．int a[5]={1—5};　　　　　　　　D．int a[5]= {0,1,2,3,4,5};

3. 若有以下的数组定义：

```
char x[]="12345";
char y[]={'1','2','3',',4','5'};
```

则正确的描述是（　　）。

　　A．x 数组和 y 数组长度相同　　　　　B．x 数组长度大于 y 数组长度

　　C．x 数组长度小于 y 数组长度　　　　D．两个数组中存放相同的内容

4. 正确进行数组初始化的是（　　）。

　　A．int s[2][]={{2,1,2},{6,3,9}};

　　B．int s[][3]={9,8,7,6,5,4};

C．int s[3][4]={{1,1,2},{3,3,3},{3,3,4},{4,4,5}};

D．int s[3,3]={{1},{4},{6}};

5．若有定义"char s1[80],s2[80];"，则以下函数调用中，正确的是（　　　）。

A．scanf("%s%s",&s1,&s2);　　　　B．gets(s1,s2);

C．scanf("%s %s",s1,s2);　　　　D．gets("%s %s",s1,s2);

6．输出较大字符串的正确语句是（　　　）。

A．if(strcmp(strl,str2))printf("%s",strl);

B．if(strl>str2)printf("%s",strl);

C．if(strcmp(strl,str2)>0)printf("%s",strl);

D．if(strcmp(strl)>strcmp(str2))printf("%s",strl);

二、填空题

1．请完成以下有关数组描述的填空。

（1）C 语言中，数组元素的下标下限为_____。

（2）数组在内存中占一片_____的存储区，由_____代表它的首地址。

（3）C 程序在执行过程中，不检查数组下标是否_____。

2．若有以下 a 数组，数组元素 a[0]～a[9]中的值为：

9　4　12　8　2　10　7　5　1　3

（1）对该数组进行定义并赋以上初值的语句是_____。

（2）该数组中可用的最小下标值是_____；最大下标值是_____。

（3）该数组中值最小的元素名字是_____，它的值是_____；值最大的元素名字是_____，它的值是_____。

三、程序填空

1．输入 5 个字符串，将其中最小的打印出来。

```
#include<string.h>
main()
{ char str[10],temp[10];
  int i;
    (1)  ;
  for(i=0;i<4;i++)
  { gets(str);
    if(strcmp(temp;str)>0)
        (2)  ;
  }
  printf("\nThe first string is:%s\n",temp);
}
```

2．以下程序把一组由小到大的有序数列放在 a[1]～a[n]中，a[0]用作工作单元，程序把读入的 x 值插入到 a 数组中，插入后，数组中的数仍然有序。

```
#include<stdio.h>
main()
{ int a[10]={0,12,17,20,25,28},x,i,n=5;
  printf("Enter a nunnber:");
  scanf("%d",&x);
  a[0]=x;  i=n;
  while(a[i]>x)
    a[  (1)  ]=a[i],  (2)  ;
  a[  (3)  ]=x;n++;
```

```
for(i=l;i<=n;i++)
   printf("%4d",a[i]);
printf("\n");
}
```

3. 有一个数 43634，其左右对称，求比它大的对称数中最小的一个。

```
#include<stdio.h>
main()
{ lont int i=43634,j;
  int count,ch[10];
  do{
  i++;
  j=i;
  count=  (1)  ;
  while(  (2)  )
  { ch[count]=j%  (3)  ;
    j=j/  (4)  ;
    count++;
  }
  if(  (5)  )
     break;
  }while(1);
  printf("%d",i);
}
```

四、分析程序题

1. 分析下列程序的运行结果。

```
main()
{ int i,j,a[3][3];
  for(i=0;i<3;i++)
  { for(j=0;j<3;j++)
    { if(i+j==3)
         a[i][j]=a[i-1][j]+1;
      else a[i][j]=j;
      printf("%4d",a[i][j]);
    }
    printf("\n");
  }
}
```

2. 分析下列程序的运行结果。

```
main()
{ int i,j,a[10];
  a[0]=1;
  for(i=0;i<5;i++)
     for(j=i;j<5;j++)
        a[j]=a[i]+1;
  for(i=1; i<5; i++)
     printf("%4d",a[i]);
  printf("\n");
}
```

五、阅读程序回答问题

```
#include<stdio.h>
main()
{ int m[3][3]={1,2,3,4,5,6,7,8,9},i,j,k;
  for(i=0;i<3;i++)
```

```
    for(j=0;j<3;j++)
    {  k=m[i][j];
       m[i][j]=m[j][i];
       m[j][i]=k;
    }
    for(i=0;i<3;i++)
    {  for(j=0;j<3;j++)
         printf("%2d",m[i][j]);
       printf("\n");}
    for(i=0;i<3;i++)
       for(j=0;j<i;j++)
       {  k=m[i][j];
          m[i][j]=m[j][i];
          m[j][i]=k;
       }
    for(i=0;i<3;i++)
    {  for(j=0;j<3;j++)
         printf("%d",m[i][j]);
       printf("\n");
    }
}
```

问题 1：此程序的功能是什么？第一个双重循环是否能实现此功能？

问题 2：此程序的输出结果是什么？

第7章
函数

C 语言实际上是一种函数式语言,一个 C 语言源程序由一个 main 函数和其他函数组成。函数本质上是一段程序,用于完成某个特定的功能。除了主函数(main 函数)之外,其他函数均不能独立运行。使用函数之前要先定义函数,使用函数称为函数的调用。在 C 语言中可使用系统提供的能完成各种常用功能的库函数,但大量的函数需要用户自己编写。本章主要介绍用户如何编写(定义)函数和调用函数,以及函数间数据的传递方法,包括函数嵌套调用、递归函数的定义和调用等,还介绍了变量的作用域、生存期等内容。

本章学习目标

- 熟练掌握函数的定义方法。
- 熟练掌握函数的正确调用和返回值。
- 熟练掌握函数参数值的传递。
- 掌握函数的嵌套调用和递归调用。
- 掌握变量的作用域。
- 掌握变量的存储类别。
- 掌握内部函数与外部函数。

7.1　模块化程序设计

7.1.1　模块化程序设计简介

模块化程序设计是进行大型程序设计的一种有效措施。模块化程序设计的基本思想是按适当的原则把一个情况复杂、规模较大的程序系统划分为一个个较小的、相对独立的模块,每个模块都能完成一个特定的功能,这些模块互相协作完成整个程序要完成的功能。由于模块相互独立,在设计其中一个模块时,不会受到其他模块的牵连,因而可将原来较为复杂的问题简化为一系列简单模块的设计。

将一个大的程序划分为若干相对独立的模块,正是体现了抽象的原则,把程序设计中的抽象结果转化成模块,不仅可以保证设计的逻辑正确性,而且更适合项目的集体开发。各个模块可由不同的程序员编制,只要明确模块之间的接口关系,模块内部细节的具体实现可以由程序员自己随意设计,而模块之间不受影响。

在进行模块化程序设计时,应重点考虑以下两个问题。

（1）按什么原则划分模块

按功能划分模块。划分模块的基本原则是使每个模块都易于理解，而按照人类思维的特点，按功能来划分模块最为自然。按功能划分模块时，要求各模块的功能尽量单一，各模块之间的联系尽量少。这样的模块其可读性和可理解性都比较好，各模块间的接口关系比较简单，当要修改某一功能时只涉及一个模块；其他应用程序可以充分利用已有的一些模块。

（2）如何组织好各模块之间的联系

按层次组织模块。在按层次组织模块时，一般上层模块只指出"做什么"，只有最底层的模块才精确地描述"怎么做"。

C 语言中由函数来实现模块的功能。函数是一个自我包含的完成一定相关功能的执行代码段。可以把函数看成一个"黑匣子"，只要将数据送进去就能得到结果，而函数内部究竟是如何工作的，外部程序是不知道的。外部程序所知道的仅限于输入给函数什么以及函数输出什么。函数提供了编制程序的手段，使之容易读、写、理解、排除错误、修改和维护。

C 语言程序提倡把一个大问题划分成一个个子问题，对应于解决一个子问题编制一个函数，因此，C 语言程序一般是由大量的小函数而不是由少量大函数构成的，即所谓"小函数构成大程序"。其结构图如图 7-1 所示。

图 7-1　程序结构图

C 语言提供如下一些支持模块化软件开发的功能。

（1）函数式的程序结构。程序整体由一个或多个函数组成。每个函数具有各自独立的功能和明显的界面。

（2）允许通过使用不同存储类别的变量，控制模块内部及外部的信息交换。

（3）具有编译预处理功能，为程序的调试和移植提供了方便，也支持了模块化程序设计。

7.1.2　函数概述

要编写 C 程序，必须对 C 程序的结构有一个全面的了解。所有 C 程序都是由一个或多个函数体构成。当一个 C 程序的规模很小时，可以用一个源文件来实现，本章之前的程序都是由单个源文件构成的。当一个 C 程序的规模较大时，可以由多个源文件组成，但其中只有一个源文件含有主函数，而其他的源文件不能含有主函数。一个 C 语言程序可由一个主函数和若干个子函数构成，由主函数调用其他函数，其他函数也可以互相调用，一个函数调用另一个函数，前者称为主调函数，后者称为被调函数，同一个函数可以被一个或多个函数调用任意多次。C 语言本身提供的库函数、用户定义的函数和必须包含的 main 函数可以放在一个源文件中，也可以分放在不同的源文件中，单独进行编译，形成独立的模块（.OBJ 文件），然后链接在一起，形成可执行文件。C 的编译器和连接器把构成一个 C 程序的若干源文件有机地耦合在一起，最终产生可执行程序。

从用户使用的角度看，函数可分为以下两类。

（1）标准函数。即库函数，由 C 语言提供，用户可以直接调用。如 printf、scanf 函数。应该说明的是，不同的 C 系统提供的库函数的数量和功能可能有些差异，但一些基本的库函数是相同的。

（2）用户函数。是程序员在程序中定义的函数，用以解决用户的专门需要。

从函数的形式看，函数也可以分为以下两类。

（1）无参函数。在调用这类函数时，主调函数并不将数据传送给被调用函数，一般用来执行指定的一组操作。无参数函数可以返回或不返回函数值，但一般以不返回函数值的居多。

（2）有参函数。在调用函数时，在主调函数和被调用函数之间有数据传递。也就是说，主调函数可以将数据传递给被调用函数使用，被调用函数中的数据也可以返回供主调函数使用。

从函数的作用范围来看，函数可以分为以下两类。

（1）外部函数。函数在本质上都具有外部性质，除了内部函数之外，其余的函数都可以被同一程序的其他源文件中的函数所调用。

（2）内部函数。内部函数只限于本文件的其他函数调用它，而不允许其他文件中的函数对它进行调用。

每个函数必须单独定义，不允许嵌套定义，即不能在一个函数的内部再定义另一个函数。

用户函数不能单独运行。其可以被主函数或其他函数所调用，它也可以调用其他函数。所有用户函数均不能调用主函数。

【例 7.1】用户函数的定义例子。该函数的功能是求 3 个整数中的最大值，并返回之。

程序如下：

```
int max(int x,int y,int z)
{ int max1;
  if(x>y) max1=x;
  else max1=y;
  if(z>max1) max1=z;
  return(max1);
}
```

由上面用户函数的定义可知，该函数返回值的类型为 int，函数名为 max，它有 3 个形式参数 x,y,z，它们都是 int。另外，该函数体中还定义了 int 变量 max1，其他语句为求 3 个整数中的最大值的程序段。

该用户函数不能单独运行。若配以如下的主函数后，就可上机运行了。关于函数的调用方法及参数的传递方式将在后面章节中陆续介绍。

```
main( )
{ int n1,n2,n3,n_max;
  scanf("%d%d%d",&n1,&n2,&n3);
  n_max=max(n1,n2,n3);
  printf("max=%d\n",n_max);
}
```

7.2　函数的定义

用户函数要先定义后使用，从函数的形式看，函数可以分为无参函数和有参函数两类。

7.2.1　无参函数的定义

```
类型标识符 函数名()
{    声明部分
     语句部分
}
```

其中类型标识符和函数名为函数首部。类型标识符指明了本函数的类型，函数的类型实际上是函数返回值的类型。该类型标识符与前面介绍的各种说明符相同。函数名即用户定义的标识符，函数名后有一个空括号，其中无参数，但括号不可少。

{}中的内容称为函数体。其中包含复合语句，即用花括号括起来的语句序列，可分为说明部分和执行部分。说明部分主要是变量的定义或所调用函数的声明；执行部分由执行语句组成，语句的数量不限，函数的功能正是由这些语句实现的。函数体可以既有说明部分又有执行部分，也可以只有执行部分，还可以两者皆无（空函数）。调用空函数不产生任何有效操作。

在很多情况下都不要求无参函数有返回值，此时函数类型符可以写为 void。例如，可以写一个函数定义：

```
void Hello()
{    printf("Hello world\n");
}
```

这里，Hello 为函数名，是一个无参函数，当其被调用时，输出 "Hello world" 字符串。

7.2.2　有参函数的定义

```
类型标识符 函数名(形式参数表列)
{    声明部分
     语句部分
}
```

有参函数比无参函数多了一项内容，即形式参数表列。在其中给出的参数称为形式参数，它们可以是各种类型的变量，各参数之间用逗号分隔。在进行函数调用时，主调函数将赋予这些形式参数实际的值。因为形参是变量，所以必须在形参表中给出类型说明。例如：

```
int max(int a,int b)
{    if(a>b)
      return a;
    else return b;
}
```

第一行说明 max()函数是一个整型函数，其返回的函数值是一个整数。形参为 a，b，均为整型量。a，b 的具体值是由主调函数在调用时传送过来的。在{}中的函数体内，除形参外没有使用其他变量，因此只有语句而没有声明部分。在 max()函数体中的 return 语句是把 a（或 b）的值作为函数的值返回给主调函数。有返回值函数中至少应有一个 return 语句。

在 C 程序中，一个函数的定义可以放在任意位置,既可放在主函数 main()之前，也可放在 main()函数之后。

例如：可以把 max()函数放在 main()函数之后，也可以把它放在 main()函数之前。完整的程序如下所示。

【例 7.2】定义一个函数，用于求两个数中的大数。

```
int max(int a,int b)
```

```
{   int c;
    if(a>b)
     c=a;
    else
     c=b;
    return c;
}
main()
{ int max(int a,int b);
    int x,y,z;
    printf("input two numbers:\n");
    scanf("%d%d",&x,&y);
    z=max(x,y);
    printf("maxmum=%d",z);
}
```

现在可以从函数定义、函数说明及函数调用的角度来分析整个程序，从中进一步了解函数的各种特点。

程序的第 1 行~第 8 行为 max() 函数的定义。进入主函数后，因为准备调用 max() 函数，故先对 max() 函数进行说明（主函数中的 int max(int a,int b);）。函数定义和函数说明并不是一回事，在后面还要专门讨论。函数说明与函数定义中的函数首部相同，但是末尾要加分号。程序"z=max(x,y);"为调用 max() 函数，并把 x，y 中的值传送给 max() 函数的形参 a，b。max() 函数执行的结果将 a、b 中较大的值返回给变量 z。最后由主函数输出 z 的值。

7.2.3　空函数的定义

定义形式：

　　　　类型标识符　函数名()
　　　　{ }

例如：fun(){}

调用此函数时，什么也不做。在主调函数中写上"fun();"表明这里要调用一个函数，而现在这个函数还没有完成，等以后扩充函数功能时补充上。在程序设计中往往根据需要确定若干模块，分别由函数来实现。而在最初阶段只设计最基本的模块，其他的模块以后完成。这些函数未编写好，可以先占一个位置，表明以后在此要调用此函数完成相应的功能。这样，程序的结构清晰，可读性好，以后扩充功能方便。空函数在程序设计中常常用到。

7.2.4　函数的返回值

函数的返回值是指函数被调用之后，执行函数体中的程序段所取得的并返回给主调函数的值。如调用正弦函数取得正弦值，调用例 7.1 的 max() 函数取得的最大值等。对函数的值（或称函数返回值）有以下一些说明。

（1）函数的值只能通过 return 语句返回主调函数。return 语句的一般形式为：

return 表达式；

return （表达式）；

return ；

该语句的功能是计算表达式的值，并返回给主调函数。在函数中允许有多个 return 语句，但每次调用只能有一个 return 语句被执行，因此只能返回一个函数值。

（2）如果不需要从被调用函数带回函数值，可以省略 return 语句，这时执行到函数体中的最后一条语句后，自动退出调用函数，而且带回不确定的返回值。

（3）函数值的类型和函数定义中函数的类型应保持一致。如果两者不一致，则以函数类型为准，自动进行类型转换。所以应当在定义函数时指定函数值的类型。例如：

```
int max(int x,int y)              /*函数值为整型*/
char letter(char c1,char c2)      /*函数值为字符型*/
float f(float x)                  /*函数值为单精度实型*/
double min(double x,double y)     /*函数值为双精度实型*/
```

如函数值为整型，在函数定义时可以省略类型说明。

（4）不返回函数值的函数，可以明确定义为"空类型"，类型说明符为 void。

例如函数 s 并不向主函数返函数值，因此可定义为：

```
void s(int n)
{ …
}
```

一旦函数被定义为空类型后，就不能在主调函数中使用被调函数的函数值了。例如，在定义 s 为空类型后，在主函数中写下述语句：

```
sum=s(n);
```

就是错误的。

为了使程序有良好的可读性并减少出错，凡不要求返回值的函数都应定义为空类型。

【例 7.3】通过以下程序能否计算 a 与 b 的和，请分析。

```
#include<stdio.h>
int sum(intx,inty);
main()
{  int a=1,b=2,c ;        /*(1)开辟 3 个存储单元 a，b，c，并分别给 a、b 赋 1、2*/
   c=sum(a,b) ;            /*(2)调用函数。a 和 b 是实参，将函数返回值赋给 c*/
   printf("c=%d\n",c) ;    /*(6)输出 c 的值，因为通过函数返回值给 c，c 的值改变*/
}
int sum(int x,int y)       /*(3)形参 x 和 y 分别从实参得到 1 和 2，函数值的类型为整型*/
{  int z ;                 /*(4)在函数内使用的变量*/
   z=x+y ;
   return z ;              /*(5)结束调用，x、y、z 被释放，将 z 的值作为函数返回值*/
}
```

运行结果是：

```
c=3
```

程序中，（1）~（6）表示程序的执行过程。从执行过程的分析可知，通过 return 语句可以将形参 z 的值返回给主函数中的变量 c。

7.3　函数的调用

C 语言程序从主函数开始执行，一直到主函数体结束为止。而自定义函数的执行是通过对自定义函数的调用来执行的，当自定义函数结束时，从自定义函数结束的位置返回到主调函数中继续执行，直到主函数结束。

7.3.1　函数调用的一般形式

1．函数调用的一般形式

函数调用的一般形式为：

函数名 (实参列表)

其中，实际参数（也称为实在参数，简称实参）的个数多于一个时，各实参间以逗号分隔开。当函数没有形参时，实际参数表为空，调用格式为：

函数名()

对于有参函数的调用，应注意以下几个问题。

（1）在定义函数时，形参并不占内存的存储单元。只有在被调用时才给形参变量分配内存单元。在调用结束时，即刻释放所分配的内存单元。因此，形参只有在函数内部有效。函数调用结束返回主调函数后则不能再使用该形参变量。

（2）实参和形参在数量上应严格一致，在类型上应相同或赋值兼容（可进行赋值类型转换）。

（3）形参只能是变量，而实参可以是常量、变量或表达式，在函数调用时，实参必须有确定的值，以便把这些值传送给形参。

（4）实参可以与形参同名。

（5）如果实参表列包含多个实参，对实参的求值顺序并不确定，有的系统按自左至右的顺序求值，有的系统（例如 Turbo C 和 MS C）是按自右至左的顺序求值。

【例 7.4】分析程序的运行结果。

```
main()
{ int k=2,t;
  t=f(k,++k);
  printf("%d",t);
}
int f(int a,int b)
{ int c;
  if(a>b)
    c=1;
  if(a<b)
    c=-1;
  if(a==b)
    c=0;
  return c;
}
```

Turbo C 2.0 系统按自右至左的顺序求实参的值，相当于 f(3,3)，程序的运行结果是 0。在进行函数设计时应避免这样的使用。

2. 函数调用的方式

按照函数在程序中出现的位置来分，可以有如下两种调用方式。

（1）函数语句：把函数调用作为一个语句，即函数调用的一般形式加上分号即构成函数语句。例如：

```
clrscr();                    /*调用名为 clrscr 的函数*/
printf("%d",a);              /*调用 printf()函数，完成数据 a 的输出*/
```

此时只要求函数完成相应的操作，有无返回值都可以。

（2）函数表达式：当函数有返回值时，函数可作为运算对象出现在表达式中，函数返回值参与表达式的运算，这种表达式称为函数表达式。例如：

```
z=3*max(x,y);                /*函数 max()是表达式的一部分，它的值乘 3 再赋给变量 z*/
```

函数表达式可以出现在任何允许表达式出现的地方，例如：

```
y=max(a,max(b,c));
```

若 max()函数的功能为比较两个数值的大小并返回较大值，则其中的 max(b,c)是一次函数调用，它的返回值作为max()另一次函数调用的实参，y的值最终将是a，b，c 3个数中最大的。

7.3.2　函数的声明

1．函数声明的形式

函数声明是对被调用函数的特征进行必要的说明，以此向编译系统提供函数名、函数的类型、函数参数的个数和类型等必要的信息，以便编译系统对函数的调用进行检查。

在 C 语言中，若是在调用前未定义的函数，C 编译程序都默认函数的返回值为 int 类型。对于返回值为其他类型的函数，若把函数的定义放在调用之后，应该在调用之前对函数进行声明。对函数声明可以采用函数原型的方法，函数声明格式如下。

函数类型 函数名(参数类型1,参数类型2,…,参数类型n);

或：

函数类型　函数名(参数类型1 参数名1,参数类型2,…,参数类型n,参数名n);

这种形式就是把定义函数时的函数首部（即第一行）搬过来加一个分号即可。

括号内给出了形参的类型和形参名，或只给出形参类型。这两种方式等价，编译系统不考虑形参名。函数原型便于编译系统进行检错，以防止可能出现的错误。应当保证函数原型与函数首部写法上的一致，即函数类型、函数名、参数个数、参数类型和参数顺序必须相同。

2．函数声明的位置

当在所有函数的外部被调用之前声明函数时，在函数声明的后面所有位置都可以对该函数进行调用。

函数声明也可以放在调用函数内的声明部分，如在main()函数内部进行声明，则只能在main()函数内部才能识别该函数。

3．函数调用的条件

在一个函数中调用另一函数（即被调用函数）需要具备哪些条件呢？

（1）首先被调用的函数必须是已经存在的函数（是库函数或用户自己定义的函数）。

（2）如果使用库函数，一般还应该在本文件开头用#include 命令将调用有关库函数时所需用到的信息包含到本文件中来。例如在使用输入/输出函数时，一般应在本文件开头用：

```
#include"stdio.h" 或 #include<stdio.h>
```

同样，使用数学库中的函数，应该用：

```
#include"math.h" 或 #include<math.h>
```

（3）如果使用用户自己定义的函数，而且该函数与调用它的函数（即主调函数）在同一个文件中，一般还应该在文件的开头或在主调函数中对被调函数的类型进行声明。

【例7.5】计算 a 与 b 的值的平方根之和。

程序如下：

```
#include<stdio.h>
#include<math.h>              /*在函数中使用数学函数sqrt,因此要写此行*/
main()
{  float add(float,float);    /*对被调函数的声明*/
   float a,b,c;
   scanf("%f%f",&a,&b);
   c=add(a,b);
   printf("sum is %f\n",c);
}
```

```
float add(float x,float y)        /*定义 add()函数，返回值类型是 float 型*/
{ double z;
  z=sqrt(x)+sqrt(y);              /*相当于 z=sqrt((double)x)+sqrt((double)y)*/
  return(z);                      /*相当于 return (float)z;，因为返回值类型为 float 型*/
}
```

运行输入：

```
16  36 <回车>
```

输出结果为：

```
sum is 10.000000
```

注意程序中的 "float add(float,float);", 是对被调用的函数 add()的原型声明。

C 语言规定，在以下几种情况下可以不用在调用函数前对被调用函数做原型声明。

（1）如果函数的返回值是整型或字符型，可以不必进行声明，系统对其自动按整型声明。

（2）如果被调用函数的定义出现在主调函数之前，可以不必加以声明，因为编译系统已经先知道了已定义的函数，会自动处理的。

（3）如果已在所有函数定义之前，在文件的开头，在函数的外部已声明了函数原型，则在各个主调函数中不必对所调用的函数再做原型声明。例如：

```
/*以下 3 行在所有函数之前*/
char letter(char,char);
float f(float,float);
int i(float,float);
main()
{…}
char letter(char c1,char c2)          /*定义 letter()函数*/
{…}
float f(float x,float y)              /*定义 f()函数*/
{…}
int i(float j,float k)                /*定义 i()函数*/
{…}
```

除了以上 3 种情况外，都应该按上述介绍的方法对所调用函数做原型声明，否则编译时就会出现错误。

7.3.3　函数参数的传递

在调用函数时，大多数情况下，主调函数和被调函数之间有数据传递关系。这就是前面提到的有参函数。在定义函数时函数名后面括弧中的变量名称为"形式参数"（简称"形参"），在调用函数时，函数名后面括弧中的表达式称为"实际参数"（简称"实参"）。

关于形参与实参的说明如下。

（1）定义函数中指定的形参变量，在未出现函数调用时，它们并不占内存中的存储单元。只有在函数被调用时函数的形参才被分配内存单元。在调用结束后，形参所占的内存单元也被释放。

（2）形参只能是变量，而实参可以是常量、变量或表达式，如 "max(3,a+b)"，但要它们有确定的值。在调用时将实参的值传递给形参（如果实参是数组名，则传递的是数组地址而不是变量的值，参见第 9 章）。

（3）在被定义的函数中，必须指定形参的类型。

（4）实参与形参的个数应一样、类型应一致。如果实参为整型而形参为实型，或者相反，则会发生"类型不匹配"的错误。但编译程序一般不会给出错误信息，即使有时得不到确定结果，通常会继续运行下去。字符型与整型可以互相通用。

（5）C 语言规定，实参对形参的数据传递是单向传递，只由实参传给形参，而不能由形参传回来给实参。在内存中，实参单元与形参单元是不同的单元。

在调用函数时，给形参分配存储单元，并将实参的值传递给对应的形参，调用结束后，形参单元被释放，实参单元仍保留并维持原值。因此，在执行一个被调用函数时，形参的值如果发生改变，并不会改变主调函数的实参的值。

【例 7.6】阅读下面程序，判断程序能否交换主函数中 a 和 b 的值。

```
main()
{ int a=1,b=2;
  swap(a,b);                    /*a 和 b 是实参*/
  printf("实参：a=%d,b=%d\n",a,b); /*输出实参 a 和 b 的值*/
}
swap(int a,int b)               /*a 和 b 是形参，开辟与实参 a 和 b 不同的存储单元*/
{ int c;
  c=a;a=b;b=c;                  /*交换形参 a 和 b 中的值*/
  printf("形参：a=%d,b=%d\n",a,b); /*输出形参 a 和 b 的值*/
}                               /*调用完毕，释放 a、b、c 所占存储单元*/
```

运行结果是：

形参：a=2,b=1
实参：a=1,b=2

从运行结果中可看到，程序没能把主函数中 a 和 b 的值交换。原因是：虽然实参和形参变量名一样，但它们各占有不同的存储单元，而且是单向传递。调用期间，形参的值改变，而实参的值没变。调用完毕形参 a、b 被释放。

7.4　函数的嵌套调用与递归调用

在语言中不可以嵌套定义函数，但允许嵌套调用和递归调用函数。

7.4.1　函数的嵌套调用

C 语言的函数定义都是互相平行、独立的，也就是说在定义函数时，一个函数内不能包含另一个函数。

C 语言程序不能嵌套定义函数，但可以嵌套调用函数，也就是说，在调用一个函数的过程中，又可以调用另一个函数，如图 7-2 所示，表示的是两层嵌套，其执行过程是：

（1）执行 main()函数的开头部分；

（2）遇调用 a()函数的操作语句，流程转去 a()函数；

（3）执行 a()函数的开头部分；

（4）遇调用 b()函数的操作语句，流程转去 b()函数；

（5）执行 b()函数，如果再无其他嵌套的函数，则完成 b

图 7-2　函数的嵌套调用

函数的全部操作；

（6）返回调用 b() 函数处，即返回 a() 函数；

（7）继续执行 a() 函数中尚未执行的部分，直到 a() 函数结束；

（8）返回 main() 函数中调用 a() 函数处；

（9）继续执行 main() 函数的剩余部分直到结束。

所有的程序都从主函数开始执行，也在主函数结束。

【例 7.7】 求 1!+2!+3!+4!+…+20!。

前面已经讲过求 $n!$，也讲过求和的算法，此题可以考虑设计一个求 $n!$ 的函数 fac()，再设计一个求和的函数 sum()，主函数调用求和函数 sum()，求和函数调用函数 fac()。

程序如下：

```
main()
{  float sum(int);            /*函数 sum 的原型声明*/
   float add;
   add=sum(20);               /*主函数调用 sum() 函数，求 20 以内的自然数的阶乘和*/
   printf("add=%e",add);      /*由于 20 以内的自然数的阶乘和超过 int 型和 long 型能表示的数的范围,*/
                              /*所以用 e 格式输出结果*/

}
float sum(int n)              /*求 n 以内的自然数的阶乘和*/
{  float fac(int);            /*函数 fac() 的原型声明*/
   int k;
   float s=0;
   for(k=1;k<=n;k++)
      s+=fac(k);              /*调用 fac() 函数求 k!，并累加到 s 中*/
   return s;                  /*返回 n 以内的自然数的阶乘和*/
}
float fac(int k)              /*求 k 的阶乘值*/
{  float t=1;
   int n;
      for(n=1;n<=k;n++)
         t*=n;
      return t;               /*返回 k 的阶乘值*/

}
```

运行结果为：

```
s=2.56133e+18
```

7.4.2 函数的递归调用

一个函数在它的函数体内调用它自身称为递归调用，这种函数称为递归函数。如果函数直接调用它本身，称为直接递归调用。如果函数通过其他函数间接来调用它自身，则称为间接递归调用。在递归调用中，主调函数又是被调函数。执行递归函数将反复调用其自身。每调用一次就进入新的一层。

一个问题要采用递归方法来解决时，必须符合以下 3 个条件。

（1）可以把要解决的问题转化为一个新问题，而这个新问题的解决方法仍与原来的解决方法相同，只是所处理的对象有规律地递增或递减。

（2）可以应用这个转化过程使问题得到解决。

（3）必定要有一个明确的结束递归的条件，一定要能够在适当的地方结束递归调用，不然可能导致系统崩溃。

递归调用过程分为以下两个阶段。

（1）递推阶段：将原问题不断地分解为新的子问题，逐渐从未知的向已知的方向推测，最终达到已知的条件，即递归结束条件，这时递推阶段结束。

（2）回归阶段：从已知条件出发，按照"递推"的逆过程，逐一求值回归，最终到达"递推"的开始处，结束回归阶段，完成递归调用。

【例 7.8】用递归调用的方法求 $n!$。

由于 $n! = n*(n-1)!$，所以要计算 $n!$，就必须先知道 $(n-1)!$，而要求 $(n-1)!$，必须先知道 $(n-2)!$，以此类推，要求 2!，必须先知道 1!，而 1!是 1。以上关系可用如下式子表示：

$$n! = \begin{cases} 1 & \text{当 } n=0 \text{ 或 } 1 \text{ 时} \\ n*(n-1)! & \text{当 } n>1 \text{ 时} \end{cases}$$

可以用一个函数来描述上述递归过程：

```
int fac(int n)
{  int c;
   if(n==0||n==1)
      c=1;                    /*n 的值为 0 或 1 时，n!为 1*/
   else c=n*fac(n-1);         /*n>1 时，调用本函数计算 n!*/
   return c;                  /*c 中存放的是 n!，返回值也是 n!*/
}
main()
{  int n;
   scanf("%d",&n);
   if(n<0)
      printf("Data error!\n");
   else printf("%d!=%d\n",n,fac(n));
}
```

运行结果如下：

```
4 <回车>
4!=24
```

【例 7.9】有 5 个人坐在一起，问第 5 个人多少岁，他说比第 4 个人大 2 岁。问第 4 个人多少岁，他说比第 3 个人大 2 岁。问第 3 个人多少岁，他说比第 2 个人大 2 岁。问第 1 个人多少岁，他说是 10 岁。求第 5 个人多少岁？

算法分析：

```
age(5)=age(4)+2
age(4)=age(3)+2
age(3)=age(2)+2
age(2)=age(1)+2
age(1)=10
```

可用式子表述如下：

$$age(n) = \begin{cases} age(n-1)+2 & (n>1) \\ 10 & (n=1) \end{cases}$$

求第 5 个人年龄的程序如下：

```
age(int n)
{ int c;
   if(n==1)
      c=10;
   else  c=age(n-1)+2;
   return(c);
}
main()
{ printf("%d\n",age(5));
}
```

在递归程序执行过程中，尽管形参变量名都是 n，但每一次递归调用 age() 函数就为本次调用的形参 n 开辟一个存储单元，并赋一个不同的数据，如图 7-3 所示。当第一次调用 age() 函数时，为 n 赋予 5，第二次调用时，n 的值为 4，依此类推直到 n 的值为 1 时，调用结束。然后逐级返回 age(1)、age(2)……直到求出 age(5) 的值。

	main()	age()函数	age()函	age()函数	age()函数	age()函数
	n=5	n=4	n=3	n=2	n=1	
递推	age(5) →	c=age(4)+2 →	c=age(3)+2 →	c=age(2)+2 →	c=age(1)+2 →	c=10
回推：输出	age(5)	age(5)=18 ←	age(4)=16 ←	age(3)=14 ←	age(2)=12 ←	return(c)

图 7-3 函数的递归调用

有些非数值问题也可以通过函数的递归调用来解决，非数值问题的分析无法像数值问题那样能得出一个初值和递归函数式，但思路是相同的。

【例 7.10】逆序输出一个整数。

算法分析如下。

（1）简化问题：设要输出的正整数只有一位，则逆序输出问题可简化为输出一位整数。

（2）对大于 10 的整数，逻辑上可分为两部分：个位数字和个位左边的全部数字，可按以下步骤：

① 输出个位数字；

② 将个位除外的其他数字作为一个新的整数，重复①步骤的操作。

这样对原问题在规模上进行了缩小，即递归。

所以，可将逆序输出一个正整数的算法归纳为：

```
if(n 为一位整数)
   输出 n;
else
{ 输出 n 的个位数字;
   对剩余数字组成的新整数重复反向输出操作;
}
```

程序如下：

```
#include<stdio.h>
main()
{ void printn(int x);
   int n;
   scanf("%d",&n);
   if(n<0)
   { n=-n;
      putchar('-');
```

```
        }
        printn(n);
    }
    void printn(int x)
    { if(x>=0&&x<=9)
        printf("%d",x);
      else
      { printf("%d",x%10);          /*输出 x 的个位数字*/
        printn(x/10);               /*将 x 中除个位外的其他数字作为一个新的整数，继续递归*/
      }
    }
```

【例 7.11】编程求 Fibonacci 数列的第 *n* 项。Fibonacci 数列定义如下：

$$F(n)= \begin{cases} 1 & \text{当 } n=1 \text{ 时} \\ 1 & \text{当 } n=2 \text{ 时} \\ F(n-1)+F(n-2) & \text{当 } n>2 \text{ 时} \end{cases}$$

分析：Fibonacci 数列的计算具备递归的条件。首先有递推公式 $F(n)=F(n-1)+F(n-2)$，第二有结束递归的条件，即 *n*=1 或 *n*=2 时有确定的值 1。

程序如下：

```
#include<stdio.h>
long fibo(int);
main()
{
  long f;
  int n;
  scanf("%d",&n);
  f=fibo(n);
  printf("%ld\n",f);
}
long fibo(int n)
{
  long f;
  if(n==1||n==2)
  f=1L;
  else
  f=fibo(n-1)+fibo(n-2);
  return f;
}
```

运行时结果：

8 <回车>
  21

7.5　数组作函数参数

数组可以作为函数的参数使用，进行数据传送。数组用作函数参数有两种形式，一种是把数组元素（下标变量）作为实参使用；另一种是把数组名作为函数的形参和实参使用。

7.5.1　数组元素作函数实参

与普通变量一样，数组元素代表内存中的一个存储单元，因此数组元素可以作为函数的实参。

在函数调用时，把作为实参的数组元素的值传送给形参，实现单向的"值传递"，同普通变量作为函数实参时完全一样。

【例 7.12】从键盘上输入两个字符串，不用字符串函数 strcmp()比较两者的大小。

算法分析：

（1）输入两个字符串，分别存放在 str1 与 str2 中；

（2）设计函数 compchar()比较两字符，返回 ASCII 码之差，赋给主函数的变量 flag；

（3）用 do…while 循环依次比较两个字符串的对应字符，结束的条件是两个字符串至少有一个结束，或者比较字符不相等。

（4）当循环结束时 flag 的值为 0 或为第一个不相等的字符的 ASCII 码值之差，由此可以判断出字符串的大小。

程序如下：

```c
#include<stdio.h>
main()
{ int i,flag;
  int compchar(char,char );
  char str1[80],str2[80];
  gets(str1);
  gets(str2);
  i=0;
  do
  { flag=compchar(str1[i],str2[i]);               /*数组元素作实参*/
    i++;
  }while((str1[i]!='\0')&&(str2[i]!='\0')&&(flag==0));
  if(flag==0)
    printf("%s=%s",str1,str2);
  else if(flag>0)
    printf("%s>%s",str1,str2);
  else printf("%s<%s",str1,str2);
}
int compchar (char c1,char c2)
{ int t;
  t=c1-c2;
  return t;
}
```

输入：very well↙

   very good↙

输出：very well>very good

7.5.2　数组名作函数参数

数组名作为函数参数时，形参和实参都应使用数组名（或第 9 章介绍的指针变量），并且要求实参与形参数组的类型相同、维数相同。在进行参数传递时，按单向"值传递"方式传递地址，即将实参数组的首地址传递给形参数组，而不是将实参数组的每个元素一一传送给形参的各数组元素。形参数组接受了实参数组首地址后，形参与形参共用相同的存储区域，这样在被调函数中，形参数组的数据发生了变化，则主调函数用的实参数组是变化之后的值。

【例 7.13】利用顺序排序法对数组元素由大到小进行排序。

算法分析：

（1）从 n 个数中选择最大的一个，将它与第一个数组元素交换；

（2）从剩下的 $n-1$ 个数中选择最大的一个，将它与第二个数组元素交换；

（3）依此类推，直到从最后两个元素中选出倒数第二小的元素，并将它与倒数第二个元素交换为止。

程序如下：

```
#define N 5
void nzp(int a[])
{ int i,j;
  int temp;
  for(i=0;i<N-1;i++)
    for(j=i+1;j<N;j++)
      if(a[i]<a[j])
        { temp=a[i];
          a[i]=a[j];
          a[j]=temp;
        }
}
main()
{ int b[N],i;
  printf("\ninput numbers:\n");
  for(i=0;i<N;i++)
    scanf("%d",&b[i]);
  printf("initial values of array b are:\n");
  for(i=0;i<N;i++)
    printf("%d ",b[i]);
  nzp(b);
    printf("\n");
  for(i=0;i<N;i++)
    printf("%4d",b[i]);
  printf("\nok\n");
}
```

函数 nzp() 的作用是利用选择排序法对数组元素由大到小进行排序，其中数组 a 为形参，在 main() 函数中，首先为数组 b 中的元素赋值，然后调用 nzp() 函数。由于是将实参数组 b 的首地址传递给形参数组 a，因此对形参数组 a 的操作必将会影响实参数组 b。

当形参数组的长度与实参数组不一致时，虽不至于出现语法错误（编译能通过），但程序执行结果可能与实际不符，请予以注意。

7.5.3 多维数组名作函数参数

多维数组也可以作为函数的参数，此时编译系统不检查第一维的大小，所以可省去第一维的长度，因此，以下写法都是合法的：

```
int a(int a[3][10])
```

或：

```
int a(int a[][10])
```

数组操作经常与指针操作结合在一起，形参和实参都可以使用指针，也可以将指针和数组混合使用。详细情况请参阅第 9 章。

7.6 变量的作用域

变量的作用域是指变量有效性的范围，与变量定义的位置密切相关。作用域是从空间这个角度来描述变量的，按作用域不同，变量可分为局部变量和全局变量。

7.6.1   局部变量

在函数（或复合语句）内部定义的变量，称为局部变量，也称为内部变量。局部变量只能在定义它的函数（或复合语句）内使用，其他函数均不能使用，如函数的形参就是局部变量。显然，变量的作用域与其定义语句在程序中出现的位置有直接的关系。注意，在同一个作用域内，不允许有同名的变量出现，而在不同的作用域内，允许有同名变量出现。

局部变量的作用域是从该变量定义处开始至它所在的函数或复合语句的结束处。局部变量有如下特点。

（1）不同的函数可使用相同的局部变量名，它们分别代表不同的对象，分配不同的内存单元，互不干扰。

（2）在同一函数中，不同复合语句中定义的局部变量也可以同名，它们代表不同的对象，也不会互相干扰；在有嵌套的复合语句内，当内外层具有相同的局部变量时，则在内层起作用的是内层定义的局部变量，外层定义的变量不可见，被屏蔽。

（3）主函数中定义的变量只能在主函数内部使用，而且主函数中也不能使用在其他函数中所定义的局部变量。

（4）可以在复合语句中定义变量，这些变量只在本复合语句中有效，离开该复合语句该变量就无效，释放内存单元。

【例 7.14】局部变量的作用域。

```
main()
{ int x=1;
   { int x=3;
     void prt(void);
     prt();
     printf("（2）x=%d\n",x);
   }
   printf("（3）x=%d\n",x);
}
void prt(void)
{ int x=5;
  printf("（1）x=%d\n",x);
}
```

程序运行的结果如下：

（1）x=5

（2）x=3

（3）x=1

本程序中定义了多个名为 x 的局部变量，在 main()函数中调用 prt()函数时，在 prt()函数中定义的局部变量 x 屏蔽了其他同名的局部变量。此时输出"（1）x=5"；在程序第 8 行的输出语句中，局部变量 x=3 屏蔽了其他同名的局部变量，此时输出"（2）x=3"；程序的第 10 行为局部变量 x=1 的作用域，因此输出"（3）x=1"。

【例 7.15】写出下面程序的运行结果。

```
main()
{ int k, a=0;
```

```
for(k=1;k<=2;k++)
{ int a=1;        /*在复合语句内开辟新的 a,故上面的 a 不起作用*/
  a++;
  printf("k=%d,a=%d\n",k,a);
 }                /*释放复合语句内开辟的 a,不能再使用它*/
 printf("k=%d,a=%d\n",k,a);        /*a 是主函数第一条语句中的 a*/
}
```

运行结果是:

```
k=1,a=2
k=2,a=2
k=3,a=0
```

7.6.2　全局变量

在函数之外定义的变量称为外部变量,外部变量是全局变量。全局变量可以为本文件中其他函数所共用,它的有效范围为:从定义变量的位置开始到本源文件结束。如:

```
int a=1,b=2;              /*a,b 为全局变量,以下 3 个函数都可以使用*/
float f1(int a)           /*定义函数 f1*/
{
 int b,c;
 ……
 }                        /*a,b,c 只在本函数中使用*/
 int c=0,d=2;             /*c,d 为全局变量,以下两个函数可以使用它们*/
f2(int x,int y)           /*定义函数 f2*/
{
  int i,j;
  ……
}                         /*x,y,i,j 只在本函数内有效*/
main()
{
  int m,n;                /*m,n 只在主函数内有效*/
  ……
 }
```

全局变量增加函数间数据联系的渠道。由于同一文件中的所有函数都能引用全局变量的值,因此,如果在一个函数中改变了全局变量的值,就能影响到其他函数,相当于各个函数间有直接的传递通道。由于函数的调用只能带回一个返回值,因此有时可以利用全局变量增加与函数联系的渠道,从函数得到一个以上的返回值。

建议不在必要时不要使用全局变量,因为:① 全局变量在程序的全部执行过程中都占用存储单元,而不是仅在需要时才开辟单元;② 它使函数的通用性降低了,因为函数在执行时要依赖于其所在的外部变量。如果将一个函数移到另一个文件中,还要将有关的外部变量及其值一起移过去,但若该外部变量与其他文件的变量同名时,就会出现问题,降低了程序的可靠性和通用性;③ 使用全局变量过多,会降低程序的清晰性,人们往往难以清楚地判断出每个瞬时各个外部变量的值。在各个函数执行时都可能改变外部变量的值,程序容易出错,因此要限制使用全局变量。

如果外部变量在文件开头定义,则在整个文件范围内都可以使用该外部变量,如果不在文件开头定义,按上面规定作用范围只限于定义点到文件终点。如果在定义点之前的函数想引用该外部变量,则应该在该函数中用关键字 extern 作“外部变量声明”。这声明表示这些变量是在该函数后面定义的外部变量。在函数内部，从 extern 声明之处起，可以使用它们。

在同一源文件中，允许全局变量和局部变量同名。在局部变量的作用域内，全局变量不起作用。

【例 7.16】全局变量的作用域。

```
#include<stdio.h>
int x;
main()
{ x=10;
  func1();
}
func1()
{ int y;
  y=x;
  func2();
  printf("\nx is %d",x);
  printf("\ny is %d",y);
}
func2()
{ int x;
  for(x=1;x<10;x++)
    putchar('.');
}
```

本程序中，全局变量 x 在函数 main() 和函数 func1() 之外定义，但两个函数均可以使用它。在函数 func2() 中也定义了一个局部变量 x。当 func2() 访问 x 时，它仅访问自己定义的局部变量 x，而不是全局变量 x。

【例 7.17】程序示例。

```
int max(int x,int y)      /*定义 max 函数*/
{
  int z;
  z=x>y? x:y;
  return(z);
}
main()
{
  extern int a,b;         /*外部变量声明，不重新开辟内存空间*/
  printf("%d",max(a,b));
}
int a=20,b=7;             /*外部变量定义，开辟内存空间*/
```

运行结果：

```
20
```

【例 7.18】程序示例。

```
int a=1;                  /*定义全局变量 a*/
f()
{
  int a=2;
  printf("f:a=%d\n",a);   /*f 中的局部变量 a 起作用*/
}
g()
{
  printf("g:a=%d\n",a);   /*全局变量 a 起作用*/
}
```

```
main()
{
 int a=3;
 printf("main:a=%d\n",a);        /*main 中的局部变量 a 起作用*/
 f();
 g();
}
```
运行时输出：
```
main:a=3
f:a=2
g:a=1
```
此程序中的 3 个 a 变量分别占有不同的存储空间，在不同函数中不同的变量起作用，只有当函数内部没有定义局部变量时，全局变量才能起作用。

7.7　变量的存储类别

前面已经介绍了从变量的作用域（即空间）角度来分，变量可分为全局变量和局部变量。变量的存储还可以从变量值存在的作用时间（即生存期）角度来分。

7.7.1　变量的生存期

所谓变量的生存期是指变量值在程序运行过程中存在的时间，即从变量分配存储单元开始到存储单元被收回这一段时间。变量的生存期由变量的具体存储位置决定。

从变量的生存期来分，可以将变量分为静态存储变量和动态存储变量。所谓静态存储方式是指在程序运行期间分配固定的存储空间的方式，而动态存储方式则是在程序运行期间根据需要进行动态地分配存储空间的方式。

在 C 语言程序运行时，其代码和变量存放在内存和寄存器中，由于寄存器的个数很少，所以内存是 C 程序重要的存储区。C 程序占用的内存空间（称为用户区）可分为 3 部分，即程序区、静态存储区和动态存储区，如图 7-4 所示。

程序区中存放的是可执行程序的机器指令；静态存储区中存放的是需要占用固定存储单元的数据，如全局变量；动态存储区存放的数据是动态分配和释放的，包括函数形式参数、自动变量（稍后介绍）以及函数调用时的现场保护和返回地址等。

| 程序区 |
| 静态存储区 |
| 动态存储区 |

图 7-4　C 程序用户区

存放于静态存储区的变量，其生存期从程序运行开始一直延续到程序运行结束。存储于动态存储区和寄存器中的变量，其生存期从变量定义开始到函数（或复合语句）运行结束为止。

在 C 语言中每一个变量和函数有两个属性：数据类型和数据的存储类别。

对数据类型读者已熟悉（如整型、字符型等），存储类别指的是数据在内存中存储的方法。

变量的存储类别（也称为存储方式）说明了变量的具体存储位置。因此，存储类别决定了变量的生存期。存储类别分为两大类：静态存储类和动态存储类。定义时，可使用 auto（自动）、static（静态）、register（寄存器）和 extern（外部）等 4 个关键字来说明变量的存储类别，其一般形式为：

存储类别　数据类型　变量名表列；

或

数据类型　存储类别　变量名表列;

7.7.2　局部变量的存储类别

局部变量定义时，可以使用 auto、static 和 register 3 种存储类别说明符。

（1）自动变量（auto）：自动变量存放于动态存储区。在定义局部变量时，如果没有指定存储类别，或使用了关键字 auto，那么所定义的变量就是自动存储类别的。例如：

```
void f(int a)
{  auto int b,c;                /*存储类别符放在类型标识符的左边*/
   …
}
```

其中，变量 a，b，c 为自动变量，但形参 a 不需要 auto 说明。另外，语句 "auto int b,c;" 等价于：

```
int b,c;                        /*省略 auto*/
```

或：

```
int auto b,c;                   /*存储类别符放在类型标识符的右边*/
```

在函数 f() 被调用时，系统才为自动变量 a、b、c 分配存储单元，函数 f() 执行结束时，自动释放 a、b、c 所占的存储单元。

（2）静态局部变量（static）：静态局部变量存放在内存的静态存储区。当定义它的函数执行结束时，静态变量的存储区将被保留，再次执行该函数，静态局部变量仍使用原来的存储单元。也就是说静态局部变量的生存期要延至为整个源程序运行结束。

静态局部变量的生存期虽然为整个源程序，但其只能在定义该变量的函数内使用。退出该函数后，尽管该变量还继续存在，但不能使用它。

对基本类型的静态局部变量，若在说明时未赋予初值，则系统自动赋予 0（对数值型变量）或空字符（对字符变量）。而对自动变量不赋初值，其值是不定的。当多次调用一个函数且要求在调用之间保留某些变量的值时，可采用静态局部变量。

【例 7.19】分析下面程序的运行结果。

```
void f (int c)
{  int a=0;                     /*每次调用时都先赋 0，不保留上一次的值*/
   static int b=0;              /*第一次调用时初值为 0，下次调用时保留上一次的值*/
   a++;
   b++;
   printf("%d:a=%d,b=%d\n",c,a,b);
}
main()
{  int k;
   for(k=1;k<=2;k++)
      f(k);                     /*调用两次函数*/
}
```

运行结果是：

```
1:a=1,b=1
2:a=1,b=2
```

在函数中虽然 a 和 b 的初值和变化规律都一样，但由于 b 是静态变量，它保留上一次的运算结果，因此第二次调用时，a 和 b 的值就不一样。

对局部静态变量的说明如下。

（1）局部静态变量属于静态存储类别，在静态存储区内分配存储单元。在程序整个运行期间都不释放。而自动变量（即局部动态变量）属于动态存储类别，占动态存储区空间而不占固定空间，函数调用结束后即释放。

（2）局部静态变量是在编译时赋初值的，即只赋初值一次，在程序运行时它已有初值，以后每次调用函数时不再重新赋初值，而只是保留上次函数调用结束时的值。而对自动变量赋初值，不是在编译时进行的，而在函数调用时进行，每调用一次函数重新赋一次初值。

应该看到，用静态存储要多占内存（长期占用不释放，而不能像动态存储那样一个存储单元可供多个变量使用，节约内存），而且降低了程序的可读性，当调用次数多时往往弄不清局部静态变量的当前值是什么。因此，如无必要，不要多用局部静态变量。

（3）如在定义局部变量时不赋初值的话，则对静态变量来说，编译时自动赋初值 0（对数值型变量）或空字符（对字符变量），而对自动变量来说，它的值是一个不确定的值。这是由于每次函数调用结束后存储单元已释放，下次调用时又重新分配另一存储单元，因此所分配的单元中的值是不确定的。以上结论对数组的初始化也成立。

【例 7.20】写出以下程序的运行结果。

```
main()
{ void fun();
  int k,a[5];
  for(k=0;k<5;k++)
  printf("%d",a[k]);           /*a 数组没有赋值，输出一行随机数*/
  printf("\n");
  printf("First time: \n");
  fun();                       /*第一次调用时，为数组 a 的全部元素自动赋 0*/
  printf("Second time: \n");
  fun();                       /*第二次调用时，保留数组 a 的原值*/
}
fun()                          /*由于定义为静态变量，两次调用的结果不同*/
{
  int i;
  static int a[5];
  for(i=0;i<5;i++)
  printf("%d",a[i]);
  printf("\n");
  a[0]++;                      /*改变 a[0]的值*/
}
```

运行结果是：

```
***************
First time:
00000
Second time:
10000
```
（其中***************代表随机数）

（3）寄存器变量（register）：寄存器变量存放于 CPU 的寄存器中，由于在使用寄存器变量时，不需要访问内存而直接从寄存器中读写，因而常将经常重复使用的变量存放在寄存器中，以加快程序的运行速度。

由于 CPU 中寄存器的个数是有限的，因此使用寄存器变量的个数也是有限的，若超过一定的数量，则会自动转为非寄存器变量。另外，不能用第 9 章介绍的指针来操作寄存器变量，这是因为指针只能指向内存单元，而不能指向 CPU 中的寄存器。

【例 7.21】输出 1 到 5 的阶乘值。

```
int fac(int n)
{
  register int i,f=1;    /*i 和 f 使用频繁，因此定义为寄存器变量*/
  for(i=1;i<=n;i++)
  f=f*i;
  return(f);
}
main()
{
  int i;
  for(i=1;i<=5;i++)
  printf("%d!=%d\n",i,fac(i));
}
```

运行结果为：

```
1!=1
2!=2
3!=6
4!=24
5!=120
```

定义局部变量 f 和 i 是寄存器变量，如果 n 的值大，则能节约许多执行时间。

① 只有局部自动变量和形式参数可以作为寄存器变量，其他（如全局变量）不行。在调用一个函数时占用一些寄存器以存放寄存器变量的值，函数调用结束释放寄存器。此后，在调用另一个函数时，又可以利用它来存放该函数的寄存器变量。

② 一个计算机系统中的寄存器数目是有限的，不能定义任意多个寄存器变量。不同的系统允许使用的寄存器个数不同。如果没有足够的寄存器来存放指定的变量，将自动按自动变量来处理。寄存器变量的声明应尽量靠近使用它的地方，用完之后尽快释放。

③ 局部静态变量不能定义为寄存器变量，不能写成：

```
register static int a,b,c;
```

不能把变量 a,b,c 既放在静态存储区中，又放在寄存器中，二者只能居其一。

④ 不能对寄存器变量进行求地址运算，因为寄存器变量的值不是存放在内存中。

7.7.3　全局变量的存储类别

1. 外部变量

外部变量（即全局变量）在函数的外部定义，存放在静态数据区，其生存期与程序相同，因而它的数据在程序运行期间一直存在。它的作用域为从变量定义处开始，到本程序文件的末尾。但可以用 extern 关键字声明（说明）外部变量，扩展其作用域，一种情况是同一源文件中将作用域扩展到定义之前，另一种情况是将作用域扩展到一个源程序的其他源文件中。外部变量声明的一般格式如下：

extern 类型标识符 变量名表列；

例如：有一个源程序由如下 F1.c 和 F2.c 两个源文件组成。

F1.c 的内容如下：

```
int x,y;                    /*外部变量的定义*/
char z;                     /*外部变量的定义*/
main()
{  extern int a,b;          /*外部变量声明*/
    …
}
int a,b;
void fun11()
{ … }
```

F2.c 的内容如下：

```
extern int x,y;             /*外部变量说明*/
extern char z;              /*外部变量说明*/
fun21(int a,int b)
{ … }
```

在 F1.c 和 F2.c 两个文件中都要使用 x、y、z 3 个变量，若在两个文件中都进行定义，则在"连接"时会产生"重复定义"的错误。解决问题的办法是在 F1.C 文件中把 x、y、z 都定义为外部变量，在 F2.c 文件中用 extern 把 3 个变量说明为外部变量，表示这些变量已在其他文件中定义，编译系统不再为它们分配内存空间。在 F2.c 中，x、y、z 的作用域从 extern 说明处开始，到文件的结束处为止。在 F1.c 文件中，由于对外部变量 a 和 b 进行了外部变量声明，其作用域往前延伸至 extern 说明处。

需要注意的是，外部变量的定义与外部变量的说明是完全不同的。外部变量的定义只能出现一次，它的位置只能在函数之外，其目的是为外部变量开辟内存单元；而对外部变量的说明可以出现多次，位置可以在函数内也可以在函数外，目的是为了扩展该变量的作用域。

2.　静态外部变量

外部变量定义之前冠以关键字 static 就构成了静态外部变量。外部变量与静态外部变量都存放于静态存储区域。这两者的区别在于非静态外部变量的作用域是整个源程序，当然在一个源程序由多个源文件组成时，要使用 extern 关键字扩展作用域；而静态外部变量的作用域则限制在定义该变量的源文件内，同一源程序中的其他源文件中不能使用它，因此其他源文件中可以定义重名的外部变量，不会引起操作混乱问题。例如有一个源程序由源文件 F1.c 和 F2.c 组成：

F1.c 的内容：

```
static int x,y;             /*外部变量的定义*/
char z;                     /*外部变量的定义*/
main()
{ … }
```

F2.c 的内容：

```
extern int x;               /*外部变量说明*/
extern char z;              /*外部变量说明*/
int y;
func (int a,b)
{ … }
```

文件 F1.c 中定义了静态全局变量 x 和 y，虽然在 F2.c 中用 extern 说明 x，但引用它将会产生错误。F2.c 的 y 不同于 F1.c 中的 y。

从以上分析可以看出，static 说明符在不同的地方所起的作用是不同的，如把自动局部变量改变为静态后是改变了它的生存期，把外部变量改变为静态外部变量后，则是改变了它的作用域。

7.7.4　存储类别小结

（1）变量共有 4 种存储类别：

- static　　　　　　　　　（声明静态内部变量或外部静态变量）
- auto　　　　　　　　　　（声明自动局部变量）
- register　　　　　　　　（声明寄存器变量）
- extern　　　　　　　　　（声明变量是已定义的外部变量）

（2）从变量的作用域来分，有全局变量和局部变量。它们可采取的存储类别为：

$$
局部变量 \begin{cases} 自动变量，即动态局部变量（离开函数，值就消失）\\ 静态局部变量　（离开函数，值仍保留）\\ 寄存器变量　（离开函数，值就消失）\\ 形式参数　　（可以定义为自动变量或寄存器变量）\end{cases}
$$

$$
全局变量 \begin{cases} 静态外部变量　（只限本文件使用）\\ 外部变量　　　（非静态的外部变量，允许其他文件引用）\end{cases}
$$

（3）从变量的生存期来分，有静态存储和动态存储两种类型。静态存储是在程序整个运行期间始终存在的，而动态存储则是在调用函数或进入分程序时临时分配单元的。

$$
动态存储 \begin{cases} 自动变量　　（本函数内有效）\\ 寄存器变量　（本函数内有效）\\ 形式参数　　（本函数内有效）\end{cases}
$$

$$
静态存储 \begin{cases} 静态局部变量　（本函数内有效）\\ 静态外部变量　（本文件内有效）\\ 外部变量　　　（其他文件可引用）\end{cases}
$$

（4）作用域与生存期

如果一个变量在某一范围内能被引用，则称该范围为该变量的作用域。换言之一个变量在其作用域内都能被有效引用。

一个变量占据内存单元的时间，称为该变量的生存期。或者说，该变量值存在的时间就是该变量的生存期，如表 7-1 所示。

表 7-1　　　　　　　　　　　　　变量存储类别

变量存储类别	函 数 内		函 数 外	
	作 用 域	生 存 期	作 用 域	生 存 期
自动变量、寄存器变量	√	√	×	×
静态局部变量	√	√	×	√
静态外部变量	√	√	只限本文件	√
外部变量	√	√	√	√

7.8　内部函数和外部函数

函数都是全局的,因为不能在函数内部定义另一个函数。但是,根据函数能否被其他源文件调用,将函数区分为内部函数和外部函数。

7.8.1　内部函数

如果一个函数只能被本文件中其他函数所调用,称它为内部函数。在定义内部函数时,在函数名和函数类型前面加 static,即:

```
static 类型标识符　函数名(形参表)
```

如:

```
static int fun(int a,int b)
```

内部函数又称为静态函数。使用内部函数,可以使函数只局限于所在文件,如果在不同的文件中有同名的内部函数,互不干扰。

7.8.2　外部函数

在定义函数时,如果冠以关键字 extern,表示此函数是外部函数,外部函数在整个源程序中都有效,其定义的一般形式为:

```
extern 类型标识符　函数名(形参表)
```

如:

```
extern int fun (int a,int b)
```

函数 fun()可以为其他文件调用,如果在定义函数时省略 extern,则隐含为外部函数。在需要调用此函数的文件中,要用 extern 声明所调用函数的原型(返回值是整型的函数除外)。

7.9　应　用　举　例

【例 7.22】下述程序段的输出结果是(　　　)。

```
int  x=10;
int  y=x++;                    /*先用后加,y 的值是 10,x 的值是 11*/
printf("%d,%d",(x++,y),y++);
```

A. 11,10　　　　　　B. 11,11　　　　　　C. 10,10　　　　　　D. 10,11

分析:C 语言的函数参数的计算次序由右向左而不是由左向右。在 printf()函数输出之前,x=11,y=10。尽管 printf()函数的输出是从左至右的,但 C 语言计算函数参数的顺序却是由右至左。因此,按计算次序,表达式 y++值为 10,计算后 y 值为 11;逗号表达式"x++,y"的值为 11。所以答案 A 正确。

【例 7.23】下述程序的输出结果是(　　　)。

```
#include<stdio.h>
int fun(int x)
{  int p;
   if(x==0||x==1)
```

```
        return 3;
    else p=x-fun(x-2);
    return p;
}
void main()
{ printf("%d\n",fun(9)); }
```

  A. 7   B. 8   C. 9   D. 10

  分析：此题是针对递归函数的理解。程序中，调用函数的实参是 9，不满足出口条件，故执行 "f=9–fun(7)=9–(7–fun(5))=9–(7–(5–fun(3)))=9–(7–(5–(3–fun(1))))"，由 "fun(1)=3" 得到 "fun(9)=7"。所以答案是 A 程序中的 fun()函数可简写如下：

```
int fun(int x)
{  if(x==0||x==1)
      return 3;
   return x-fun(x-2);
}
```

  或：

```
int fun(int x)
{  return x==0||x==1?3:x-fun(x-2);
}
```

  【例 7.24】写出下列程序的运行结果。

```
#include<stdio.h>
void fun();
main()
{ int j;
  for(j=0;j<2;j++)
      fun();
}
void fun()
{ int x=0;
  static int y=0;
  x++;
  y++;
  printf("%d,%d\n",x,y);
}
```

  分析：此程序涉及了函数声明和变量的存储类别，被调函数在主调函数之后，所以，在 main()函数之前加了对 fun 的声明，注意 fun()函数没有返回结果，最好用 void 表示。此程序最主要的还是区别自动变量和静态变量的使用。在 fun()函数中定义了自动变量 x 和静态变量 y，x 的初始化是在每次调用函数时进行的，而且每次调用分配的都可能是不同的存储单元，而 y 的初始化只有一次，是在编译时完成的，而且每次调用时用的都是同一个存储单元，上一次调用的结果保存在这个单元中。主函数调用了两次 fun()函数，第一次调用时 x=0，y=0，然后进行 "x++;y++;" 使 x、y 的值分别为 1，输出 1,1，fun()函数结束，释放为 x 分配的存储空间；第二次调用 fun()函数时，系统为 x 重新分配单元，重新进行初始化，x 的值仍为 0，而 y 是静态变量，还是使用上次的存储空间，值还是上次的 1，接下来执行 "x++;y++;"，使 x 的值为 1，y 的值为 2，所以输出 1,2。函数 fun()结束，释放为 x 分配的存储空间，返回 main()函数，整个程序结束，此时才释放为 y 分配的存储空间。

  输出结果为：

```
1,1
1,2
```

【例 7.25】程序填空。下面程序的功能是判断一个单词是否对称。main()函数输入单词，函数 fun()用来判断单词是否对称。

```
#include <stdio.h>
    (1)
    (2)    fun(char  s[])
{ int m,n;m=n=0;
  for(m=strlen(s)-1;m>n;m--,n++)
  { if(s[m]!=s[n])
    return 0;
  }
  return 1;
}
main()
{ char s[20];
  scanf("%s",s);
  if(   (3)   !=0)
     printf("yes.it's symmertrical\n");
  else printf("no.it isn't symmertrical.\n");
}
```

分析：先阅读整个程序，分析程序的结构，由一个 main()函数和一个 fun()函数构成。在 main() 函数中用到了 strlen()函数，所以，应包含 string.h 文件，（1）应填入 "#include<string.h>"，根据 main()函数中 if 语句条件，函数的结果应为 int 型，所以（2）应填入 "int"，main()函数的功能是调用 fun()函数判断字符串是否对称，所以（3）应填入 "fun(s)"。

【例 7.26】阅读程序回答相应问题。

```
#include<stdio.h>
#include<math.h>
int flag(int n)
{ int m=1,k;
  for(k=2;k<=sqrt(n)&&m==1;k++)
    if(n%k==0)m=0;
       return m;
}
main()
{ int a,s=0,k;
  scanf("%d",&a);
  for(k=2;k<=a;k++)
    if(flag(k))s+=k;
       printf("%d",s);
}
```

问题 1：函数 flag 的作用是什么？

问题 2：此程序的功能是什么？

问题 3：若输入 a 的值为 10，则程序的输出结果是多少？

分析：先阅读程序，分析程序的结构，整个程序由一个 main()函数和一个 flag()函数构成。flag() 函数功能为判断 n 是否为素数，如果 n 为素数，返回值为 1，否则为 0。main()函数通过调用 flag() 函数求不大于指定整数的所有素数之和。输入 a 的值为 10 时，程序的输出结果为 17 。

7.10 本 章 小 结

本章着重介绍了函数的定义、函数的调用和函数声明；递归函数的定义及调用；函数与函数之间的数据传递。同时还讨论了模块化程序设计思想、变量及函数的作用域和存储类型。

（1）C语言函数有两种，一种是由系统提供的标准函数，这种函数用户可以直接使用；另一种是用户自定义函数，这种函数必须先定义后使用。在对函数进行定义时，用return语句返回函数的调用结果并返回主调函数，若函数是无返回值函数，则可根据需要决定是否使用return语句。

（2）函数声明即为在主调函数中提供被调函数调用的接口信息，其格式就是在函数定义格式的基础上去掉了函数体，因而函数定义也能提供有关的接口信息。

（3）函数由两种方法进行调用：表达式调用和语句调用。函数调用前，必须首先获得接口信息，当被调函数定义位于主调函数之后，或位于别的程序文件中，则必须在调用之前给出被调函数的声明。

（4）C语言以传值的方式传递函数参数，形参变量值的变化不会影响实参变量。数组名作为函数参数时，将实参数组的首地址值传递给形参数组，此时对形参数组的操作将会影响实参数组。

（5）从变量作用域的角度可以将变量分为全局变量和局部变量。全局变量定义于函数外，用static修饰的全局变量只允许被本文件中的函数访问，而没有用static修饰的全局变量则可以被程序中任何函数访问。定义于函数内的变量称为局部变量，只能被定义该变量的函数（或复合语句）访问。用static修饰的局部变量称为静态局部变量，可用于在本次调用与下次调用之间传递数据。

（6）用static修饰的函数只允许被本文件中的函数调用，而没有用static修饰的函数则允许被程序中的任何函数调用。

7.11 练习与提高

一、选择题

1. 在C语言中，存储类型为（　　）的变量只在使用它们时才占用存储空间。
   A. static和auto　　　　　　　　　B. register和auto
   C. static和register　　　　　　　D. resister和extern

2. 数组名作为函数参数传递给函数，作为实在参数的数组名被处理为（　　）。
   A. 该数组的长度　　　　　　　　　B. 该数组的元素个数
   C. 该数组中各元素的值　　　　　　D. 该数组的首地址

3. C语言允许函数类型的默认定义，此时该函数隐含的类型是（　　）。
   A. float　　　　　B. int　　　　　C. long　　　　　D. double

4. C语言规定，调用函数时实参变量和形参变量之间的数据传递（　　）。
   A. 地址传递　　　　　　　　　　　B. 值传递
   C. 由实参和形参双向传递　　　　　D. 由用户指定传递方式

5. 以下不正确的说法为（　　）。
   A. 在不同函数中可以使用相同名字的变量
   B. 形式参数是局部变量
   C. 在函数内定义的变量只在本函数范围内有效
   D. 在函数内的复合语句中定义的变量在本函数范围内有效

6. 下列各种存储类型的变量中，必须定义在函数体外的是（　　）。
   A. 自动类型变量　　　　　　　　　B. 寄存器类型变量

C．内部静态类型变量　　　　　　　D．外部静态类型变量

7．以下叙述正确的是（　　　）。

　　A．函数调用必须在函数的定义之后　　B．float 类型的函数在调用前不必声明

　　C．函数的形参是自动变量　　　　　　D．函数内部可以定义全局变量

8．若用数组名作为函数调用的实参，传递给形参的是（　　　）。

　　A．数组的首地址　　　　　　　　　　B．数组第一个元素的值

　　C．数组中全部元素的值　　　　　　　D．数组元素的个数

9．在下列叙述中，错误的一条是（　　　）。

　　A．主函数 main()中定义的变量在整个文件或程序中有效

　　B．不同函数中，可以使用相同名字的局部变量

　　C．形式参数是局部变量

　　D．在一个函数内部，可在复合语句中定义变量，这些变量只在本复合语句中有效

10．以下函数调用语句："fun(a,(x,y),fun(n,d,(a,b)));"中实参的个数是（　　　）。

　　A．3　　　　　　　　B．4　　　　　　　　C．5　　　　　　　　D．6

二、填空题

1．C 语言规定，可执行程序的开始执行点是_____。

2．在 C 语言中，一个函数一般由两个部分组成，它们是_____和_____。

3．程序的子模块在 C 语言中通常用_____来实现。

4．有参函数中，在定义函数时，函数名后面括弧中的变量名称为_____，在主调函数中调用一个函数时，函数名后面括弧中的参数称为_____。在调用时将_____的值传给_____。

5．当形参是变量时，函数实参可以是_____、_____或_____，但要求它们有确定的值。

6．如果函数定义时函数值的类型和 return 语句中表达式的值类型不一致，则以_____类型为准，即_____类型决定返回值的类型。

三、编程题

1．编写函数，实现字符串的复制。

2．编写函数，由实参传来一个字符串，统计此字符串中字母、数字、空格和其他字符的个数，在主函数中输入字符串以及输出上述的统计结果，再考虑将统计的结果放在一个数组中。

3．编写程序，读入具有 5 个元素的实型数组，然后调用一个函数，递归找出其中最大的元素，并指出它的位置。

第8章
编译预处理

C 语言提供编译预处理的功能，这是它与其他高级语言的一个重要区别。"编译预处理"是 C 语言编译系统的一个组成部分。C 语言允许在程序中使用几种特殊的命令（它们不是一般的 C 语句）。在 C 语言编译系统对程序进行通常的编译（包括词法和语法分析、代码生成、优化等）之前，先对程序中这些特殊的命令进行"预处理"，然后将预处理的结果和源程序一起再进行通常的编译处理，以得到目标代码。为了区别预处理命令和 C 语句、定义和说明语句，规定：

- 必须以#开始。
- 每行末尾不能加分号。

本章介绍 C 语言提供的主要的 3 种预处理功能：宏定义、文件包含、条件编译。

本章学习目标
- 掌握宏定义：不带参数的宏定义、带参数的宏定义。
- 能够正确应用"文件包含"处理。
- 了解条件编译。

8.1 宏 定 义

在 C 语言源程序中允许使用一个标识符来表示一个字符串，称为"宏"。宏定义是由源程序中的宏定义命令完成的，在 C 语言中，宏分为有参数的和无参数的两种。

8.1.1 不带参数的宏定义

用一个指定的标识符（即名字）来代表一个字符串，它的一般形式为：

```
#define 标识符 字符串
```

这种方法使用户能以一个简单的名字代替一个长的字符串，因此把这个标识符（名字）称为宏名，在预编译时将宏名替换成字符串的过程称为宏展开。"#define"是宏定义命令。

其中：

（1）宏名一般习惯用大写字母表示，以便与变量名相区别；但也可以用小写字母表示。

（2）使用宏名代替一个字符串，可以减少程序中重复书写某些字符串的工作量。当需要改变某一个常量时，可以只改变#define 命令行，一改全改。例如，定义数组大小。如下：

```
#define N 100
int a[N];
```

如果需要改变数组大小，只须对#define进行修改即可。如下：

```
#define N 400
```

使用宏定义，可以提高程序的可移植性。

（3）宏定义是用宏名代替一个字符串，做简单的置换，不进行语法检查。如果把数字1写成小写字母 l，预处理时也照样代入，不管其含义是否正确，只有在编译已被宏展开后的源程序时程序才报错。

（4）宏定义并不是 C 语句，不能在行末加分号，如果加上分号，则会连分号一起进行置换。

（5）#define 命令必须在程序中函数的外面，其作用域为宏定义命令起到源文件结束。

（6）可以用#undef命令终止宏定义的作用域，这样可以灵活控制宏定义作用范围。例如：

```
#define PI  3.1416
main()
{…}
#undef  PI   /*PI 的作用域到此结束*/
void f()
{…}
```

PI 只在 main()函数中有效，在 f()函数中无效。

（7）在进行宏定义时，可以引用已定义的宏名，进行层层置换。

【例 8.1】程序示例。

```
#define R 3.0
#define PI  3.1415926
#define L  2*PI*R
#define S  PI*R*R
main()
{
   printf("L=%f\nS=%f\n",L,S);
}
```

运行结果：

```
L=18.849556
S=28.274333
```

（8）宏名在源程序中若用引号括起来，则预处理程序不对其进行宏代换。例如，有定义"#define name zhang"，但不能用 zhang 替代 printf("name")中的 name。

（9）宏代换不替代用户标识符中的成分。

8.1.2　带参数的宏定义

带参数的宏定义不是进行简单的字符串替换，还要进行参数替换，其定义的一般形式为：

```
#define  宏名(参数表)  字符串
```

字符串中包含在括弧中所指定的参数，如下：

```
#define S(a,b) a*b
…
area=S(5,4);
```

在程序中使用 S(5,4)，把 5、4 分别代替宏定义中的形式参数 a、b，即用 5*4 代替 S(5,4)。

因此赋值语句展开为 area=5*4。

对带参数的宏定义展开置换过程为：在程序中如果有带实参的宏（如 S(5,4)），则按#define命令行中指定的字符串从左到右进行置换。如果字符串中包含宏中的形参（如 a、b），则将程序语句中相应的实参（可以是常量、变量或表达式）代替形参；如果宏定义中字符串中的字符不是参数字符（如 a*b 中的"*"号），则保留，即形成了置换的字符串。

其中：

（1）对带参数的宏的展开是将语句中的宏名后面括号内的实参字符串代替#define 命令行中的形参。例如，有两个宏命令如下：

```
#define PI 3.1415926
#define S(r)  PI*r*r
```

如果有语句：

```
area=S(a-b);
```

这时把实参"a-b"代替"PI*r*r"中的形参 r，成为：

```
area=PI*a-b*a-b;
```

为了得到：

```
area=PI*(a-b)*(a-b);
```

应当在定义时字符串中的形参外面加一个括弧，即：

```
#define S(r)  PI*(r)*(r)
```

在对 S(a-b)进行宏展开时，将"a-b"代替 r，即：

```
PI*(a-b)*(a-b)
```

即达到要求。

（2）在宏定义时，在宏名与带参数的括弧之间不应加空格，否则将空格以后的字符都作为替代字符串的一部分。例如，有一个宏命令如下：

```
#define S  (r) PI*r*r
```

将被认为：S 是符号常量（不带参数的宏名），其代表字符串"(r) PI*r*r"。如果在语句中：

```
area=S(a);
```

则被展开为：

```
area=(r)PI*r*r(a);
```

这显然不对。

不要把带参数的宏和函数混淆。在引用函数时也是在函数名后的括弧内写实参，要求实参与形参的数目相等，但是带参数的宏定义与函数是不同的，区别主要有如下几项。

（1）函数调用时，先求出实参表达式的值，然后代入形参，而使用带参数的宏只是进行简单的字符替换。例如，上面的"S(a-b)"，在宏展开时并不求"a-b"的值，而只将实参字符"a-b"代替。

（2）函数调用是在程序运行时处理的，分配临时的内存单元。而宏展开则是在编译时进行的，在展开时并不分配内存单元，不进行值的传递处理，也没有"返回值"的概念。

（3）对函数中的实参和形参都要定义类型，两者的类型要求一致，如不一致，应进行类型转换。而宏不存在类型的问题，宏名无类型，它的参数也无类型，只是一个符号，展开时代入指定的字符即可。带参数的宏中的形参也不是变量，不必定义其类型。

（4）调用函数只可得到一个返回值，而用宏可以设法得到几个结果。

（5）使用宏次数多时，宏展开后源程序长，因为每展开一次都使程序增长，而函数调用不会使源程序变长。

（6）宏替换不占运行时间，只占编译时间，而函数调用则占运行时间（分配单元、保留现场、值传递、返回）。

【例 8.2】分析下面程序的执行结果。

```
#include<stdio.h>
```

```
#define SQR(x)  x*x
main()
{  int a,k=3;
   a=++SQR(k+1);
   printf("%d\n",a);
}
```

分析：此题程序中定义了一个带参数的宏名 SQR，当程序中遇到此宏名进行展开时，则应使用定义时的字符串"x*x"进行替换。替换的原则：遇到形参 x 则以实参 k+1 代替，其他字符不变。所以"SQR(k+1)"经宏展开后成为字符串"k+1*k+1"。整个赋值语句的形式变为："a=++k+1*k+1"；k 的值为 3，若按从左到右的顺序运算，k 先自增 1，变为 4，则"a=4+1*4+1=9"，所以最后输出为 9。

【例 8.3】程序示例。

```
#define  PR printf
#define  NL "\n"
#define  D "%d "
#define  D1  D NL
#define  D2  D D NL
#define  D3  D D D NL
#define  D4  D D D D NL
#define  S "%s"
main()
{  int a,b,c,d;
   char string[]="CHINA";
   a=1;b=2;c=3;d=4;
   PR(D1,a);
   PR(D2,a,b);
   PR(D3,a,b,c);
   PR(D4,a,b,c,d);
   PR(S,string);
}
```

运行时输出的结果如下：

```
1
1 2
1 2 3
1 2 3 4
C H I N A
```

8.2 文 件 包 含

文件包含是指一个源文件可以将另外一个源文件的全部内容包含进来，即将另外的文件包含到本文件之中。C 语言提供了#include 命令用来实现文件包含操作，其一般形式为：

#include<文件名>或#include"文件名"

文件包含命令可以减少程序设计人员的重复劳动。

在编译时并不是作为两个文件连接（用 link 命令实现连接），而是作为一个源程序编译，得到一个目标（.obj）文件，因此被包含的文件也应该是源文件而不应该是目标文件。

这种常用在文件头部的被包含的文件称为标题文件或头部文件,常以 h 为扩展名。h 表示 head(头),如"stdio.h"文件。当然,不用 h 作扩展名,而用 c 作扩展名也是可以的,用 h 作扩展名更能表示此文件的性质。

其中

(1)一个 include 命令只能指定一个被包含文件,如果要包含 *n* 个文件,要用 *n* 个 include 命令。

(2)在一个被包含文件中又可以包含另一个被包含文件,即文件包含是可以嵌套的。

(3)在#include 命令中,文件名可以用双引号或尖括号括起来,如包含 filel.h,可用

```
#include "file1.h"
```

或

```
#include <file1.h>
```

两者都是合法的,区别在于:用双引号(即"file1.h"形式)表示时,系统先在引用被包含文件的源文件所在的文件目录中寻找要包含的文件,若找不到,再按系统指定的标准方式检索其他目录。而用尖括号(即<file1.h>形式)表示时,不检查源文件所在的文件目录,而直接按系统标准方式检索文件目录。

(4)C 语言为用户提供了标准函数和宏定义。用户要想使用这些库函数,必须用#include 命令将有关头文件包含在自己的源程序中。

在实际应用中,文件包含命令非常有用。例如,某一个软件开发组的人员往往使用同一组固定的符号常量(如 g=9.8,pi=3.14159,e=2.718…),则可以将这些宏定义组成一个文件,使用时用 include 命令将文件包含到自己的源程序文件中即可。

【例 8.4】程序示例。

```
#include<string.h>              /*字符串函数 strcpy 相关头文件*/
#include<stdio.h>               /*输出函数 puts 相关头文件*/
main()
{ char s[]="string";
  puts(s);
  strcpy(s,"hello");
  puts(s);
}
```

把它存放在两个文件里,然后用文件包含也可以完成同样的功能。这样 mul()函数还可以被其他程序使用。

【例 8.5】程序示例。

```
/*主函数所在的文件名为 f1.c*/
#include<stdio.h>               /*"文件包含"命令*/
#include<f2.c>
main()                          /*主函数*/
{ int a,b,c;                    /*定义变量*/
  printf("input two number");   /*提示输入两个数*/
  scanf("%d,%d",&a,&b);         /*输入变量 a 和 b 的值*/
  c=mul(a,b);                   /*调用函数 mul(),将得到的值赋给 c*/
  printf("product=%d\n",c);     /*输出乘积 c 的值*/
}
/*函数 mul()所在的文件名为 f2.c*/
int mul(int a, int b)           /*定义 mul()函数,函数结果类型为整型,两个形参为整型*/
```

```
{  int c;                        /*mul()函数中的声明部分，定义本函数中用到的变量 c*/
   c=a*b;                        /*a 乘 b 的值赋给 c*/
   return c;                     /*将 c 的值返回，通过 mul 带回调用处*/
}
```

8.3　条件编译

一般情况下，源程序中的所有行都参加编译，但特殊情况下可能需要根据不同的条件编译源程序中的不同部分，也就是说对源程序的一部分内容给定一定的编译条件。这种方式称作"条件编译"。

条件编译命令主要包括以下几种形式。

（1）`#ifdef` 标识符
```
    程序段 1
#else
    程序段 2
#endif
```

如果指定的标识符已经被#define 定义过，则只编译程序段 1，否则编译程序段 2。其中#else 部分可以没有，即：

```
#ifdef  标识符
  程序段 1
#endif
```

如果指定的标识符已经被#define 定义过，则编译程序段 1，否则跳过程序段 1。

（2）`#ifndef` 标识符
```
    程序段 1
#else
    程序段 2
#endif
```

如果指定的标识符没有被#define 定义过，则编译程序段 1，否则编译程序段 2。

（3）`#if` 表达式
```
    程序段 1
#else
    程序段 2
#endif
```

如果指定的表达式的值为真，则编译程序段 1，否则编译程序段 2。

在程序调试时，经常输出一些中间结果。程序调试完毕后，这些输出语句必须去掉。

　　分析：可以用条件编译来完成这项工作。程序中使用下列条件编译程序段：
```
#ifdef  DEBUG
  输出中间结果;
#endif
```

在调试程序时加入宏定义：#define DEBUG，则编译程序会编译中间结果输出语句。程序调试结束后，去掉宏定义语句"#define DEBUG"，重新编译源程序，则不会编译中间结果输出语句。

8.4 应 用 举 例

【例 8.6】利用宏定义求出两个数中的最小数。

```
#include<stdio.h>
#define MIN(x,y) ((x)<y)?(x):(y))
main()
{ int a,b,min;
  printf("input a,b:");
  scanf("%d%d",&a,&b);
  min=MIN(a,b);
  printf("MIN=%d",min);
}
```

运行时若输入 3，5 则输出结果为：

```
MIN=3
```

【例 8.7】执行下述程序后，输出的结果是（   ）。

```
#include<stdio.h>
#define SQR(X)  X*X
void main()
{ int a=10,k=2,m=1;
  a/=SQR(k+m)/SQR(k+m);
  printf("%d\n",a);
}
```

A．10   B．1   C．–1   D．0

分析：此题说明了带参数形式的宏替换中应注意的问题。编译系统处理带参数的宏名时，按程序行中指定的字符串（括号内的内容）从左到右进行处理。若遇到形参则以实参代替，非形参字符原样保留，就形成了替换后的内容，这期间没有任何计算。

在一些专门测试此类宏替换的题目中，一般代码较简单，但初学者常常有一些不良的编程习惯，最主要的是缺少括号，这应引起重视。

此题中，参数和宏体都没有括号，因此中间的赋值语句首先替换成"a/=X*X / X*X;"，再替换成"a/=k+m*k+m/k+m*k+m;"，计算"a=a/(k+m*k+m/k+m*k+m)=10/(2+1*2+1/2+1*2+1)=1"。

所以正确的选项是 B。

【例 8.8】下述叙述中，错误的是（   ）。

A．#include 命令可以包含一个有函数定义的 C 语言源程序文件

B．使用#include<文件名>的形式比使用#include "文件名"格式节省编译时间

C．#include "C:\\U\\F1.H" 是正确包含命令，它表示文件 F1.H 存放在 C 盘的 U 目录下

D．#include<…>格式中的文件名之前是不能包括路径的

分析：本例考察#include 命令中文件路径的特殊写法。在#include " "命令中，路径的写法必须符合系统的习惯，不能用\\表示\，所以"C:\\U\\F1.H"应改成"C:\U\F1.H"。

所以正确的选项应该是 C。

【例 8.9】以下程序（程序左边的数字为附加的行号）

```
1  #include<str.h>
2  #include<stdio.h>
3  main()
4  { char s="string";
5    puts(s);
```

```
6    strcpy(s,"hello");
7    printf("%3s\n",s);
    }
```

　　A．没有错　　　　B．第 1 行有错　　　C．第 6 行有错　　　D．第 7 行有错

　　分析：此题的 main 函数中首先用定义且赋值的方式说明了一个字符串 s，并利用字符串输出函数 puts 将其输出；接着又使用字符串复制函数把字符串常量"hello"复制到 s 中，并输出复制后的字符串 s。使用字符串复制函数 strcpy 应包含在头文件 string.h 中。因此，程序中的第一条文件包含命令是错误的。

　　所以正确的选项应该是 B。

　　【例 8.10】下面是对宏定义的描述，不正确的是_____

　　A．宏不存在类型问题，宏名无类型，它的参数也无类型

　　B．宏替换不占用运行时间

　　C．宏替换时先求出实参表达式的值，然后代入形参运算求值

　　D．其实，宏替换只不过是字符替代而已

　　分析：本例涉及宏替换的基本概念及函数的简单比较，题目中的选项是需要了解的一般知识。

　　在本例中，宏替换的实质恰如选项 D 所言，是字符替代。因此，不会有什么类型，当然，就更不可能进行计算（故 C 错误）。带参数的宏与函数相比，宏在程序编译之前已经将代码替换到程序内，执行时不会产生类似于函数调用的问题，可以说不占运行时间。

　　所以 C 是错误的。

　　【例 8.11】下述程序段中，_____不含有错误。

　　A．`#define F(n)  ((n)==1?1:(n*F(n)-1))`

　　B．
```
#define swap(x,y)  int t=x;x=y;y=t;
#include<stdio.h>
void main()
{  int a,b;
   a=10,b=20;
   swap(a,b);
   printf("%d,%d",a,b);
}
```

　　C．
```
#define M(x,y)  (x/y)
#include<stdio.h>
void main()
{   int a=2,b=3,c=0,d=5;
    int x=M(a+b,c+d);
    printf("%d",x);
}
```

　　D．
```
#define PLUS +
#define OK 1
void main()
{  int x,y;
   scanf("%d",&x);
   y=10;
   if(x==OK)
   y=y PLUS 1;
   printf("%d",y);
}
```

　　分析：本例说明了使用宏替换时应注意的一些问题。表面上，选项 A 是定义一个计算 n!的宏，

但宏是不能递归的。对于 A 若以 F(10)调用宏,预处理时将被替换成"((10)==1? 1:(10)*F((10)−1))",而不再进一步替换,在连接时 F 被当作函数但又找不到代码。

尽管选项 B 字面上并无错误,但替换后的 main 函数中含有如下片段:

```
a=10,b=20;
int t=a;a=b;b=t;
```

在标准 C 语言的语法中,其错误是变量定义在可执行语句之后。修改的方法是如下定义 swap:

```
#define swap(x,y){int t=x;x=y;y=t;}
```

对于选项 C 经过替换后,含有语句:

```
int x=(a+b/c+d)=(2+3/0+5);
```

出现了 0 作除数的错误。

所以正确的选项是 D。

8.5　本　章　小　结

预处理功能是 C 语言特有的功能,它是在对源程序正式编译前由预处理程序完成的。

(1)宏定义是用一个标识符来表示一个字符串,在宏调用中将用该字符串代换宏名。

(2)宏定义可以带有参数,宏调用时是以实参代换形参,而不是"值传送"。

(3)文件包含是预处理的一个重要功能,它可用来把多个源文件组成一个源文件进行编译,结果将生成一个目标文件。

(4)使用预处理功能便于程序的修改、阅读、移植和调试,便于实现模块化程序设计。

(5)根据不同的条件编译源程序中的不同部分,条件编译命令主要包括以下 3 种形式。

1. `#ifdef` 标识符

　　　　　程序段 1

　`#else`

　　　　　程序段 2

　`#endif`

2. `#ifndef` 标识符

　　　　　程序段 1

　`#else`

　　　　　程序段 2

　`#endif`

3. `#if` 表达式

　　　　　程序段 1

　`#else`

　　　　　程序段 2

　`#endif`

8.6　练习与提高

一、选择题

1. C 编译系统对宏定义的处理(　　　)。

　　A. 和其他 C 语句同时进行　　　　　　　　B. 在对其他成分正式编译之前处理的

C．在程序执行时进行　　　　　　　　D．在程序连接时处理的

2．以下对宏替换的叙述不正确的是（　　　　）。

　　A．宏替换只是字符的替换

　　B．宏替换不占用运行时间

　　C．宏名无类型，其参数也无类型

　　D．宏替换时先求出实参表达式的值，然后代入形参运算求值

3．宏定义"#define G 9.8"中的宏名 G 代替（　　　　）。

　　A．一个单精度实数　　　　　　　　B．一个双精度实数

　　C．一个字符串　　　　　　　　　　D．不确定类型的数

4．有如下宏定义：

```
#define K 2
#define X(k)((K+1)*k)
```

当 C 程序中的语句"y=2*(K+X(5));"被执行后（　　　　）。

　　A．y 中的值不确定　　　　　　　　B．y 中的值为 65

　　C．语句报错　　　　　　　　　　　D．y 中的值为 34

5．以下程序的运行结果是（　　　　）。

```
#define MIN(a,b)  (a)<(b)?(a):(b)
main()
{ int m=10,n=15,k;
  k=10*MIN(m,n);
  printf("%d\n",k);
}
```

　　A．30　　　　　　B．180　　　　　　C．15　　　　　　D．200

6．以下不正确的叙述是（　　　　）。

　　A．一个 include 命令只能指定一个被包含文件

　　B．文件包含是可以嵌套的

　　C．一个 include 命令可以指定多个被包含文件

　　D．在#include 命令中，文件名可以用双引号或尖括号括起来

7．以下程序的输出结果是（　　　　）。

```
#define FMT "%d"
main()
{ int b[][4]={1,3,5,7,9,11,13,15,17,19,21,23};
  printf(FMT,*(*(b+1)+1));
  printf(FMT,b[2][2]);
}
```

　　A．1,11,　　　　　B．1,11　　　　　C．11,21,　　　　D．1121

8．若有如下宏定义：

```
#define X 5
#define Y X+1
#define Z Y*X/2
```

则执行以下 printf 语句后，输出结果是（　　　　）。

```
int a; a=Y;
printf("%d\n",Z);
printf("%d\n",--a);
```

　　A．7　　　　　　　B．12　　　　　　C．7　　　　　　D．12
　　　6　　　　　　　　　6　　　　　　　　　5　　　　　　　　　5

9. 若有如下宏定义：

```
#define MOD(x,y)   x%y
```

则执行以下程序段输出的结果是（   ）。

```
int z,a=15,b=100;
z=MOD(b,a);
printf("%d\n",z++);
```

    A. 11   B. 10   C. 6   D. 宏定义不合法

10. 在"文件包含"预处理语句的使用形式中，当#include 后面的文件名用" "（双引号）括起，寻找被包含文件的方式为（   ）。

    A. 直接按系统设定的标准方式搜索目录

    B. 先在源程序所在目录搜索，再按系统设定的标准方式搜索

    C. 仅仅搜索源程序所在的目录

    D. 仅仅搜索当前目录

二、填空题

1. 有以下宏命令和赋值语句，宏置换后的赋值语句的形式是_____。

```
#define A 3+5
p=A*A;
```

2. 以下 for 循环的循环次数是_____。

```
#include "stdio.h"
#define N 2
#define M N+1
#define NUM (M+1)*M/2
main()
{ int i,n=0;
  for(i=1;i<=NUM;i++)
  { n++;printf("%d",n);}
    printf("\n");
}
```

3. 设有如下宏定义：

```
#define MIN(x,y)  (x)>(y)?(x):(y)
#define T(x,y,r)  x*r*y/4
```

则执行以下语句后，s1 的值为___（1）___，s2 的值为___（2）___。

```
int a=1,b=3,c=5,s1,s2;
sl=MIN(a+b,b-a);
s2=T(a++,a*++b,a+b+c);
```

4. 设有以下程序，为使其正确运行，请在横线上填入应包含的命令行。（注：me()函数在"a:\myfile.h"中有定义。）

```
_____
main()
{ printf("\n");
  me();
  printf("\n");
}
```

三、分析程序题

1. 以下程序的运行结果是_____。

```
#define DOUBLE(r)  r*r
main()
```

```
{ int x=2,y=1,z;
  z=DOUBLE(x+y);
  printf("%d\n",z);
}
```

2．以下程序的运行结果是_____。

```
#define  MAX(a,b)  (a>b?a:b)
main()
{ int x=7,y=9;
  printf("%d\n",MAX(x,y));
}
```

3．以下程序的运行结果是_____。

```
#define PRINT(V) printf("V=%d\t",V)
main()
{ int x,y;
  x=1;y=2;
  PRINT(x);
  PRINT(y);
}
```

4．执行文件 file2.c 后，运行结果是_____。

（1）文件 file1.c 的内容为：

```
#define  PI  3.14
float circle(float r)
{ float area=PI*r*r;
  return(area);
}
```

（2）文件 file2.c 的内容为_____。

```
#include  "file1.c"
main()
{ float r=1;
  printf("area=%f\n",circle(r));
}
```

四、编程题

1．输入两个整数，求它们相除的余数。用带参的宏来实现。

2．定义一个带参的宏 swap(x,y)，以实现两个整数之间的交换，并利用它将一维数组 a 和 b 的值进行交换。

第9章
指针

指针是 C 语言中的一个重要概念，也是 C 语言的一个重要特色。正确而灵活地运用它，可以有效地表示复杂的数据结构，能动态分配内存，能方便地使用字符串，有效而方便地使用数组，在调用函数时能得到多于一个的值，能直接处理内存地址等，这对设计系统软件是很必要的。本章将介绍指针的概念、各种指针的定义和使用。掌握指针的应用，可以使程序简洁、紧凑、高效。每一个学习和使用 C 语言的人，都应当深入地学习和掌握指针。可以说，不掌握指针就是没有掌握 C 语言的精华。

指针的概念比较复杂，使用也比较灵活，因此初学时常会出错，请在学习本章内容时多思考、多比较、多上机，在实践中掌握它。

本章学习目标

- 掌握指针与指针变量的概念，熟练使用指针与地址运算符。
- 掌握变量、数组、字符串、函数、结构体的指针以及指向变量、数组、字符串、函数、结构体的指针变量。通过指针引用以上各类型数据。
- 掌握用指针作函数参数。
- 了解返回指针值的函数。
- 了解指针数组、指向指针的指针、main()函数的命令行参数。

9.1　相关概念

为了理解指针的概念，应先了解数据在内存中是如何存储、如何读取的。

9.1.1　变量的地址

如果在程序中定义了一个变量，在编译时就给这个变量分配内存单元。系统根据程序中定义的变量类型，分配一定长度的空间。例如，系统为整型变量分配 2 字节，为实型变量分配 4 字节，对字符型变量分配 1 字节。内存区的每一字节都有一个编号，这就是地址。

下面说明一个内存单元的地址与内存单元的内容的区别，如图 9-1 所示。假设程序中已定义了 3 个整型变量 i、

图 9-1　内存单元地址与内容

j、k，编译时内存用户数据区系统分配 2000 和 2001 字节给变量 i，2002 和 2003 字节给变量 j，2004 和 2005 字节给变量 k。

如果执行赋值语句"i=3;j=6;k=9;"，则 3、6、9 分别是 i、j、k 的值，而 2000、2002 、2004 分别是 i、j、k 的地址。

9.1.2　数据的访问方式

在程序中一般是通过变量名来对内存单元进行存取操作的。其实程序经过编译后已经将变量名转换为变量的地址，对变量值的存取都是通过地址进行的。例如，"printf("%d",i)"的执行过程：根据变量名与地址的对应关系（这个对应关系是在编译时确定的），找到变量 i 的地址 2000，然后从由 2000 开始的两字节中取出数据 3，将其输出。输入时如果用"scanf("%d",&i)"，在执行时，就把从键盘输入的值送到地址为 2000 开始的整型存储单元中。如果有语句"k=i+j"，则从 2000、2001 字节取出 i 的值 3，再从 2002、2003 字节取出 j 的值 6，将它们相加后，再将其和 9 送到 k 所占用的 2004、2005 字节单元中。这种按变量地址存取变量值的方式称为直接访问方式。

还可以采用另一种间接访问的方式，将变量的地址存放在一种特殊的变量中，这种变量称为指针变量，这种变量专门用来存放其他变量的地址。假设定义一个变量 i_pointer，用来存放整型变量 i 的地址，其被分配为 3010、3011 字节。可以通过下面语句将 i 的地址 2000 存放到 i_pointer 中。

```
i_pointer=&i;
```

这时，i_pointer 的值是 2000，即变量 i 所占用单元的起始地址。要存取变量 i 的值，也可以采用间接方式：先找到存放 i 的地址变量，从中取出 i 的地址 2000，然后到 2000、2001 字节取出 i 的值 3。

打个比方，为了开一个 A 抽屉，有两种办法，一种是将 A 钥匙带在身上，需要时直接找出该钥匙打开抽屉，取出所需的东西，这就是"直接访问"。另一种是为安全起见，将该 A 钥匙放到另一抽屉 B 中锁起来。如果需要打开 A 抽屉，就需要先找出 B 钥匙，打开 B 抽屉，取出 A 钥匙，再打开 A 抽屉，取出 A 抽屉中之物，这就是"间接访问"。

9.1.3　指针和指针变量

一个变量的地址称为该变量的指针。例如，地址 2000 是变量 i 的指针。如果有一个变量专门用来存放另一变量的地址（即指针），则其称为指针变量。上述的 i_pointer 就是一个指针变量。注意区分指针和指针变量这两个概念。例如，可以说变量 i 的指针是 2000，而不能说 i 的指针变量是 2000。

为了表示指针变量和它所指向的变量之间的联系，在程序中用"*"符号表示"指向"，例如，i_pointer 代表指针变量，而*i_pointer 是 i_pointer 所指向的变量，如图 9-2 所示。

可以看到，*i_pointer 也代表一个变量，它和变量 i 是一回事。下面两个语句作用相同：

① i=3;

② *i_pointer=3;

第②个语句的含意是将 3 赋给指针变量 i_pointer 所指向的变量。

图 9-2　2000

9.2 指针变量的定义和使用

9.2.1 指针变量的定义

C 语言规定所有变量在使用前必须定义，指定其类型，并按此分配内存单元。指针变量不同于整型变量和其他类型的变量，它是专门用来存放地址的。必须将其定义为指针类型。例如：

```
int   i,j;
int  *pointer_1,*pointer 2;
```

定义了两个整型变量 i 和 j，此外又定义两个指针变量 pointer_1 和 pointer_2，它们是指向整型变量的指针变量。左端的 int 是在定义指针变量时必须指定的基类型。指针变量的基类型用来指定该指针变量可以指向的变量的类型。例如，上面定义的指针变量 pointer_1 和 pointer_2 可以用来指向整型变量 i 和 j，但不能指向实型变量。

定义指针变量的一般形式为：

基类型 *指针变量名

下面都是合法的定义：

```
float  *pointer_3;                /*pointer_3 是指向实型变量的指针变量*/
char  *pointer_4;                 /*pointer_4 是指向字符型变量的指针变量*/
```

在定义指针变量时应注意以下内容。

（1）指针变量前面的"*"，表示该变量的类型为指针型变量。指针变量名是 pointer_1、pointer_2，而不是*pointer_1、*pointer_2。这与以前所介绍的定义变量的形式不同。

（2）在定义指针变量时必须指定基类型。指针变量所指向的变量的类型，即基类型。一个指针变量只能指向同一个类型的变量。上面的定义中，pointer_1 和 pointer_2 所指向的变量只能是整型变量。只有整型变量的地址才能放到指针变量中。

9.2.2 指针变量的初始化和赋值

指针变量在定义的同时也可以初始化。在 C 语言中，变量的地址是由编译系统分配的，对用户完全透明，用户不知道变量的具体地址。变量地址可以通过取地址运算符 "&" 来获得。运算对象是变量或数组元素，运算结果是对应变量或数组元素的地址。例如：

```
int  k=1,*p=&k;
```

它有两个含义，一是定义指针变量 p，二是给指针变量 p 赋初值取 k 的地址，相当于

```
int *p;p=&k;
```

一个指针变量可以通过不同的方式获得一个确定的地址值，从而指向一个具体的对象。

1. 通过求地址运算符（&）获得地址值

例如：int k=1, *q;

则赋值语句 "q=&k;" 把变量 k 的地址赋给 q，这时可以说 q 指向变量 k，如图 9-3 所示。地址运算符&只能应用于变量和数组元素。

scanf()函数中的变量之前都加&，scanf()函数把从终端读取的数据依次放入这些地址所代表的存储单元中，当执行 "q=&k;" 后，"scanf("%d",&k);" 和 "scanf（"%d",q）;" 语句等价。

图 9-3 使指针指向变量

2. 通过指针变量获得地址值

通过赋值运算把一个指针变量的值赋给另一个指针变量，使这两个指针指向同一地址。例如：

```
int k,*p=&k, *q;
```

则语句 "q=p;" 使指针变量 q 中也存放变量 k 的地址，即变量 p 和变量 q 都指向 k。

进行赋值运算时，赋值号两边指针变量的基类型必须相同。

3. 通过调用库函数获得地址值

可以通过调用库函数 malloc() 和 calloc()，在内存中动态存储单元的地址赋给指针变量。具体相关内容将在第 10 章介绍。

4. 给指针变量赋空值

除了给指针变量赋地址值外，还可以给指针变量赋 NULL。它是在 stdio.h 头文件中定义的，其代码值为 0，当执行 "p=NULL;" 后称 p 为空指针。"p=NULL;" 等价于 "p=0;" 或 "p='\0';"。

这时，指针不指向地址为 0 的单元，而是有一个确定的值——空值，不指向任何单元。对指针变量赋 0 值和不赋值是不同的。指针变量未赋值时，可以是任意值，是不能使用的，否则将造成意外错误。而指针变量赋 0 值后，则可以使用，只是它不指向具体的变量而已。

指针变量中只能存放地址（指针），不要将一个整型量（或任何其他非地址类型的数据）赋给一个指针变量。

下面的赋值是不合法的：

```
pointer_l=100;(pointer_1 为指针变量,100 为整数)
```

9.2.3　指针变量的引用

两个有关的运算符：& 为取地址运算符、* 为指针运算符（或称间接访问运算符）。

"&" 和 "*" 两个运算符的优先级别相同，按自右而左方向结合。

例如，&a 为变量 a 的地址，*p 为指针变量 p 所指向的存储单元中存储的数据。

【例 9.1】通过指针变量访问整型变量。

```
main()
{  int a,b;
   int *p1,*p2;
   a=100;b=10;
   p1=&a;                       /*把变量 a 的地址赋给 p1*/
   p2=&b;                       /*把变量 b 的地址赋给 p2*/
   printf("%d,%d\n",a,b);
   printf("%d,%d\n",*p1,*p2);
}
```

运行结果为：

```
100,10
100,10
```

"p1=&a;p2=&b;" 是将 a 和 b 的地址分别赋给 p1 和 p2。不应写成 "*p1=&a;*p2=&b;"，因为 a 的地址是赋给指针变量 p1，而不是 *p1（即变量 a），如图 9-4 所示。

下面是一个指针变量应用的例子。

【例 9.2】输入 a 和 b 两个整数，按由大到小的顺序输出。

```
main()
{  int *p1,*p2,*p,a,b;
   scanf("%d,%d",&a,&b);
   p1=&a;p2=&b;
   if(a<b)
   {  p=p1;
      p1=p2;
      p2=p;
   }
   printf("\na=%d,b=%d\n\n",a,b);
   printf("max=%d,min=%d\n",*p1,*p2);
}
```

图 9-4　指针变量访问整型变量

运行结果为：

```
5,9<回车>
a=5,b=9
max=9,min=5
```

当输入"a=5，b=9"时，由于 a<b，将 p1 和 p2 交换。交换前的情况如图 9-5（a）所示，交换后如图 9-5（b）所示。

a 和 b 并未交换，它们仍保持原值，但 p1 和 p2 的值改变了。p1 的值原为&a，后来变成&b；p2 原值为&b，后来变成&a。这样在输出*p1 和*p2 时，实际上是输出变量 b 和 a 的值，所以先输出 9，然后输出 5。

这个问题的算法是不交换整型变量的值，而是交换两个指针变量的值（即 a 和 b 的地址）。

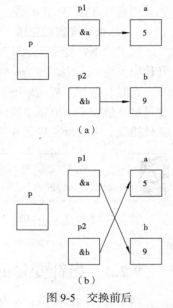

（a）

（b）

图 9-5　交换前后

9.2.4　指针的运算

1．在指针值上加减一个整数

指向数组或字符串的指针变量，可以加上或减去一个整数 n。设 pa 是指向数组 a 的指针变量，则 pa+n、pa−n、pa++、++pa、pa--、--pa 运算都是合法的。指针变量加上或减去一个整数 n 的意义是把指针指向的当前位置（指向某数组元素）向前或向后移动 n 个位置。指向数组的指针变量向前或向后移动一个位置与地址加 1 或减 1 在概念上是不同的。因为数组可以有不同的类型，各种类型的数组元素所占的字节长度是不同的。如指针变量加 1，即向后移动一个位置表示指针变量指向下一个数据元素的首地址，而不是在原地址基础上加 1。例如：

```
int a[10], *pa;
pa=a;                              /*pa 指向数组 a，也是指向 a[0]，即 pa 值为&a[0]*/
pa=pa+3;                           /*pa 指向 a[3]，即 pa 的值为&a[3]*/
```

指针变量的加减运算只能在指向数组或字符串的指针变量中进行，对指向其他类型变量的指针变量是不能进行加减运算的，因为指向其他类型变量的指针变量的值不一定是连续的。

2．指针变量和指针变量的减法运算

指针变量和指针变量的减法运算规则如下：

指针变量 1–指针变量 2

只有指向同一数组的两个指针变量之间才能进行减法运算，否则不能进行运算。

两指针变量相减所得之差是两个指针所指的数组元素之间相差的元素个数。例如：

```
int a[10],*p1,*p2;
pl=&a[2];p2=&a[6];
```

则（pl–p2）的结果为整数–4；而（p2–p1）的结果为整数 4。

3. 指针变量的关系运算

指针变量和指针变量的关系运算规则如下：

指针变量 1 关系运算符 指针变量 2

指向同一数组的两个指针变量进行关系运算可以表示其所指数组元素之间的关系。例如：

pl==p2，表示 p1 和 p2 指向同一数组元素。

pl>p2，表示 p1 处于高地址位置。

指针变量还可以与 0 进行比较。例如：

设 P 为指针变量，则 P==0 表明 P 是空指针，其不指向任何变量。

9.3　指针变量作函数参数

函数的参数不仅可以是整型、实型、字符型等数据，还可以是指针类型。其作用是将一个变量的地址传送到另一个函数中。

【例 9.3】判断程序能否交换主函数中 a 和 b 的值。

```
main()
{ int a=1,b=2;
  printf("1:a=%d,b=%d\n",a,b);
  swap(&a,&b);                    /*a,b 的地址值*/
  printf("3:a=%d,b=%d\n",a,b);    /*不能用*p,*q输出 a,b 的值。p,q 已不存在*/
}
swap(int *p,int *q)              /*p,q 是指针变量,分别指向 a 和 b。*p,*q 分别代表 a,b*/
{ int c;
  c=*p;  *p=*q;  *q=c;           /*只能用指针 p,q 访问 a,b。在此函数中 a,b 无效*/
  printf("2:%d,%d\n",*p,*q);     /*相当于输出主函数中 a,b 的值*/
}
```

运行结果为：

```
1:a=1,b=2
2:2,1
3:a=2,b=1
```

图 9-6（a）所示表示调用开始前，a、b 中的存储情况；图 9-6（b）所示表示在调用开始时，变量 a、b 与被调函数中的指针变量 p、q 之间的关系。在调用期间，图 9-6（c）所示表示用*p 和*q 改变 a、b 中的值；图 9-6（d）所示表示这种改变一直保留到调用结束（如图 9-6（d）所示）。

本例中交换 a 和 b 的值，而 p 和 q 的值不变。另外，不要使用没有确定指向的指针变量，如果把上面的被调函数写成如下形式是不正确的。

```
swap(int *p,int *q)
{ int *c;
  *c=*p;*p=*q;*q=*c;
  printf("2:%d,%d\n",*p,*q); }
```

图 9-6　例 9.3 图

由于未给 c 赋值，因而变量 c 中的值是一个不确定的值，即 c 指向一个不可预料的存储单元。将 *p 的值赋给 *c，就有可能将 c 所指向的单元内容改变，而该单元可能是系统中有用的单元。这样做，有可能破坏整个系统的正常工作。

如果 swap()函数定义如下：

```
swap (int *p,int *q)
{ int *c;
  c=p;
  p=q;
  q=c;
  printf("2:%d,%d\n",*p,*q);
}
```

在 swap()中的参数虽然也是指针，但在函数体中只交换了指针值，而没有交换指针所指的变量值，所以不能改变实参的值，即 a、b 值不变。

【例 9.4】对输入的两个整数按大小顺序输出。

本题要用函数处理，而且用指针类型的数据作函数参数。

程序如下：

```
swap(int *p1,int *p2) /*交换两个变量 a 和 b 的值*/
{ int temp;
  temp=*p1;
  *p1=*p2;
  *p2=temp;
}
main()
{ int a,b;
  int *pointer_1,*pointer_2;
  scanf("%d,%d",&a,&b);
  pointer_1=&a;          /*将 a 的地址赋给指针变量 pointer_1, 使 pointer_1 指向 a*/
  pointer_2=&b;          /*将 b 的地址赋给指针变量 pointer_2, 使 pointer_2 指向 b*/
  if(a<b)
     swap(pointer_1,pointer_2);
  printf("\n%d,%d\n",a,b);
}
```

运行结果为：

5,9<回车>

9,5

实参 pointer_1 和 pointer_2 是指针变量，在函数调用时，将实参变量的值传送给形参变量。采取"值传递"方式，但实际上传的是地址值。传送后形参 p1 的值为&a，p2 的值为&b。这时，p1 和 pointer_1 都指向变量 a，p2 和 pointer_2 都指向 b。然后执行 swap() 函数的函数体，使*p1 和*p2 的值互换，也就是使 a 和 b 的值互换。函数调用结束后，p1 和 p2 不存在（已释放）。最后在 main()函数中输出的 a 和 b 的值是已经交换过的值 a=9，b=5。

　　我们知道，一个函数只能带回一个返回值，如果想通过函数调用得到 n 个要改变的值，可以按如下方法进行操作：

（1）在主调函数中设 n 个变量；

（2）将这 n 个变量的地址作为实参传给所调用函数的形参；

（3）通过形参指针变量，改变该 n 个变量的值；

（4）主调函数中可以使用这些改变了值的变量。

　　不能通过改变指针形参的值而使指针实参的值也改变。C 语言中，实参变量和形参变量之间的数据传递是单向的"值传递"方式，指针变量作函数参数也要遵循这一规则。调用函数不能改变实参指针变量的值，但可以改变实参指针变量所指变量的值（因为通过形参指针改变了该变量的值，而实参指针也指向该单元。所以，改变了实参指针所指变量的值）。我们知道函数的调用可以（而且只可以）得到一个返回值（即函数值），而运用指针变量作参数，可以得到多个变化了的值，如果不用指针变量是难以做到的。

　　【例 9.5】输入 a、b、c 3 个整数，按大小顺序输出。

```
swap (int*pt1,int*pt2)
{  int temp;
   temp=*pt1;
   *pt1=*pt2;
   *pt2=temp;
}
change (int*q1,int*q2,int*q3)
{  if(*q1<*q2) swap(q1,q2);
   if(*q1<*q3) swap(q1,q3);
   if(*q2<*q3) swap(q2,q3);
}
main()
{  int a,b,c,*p1,*p2,*p3;
   scanf("%d,%d,%d",&a,&b,&c);
   p1=&a;p2=&b;p3=&c;
   change(p1,p2,p3);
   printf("\n%d,%d,%d\n",a,b,c);
}
```

运行结果为：

```
9,0,10<回车>
10,9,0
```

9.4　数组的指针和指向数组的指针变量

　　一个变量有地址，数组元素在内存中占用存储单元，都有相应的地址。指针变量可以指向变量，也可以指向数组和数组元素（把数组起始地址或某一元素的地址放到一个指针变量中）。所谓数组的指针是指数组的起始地址，数组元素的指针是数组元素的地址。

引用数组元素可以用下标法（如 a[3]）；也可以用指针法，即通过指向数组元素的指针找到所需的元素。使用指针法能提高目标程序质量（占内存少，运行速度快）。

9.4.1 指向数组元素的指针

指向数组元素的指针变量的定义方法与定义指向变量的指针变量相同。例如：

```
int a[10];       /*定义 a 为包含 10 个整型数据的数组*/
int *p;          /*定义 p 为指向整型变量的指针变量*/
```

如果数组为 int 型，则指针变量也应指向 int 型。下面对该指针元素赋值：

    p=&a[0];

把 a[0]元素的地址赋给指针变量 p，也就是说 p 指向 a 数组的第 0 号元素，如图 9-7 所示。

C 语言中规定数组名代表数组的首地址，也就是下标为 0 的元素地址。因此，下面两个语句等价：

    p=&a[0];
    p=a;

图 9-7 指向数组元素的指针

数组 a 不代表整个数组，上述语句"p=a;"是把 a 数组的首地址赋给指针变量 p，而不是把数组 a 各元素的值都赋给 p。

9.4.2 通过指针引用数组元素

假设 p 已定义为指针变量，并已赋给一个地址，使其指向某一个数组元素。如果有以下赋值语句：

    *p=1;

表示对 p 当前所指向的数组元素赋予一个值（值为 1）。如果指针变量 p 已指向数组中的一个元素，则 p+1 指向同一数组中的下一个元素（而不是将 p 值简单地加 1）。例如，数组元素是实型，每个元素占 4 字节，则 p+1 意味着使 p 的值（地址）加 4 字节，以使其指向下一元素。p+1 所代表的地址实际上是 p+1×d，d 是一个数组元素所占的字节数（对整型 d=2；对实型 d=4；对字符型 d=1）。

如果 p 的初值为&a[0]，那么：

（1）p+i 和 a+i 是 a[i]的地址，或者说，它们指向 a 数组的第 i 个元素，如图 9-8 所示。需要说明的是 a 代表数组首地址，a+i 也是地址，计算方法同 p+i，即实际地址为 a+i×d。例如，p+9 和 a+9 的值是&a[9]，其指向 a[9]。

（2）*(p+i)或*(a+i)是 p+i 或 a+i 所指向的数组元素，即 a[i]。例如，*(p+5)或*(a+5)是 a[5]，*(p+5)=*(a+5)=a[5]。在编译时，把数组元素 a[i]处理成*(a+i)，即按数组首地址加上相对位移量得到

图 9-8 通过指针引用数组元素

要查找元素的地址,然后找出该单元中的内容。例如,若数组 a 的首地址为 2000,设数组为整型,则 a[3]地址的计算过程:2000+3×2=2006,然后从 2006 地址所标识的整型单元取出元素的值,即 a[3]的值。

(3)指向数组的指针变量也可以带下标,如 p[i]与*(p+i)等价。

根据以上叙述,引用一个数组元素,如下:

① 下标法,如 a[i]形式。

② 指针法,如*(a+i)或*(p+i)。其中,a 是数组名,p 是指向数组的指针变量,初值 p=a。

(4)当指针指向一串连续的存储单元时,可以将指针加上或减去一个整数,这种操作称为指针的移动。例如,"p++;"或"p--;"都可以使指针移动。移动指针后,指针不应超出数组元素的范围。

(5)指针不允许进行乘、除运算,移动指针时,不允许加上或减去一个非整数,对指向同一串连续存储单元的两个指针只能进行相减操作。

【例 9.6】输出数组中的全部元素。

假设有一个 a 数组,有 10 个整型元素。要输出各元素的值有如下 3 种方法。

(1)下标法。

```
main()
{ int a[10];
  int i;
  printf("\n");
  for(i=0;i<10;i++)
    scanf("%d",&a[i]);
  printf("\n");
  for(i=0;i<10;i++)
    printf("%d ",a[i]);
}
```

(2)通过数组名计算数组元素地址,找出元素的值。

```
main()
{ int a[10];
  int i;
  printf("\n");
  for(i=0;i<10;i++)
    scanf("%d",&a[i]);
  printf("\n");
  for(i=0;i<10;i++)
    printf("%d ",*(a+i));
}
```

(3)用指针变量指向数组元素。

```
main()
{ int a[10];
  int *p,i;
  printf("\n");
  for(i=0;i<10;i++)
    scanf("%d",&a[i]);
  printf("\n");
  for(p=a;p<(a+10);p++)
    printf("%d ",*p);
}
```

以上 3 个程序的运行结果为:

```
1 2 3 4 5 6 7 8 9 0<回车>
1 2 3 4 5 6 7 8 9 0
```

对 3 种方法进行比较。如下所述。

① 例 9.6 的第①和②种方法执行效率相同。C 编译系统将 a[i]转换成*(a+i)进行处理，即先计算元素地址。因此用第①和②种方法查找数组元素比较费时。

② 第③种方法比①、②种方法快，将指针变量直接指向元素，不需要每次都重新计算地址，像 p++这样的自加运算是比较快的，能大大提高执行效率。

③ 用下标法比较直观，能直接显示是第几个元素。例如，a[5]是数组中序号为 5 的元素（注意：序号从 0 算起）。用地址法或指针变量的方法显示不直观，难以快速地判断出当前处理的是哪一个元素。例如，例 9.6 第③种方法所用的程序，要仔细分析指针变量 p 的当前指向，才能判断当前输出的是第几个元素。

在使用指针变量时，要注意的问题如下所述。

（1）指针变量可以实现使本身的值改变。例如，上述第③种方法是用指针变量 p 来指向元素，用 p++使 p 的值不断改变，这是合法的。如果不用 p 而使 a 变化（例如，用 a++），即将上述（3）程序的最后两行改为

```
for(p=a;a<(p+10);a++)
printf("%d",*a);
```

是不行的。因为 a 是数组名，它是数组首地址，它的值在程序运行期间是固定不变的，是常量，所以 a++是错误的。

（2）要注意指针变量的当前值。

【例 9.7】通过指针变量输出数组 a 的 10 个元素。

有以下程序：

```
main()
{ int *p,i,a[10];
  p=a;
  printf("\n");
  for(i=0;i<10;i++)
     scanf("%d",p++);
  printf("\n");
  for(i=0;i<10;i++,p++)
     printf("%d ",*p);
}
```

图 9-9   例 9.7 图

运行结果为：

```
1 2 3 4 5 6 7 8 9 0<回车>
-20 285 1 -22 2586 -18 0 14915 21596 23619
```

显然输出的数值并不是 a 数组中各元素的值。原因是指针变量 p 的初始值为 a 数组首地址（见图 9-9 中的①），但经过第一个 for 循环读入数据后，p 已指向 a 数组的末尾（见图 9-8 中的②）。因此，在执行第二个 for 循环时，p 的起始值不是&a[0]，而是 a+10。因为执行循环时，每次要执行 p++，p 指向的是 a 数组下面的 10 个元素。

解决这个问题的办法，只要在第二个 for 循环之前加一个赋值语句：

```
p=a;
```

使 p 的初始值回到&a[0]，这样结果就对了，即程序改为：

```
main()
{ int *p,i,a[10];
  p=a;
```

```
  printf("\n");
  for(i=0;i<10;i++)
    scanf("%d",p++);
  printf("\n");
  p=a;
  for(i=0;i<10;i++,p++)
    printf("%d ",*p);
}
```

运行结果为：

```
1 2 3 4 5 6 7 8 9 0<回车>
1 2 3 4 5 6 7 8 9 0
```

（3）注意指针变量的运算。如果先使 p 指向数组 a（即 p=a），那么：

① p++（或 p+=1），使 p 指向下一元素，即 a[1]。若再执行*p，取出下一个元素 a[1]值。

② *p++，由于++和*优先级相同，结合方向为自右而左，因此其等价于*(p++)。作用是先得到 p 指向变量的值（即*p），再使 p+1=>p。

例 9.7 最后一个程序中最后一个 for 语句：

```
for(i=0;i<10;i++,p++)
  printf("%d ",*p);
```

可以改写为：

```
for(i=0;i<10;i++)
  printf("%d ",*p++);
```

它们的作用相同，都是先输出*p 的值，然后使 p 值加 1。这样进行下一次循环时，*p 就是下一个元素的值。

③ *(p++)与*(++p)作用不同。前者是先取*p 值，再使 p 加 1。后者是先使 p 加 1，再取*p。若 p 初值为 a（即＆a[0]），输出*(p++)时，得 a[0]的值；而输出*(++p)，则得到 a[1]的值。

④ (*p)++表示 p 所指向的元素值加 1，即(a[0])++。如果 a[0]=3，则执行(a[0])++后，a[0]的值为 4。

注意：是元素值加 1，而不是指针值加 1。

⑤ 如果 p 当前指向 a 数组中第 i 个元素，那么：

- *(p--)相当于 a[i--]，先对 p 进行 "*" 运算，再使 p 自减。
- *(++p)相当于 a[++i]，先使 p 自加，再作*运算。
- *(--p)相当于 a[--i]，先使 p 自减，再作*运算。

9.4.3　数组名作函数参数

数组名可以用作函数的形参和实参。例如：

```
main()
{ int array[10];
  …
  f(array,10);
  …
}
f(int arr[],int n)
{…}
```

array 为实参数组名，arr 为形参数组名。当用数组名作参数时，如果形参数组中各元素的值发生变化，实参数组元素的值随之变化。在学习指针以后，对此问题就容易理解了。

先看数组元素作实参时的情况。如果已定义一个函数，其原型如下：

```
void swap(int x,int y);
```

假设函数的作用是将两个形参（x，y）的值交换，函数调用如下：

```
swap(a[1],a[2]);
```

用数组元素 a[1]和 a[2]作实参的情况与用变量作实参时一样，都是"值传递"方式，将 a[1]和 a[2]的值单向传递给 x，y。当 x 和 y 的值改变时，a[1]和 a[2]的值并不改变。

再看用数组名作函数参数的情况。前面已经介绍，实参数组名代表该数组首地址，而形参是用来接收从实参传递过来的数组首地址。因此，形参应该是一个指针变量（只有指针变量才能存放地址）。实际上，C 编译都是将形参数组作为指针变量来处理的。例如，上面给出的函数 f()的形参是写成数组形式的：

```
f(int arr[],int n)
```

但在编译时是将 arr 按指针变量处理，相当于将函数 f()的首部写成：

```
f(int *arr,int n)
```

以上两种写法是等价的。在调用该函数时，系统会建立一个指针变量 arr，用来存放从主调函数传递过来的实参数组（假设是 array）首地址。如果在 f()函数中用 sizeof 运算符测定 arr 所占的字节数（即 sizeof arr 的值），结果为 2。这就证明了系统是把 arr 作为指针变量来处理的。当 arr 接收了实参数组的首地址后，arr 指向实参数组的开头，也就是指向 array[0]。因此，*arr 就是 array[0]的值。arr+1 指向 array[1]，arr+2 指向 array[2]，arr+3 指向 array[3]。也就是说*(arr+1)、*(arr+2)、*(arr+3)分别是 array[1]、array[2]、arrray[3]的值。因为前面介绍过，*(arr+i)和 arr[i]是无条件等价的。因此，在调用函数过程中，arr[0]和*arr 以及 array[0]都是数组 array 第 0 个元素的值，依此类推，arr[3]、*(arr+3)、array[3]都是 array 数组第 3 号元素的值，如图 9-10 所示。

常用此方法通过调用一个函数来改变实参数组的值。

图 9-10 形参与实参数组的指向关系

下面把用变量名作为函数参数和用数组名作为函数参数进行比较，如表 9-1 所示。

在 C 语言中，调用函数时虚实结合的方法都是采用值传递方式。当用变量名作为函数参数时传递的是变量的值；当用数组名作为函数参数时，由于数组名代表的是数组起始地址，因此传递的值是数组首地址，所以要求形参为指针变量。

表 9-1　　　　　　　用变量名作为函数参数和用数组名作为函数参数的对比

实参类型	变 量 名	数 组 名
要求形参的类型	变量名	数组名或指针变量
传递的信息	变量的值	地址
通过函数调用能否改变实参的值	不能	能

在用数组名作为函数实参时，既然实际上相应的形参是指针变量，为什么还允许使用形参数组的形式？这是因为在 C 语言中，用下标法和指针法都可以访问一个数组（如果有一个数组 a，则 a[i]和*(a+i)无条件等价）。用下标法表示比较直观，便于理解。因此，用户常用数组名作形参，以便与实参数组对应。从应用的角度看，用户可以认为有一个形参数组，它从实参数组中得到起始地址，因此形参数组与实参数组共占同一段内存单元。在调用函数期间，如果改变了形参数组

的值，也就是改变了实参数组的值。当然在主调函数中可以利用这些已改变的值。

　　实参数组后代表一个固定的地址，或者说是指针型常量，而形参数组并不是一个固定的地址值。作为指针变量，在函数调用开始时，它的值等于实参数组起始地址，但在函数执行期间，可以再被赋值。例如：

```
f(arr[],int n)
{  printf("%d\n",*arr);              /*输出 array[0]的值*/
   arr=arr+3;
   printf("%d\n",*arr);              /*输出 array[3]的值*/
}
```

　　【例 9.8】将数组 a 中 n 个整数按相反顺序存放，如图 9-11 所示。

　　解此题的算法为：将 a[0]与 a[n−1]对换，再将 a[1]与 a[n−2]对换……直到将 a[(n−1)/2]与 a[n−int((n−1)/2)−1]对换。用循环处理此问题，设两个位置指示变量 i 和 j，i 的初值为 0，j 的初值为 n−1。将 a[i]与 a[j]交换，然后使 i 的值加 1，j 的值减 1，再将 a[i]与 a[j]对换，直到 i=(n−1)/2 为止。

　　程序如下：

```
void inv(int x[],int n)     /*形参 x 是数组名*/
{  int temp,i,j,m=(n-1)/2;
   for(i=0;i<=m;i++)
   {  j=n-1-i;
      temp=x[i];
      x[i]=x[j];
      x[j]=temp;
   }
}
main()
{  int i,a[10]={3,7,9,11,0,6,7,5,4,2};
   printf("The original array:\n");
   for(i=0;i<10;i++)
      printf("%d,",a[i]);
   printf("\n");
   inv(a,10);
   printf("The array has been inverted:\n");
   for(i=0;i<10;i++)
      printf("%d,",a[i]);
   printf("\n");
}
```

图 9-11　例 9.8 图

运行结果为：

```
The original array:
3,7,9,11,0,6,7,5,4,2,
The array has been inverted:
2,4,5,7,6,0,11,9,7,3,
```

　　主函数中数组名为 a，赋以各元素初值。函数 inv()中的形参数组名为 x。在 inv()函数中不必具体定义数组元素的个数，元素个数由实参传给形参 n。这样可以增加函数的灵活性。不必要求函数 inv()中的形参数组 x 和 main()函数中的实参数组 a 长度相同。如果在 main()函数中有函数调用语句 inv(a,10)，表示要求对 a 数组的前 10 个元素实行题目要求的颠倒排列。如果改为 inv(a,5)，则表示要求将 a 数组的前 5 个元素实行颠倒排列。此时，函数 inv()只处理 5 个数组元素。函数 inv()中的 m 是 i 值的上限，当 i≤m 时，循环继续执行；当 i>m 时，则结束循环过程。例如，若 n=10，则 m=4，最后一次 a[i]与 a[j]的交换是 a[4]与 a[5]交换。

对这个程序可以做一些改动。将函数 inv()中的形参 x 改成指针变量。实参为数组名 a，即数组 a 的首地址，将它传给形参指针变量 x，这时 x 就指向 a[0]。x+m 是 a[m]元素的地址。设 i 和 j 以及 p 都是指针变量，用其指向有关元素。i 的初值为 x，j 的初值为 x+n-1，如图 9-12 所示。使 *i 与*j 交换就是使 a[i]与 a[j]交换。

程序如下：

```
void inv(int *x,int n)          /*形参 x 为指针变量*/
{ int *p,temp,*i,*j,m=(n-1)/2;
  i=x;j=x+n-1;p=x+m;
  for(;i<=p;i++,j--)
  { temp=*i;
    *i=*j;
    *j=temp;
  }
  return;
}
main()
{ int i,a[10]={3,7,9,11,0,6,7,5,4,2};
  printf("The original array:\n");
  for(i=0;i<10;i++)
    printf("%d,",a[i]);
  printf("\n");
  inv(a,10);
  printf("The array has been inverted:\n");
  for(i=0;i<10;i++)
    printf("%d,",a[i]);
  printf("\n");
}
```

图 9-12　例 9.8 改动图示

运行结果为：

```
The original array:
3,7,9,11,0,6,7,5,4,2,
The array has been inverted:
2,4,5,7,6,0,11,9,7,3,
```

运行结果与前面程序的运行结果相同。

【例 9.9】从 10 个数中找出其中最大值和最小值。

本题不要求改变数组元素的值，只要求得到最大值和最小值。但是调用一个函数只能得到一个返回值，为了能得到两个结果值，可用全局变量在函数之间"传递"数据。

程序如下：

```
int  max,min;                          /*全局变量*/
void max_min (int array[ ],int n)
{ int *p,*array_end;
  array_end=array+n;
  max=min=*array;
  for(p=array+1;p<array_end;p++)
    if(*p>max) max=*p;
    else if(*p<min) min=*p;
  return;
}
main()
{ int i,number[10];
```

```
    printf("enter 10 integer numbers:\n");
    for(i=0;i<10;i++)
        scanf("%d",&number[i]);
    max_min (number,10);
    printf("\nmax=%d,min=%d\n",max,min);
}
```

运行结果为：

```
enter 10 integer numbers:
-2 14 6 28 0 -3 5 89 67 -34<回车>
max=89,min=-34
```

在 max_min()函数中求出的最大值和最小值放在 max 和 min 中。由于它们是全局变量，因此在主函数中可以直接使用。函数 max_min()中的语句：

```
max=min=*array;
```

array 是形参数组名，它接收从实参传来的数组 number 的首地址。array 是形参数组的首地址，*array 相当于*(array+0)，即 array[0]。上述语句与下面语句等价：

```
max=min=array[0];
```

函数 max_min()的形参 array 可以改为指针变量类型。即将该函数首部改为：

```
void max_min (int *array,int n)
```

实参也可以不用数组名，而用指针变量传递地址，形参仍用指针变量。程序可改为：

```
int max,min;
void max_min(int *array,int n)
{ int *p,*array_end;
  array_end=array+n;
  max=min=*array;
  for(p=array+1;p<array_end;p++)
  { if(*p>max) max=*p;
    else if(*p<min)min=*p; }
}
main( )
{ int i,number[10],*p;
  p=number;                              /*使 p 指向 number 数组*/
  printf("enter 10 integer numbers:\n");
  for(i=0;i<10;i++,p++)
    scanf("%d",p);
  printf("the 10 integer numbers:\n");
  for(p=number,i=0;i<10;i++,p++)
    printf("%d",*p);
  p=number;
  max_min(p,10);                         /*实参用指针变量*/
  printf("\nmax=%d,min=%d\n",max,min);
}
```

运行结果为：

```
enter 10 integer numbers:
-2 14 6 28 0 -3 5 89 67 -34<回车>
the 10 integer numbers:
-2 14 6 28 0 -3 5 89 67 -34
max=89, min=-34
```

【例 9.10】程序如下：

```
float average(float *array,int n)
{ int i;
```

```
    float aver,sum=0;
    for(i=0;i<n;i++)
        sum=sum+array[i];
    aver=sum/n;
    return(aver);
}
main()
{   float score_1[5]={98.5,97,91.5,60,55};
    float score_2[10]={67.5,89.5,99,69.5,77,89.5,76.5,54,60,99.5};
    printf ("A-average:%6.2f\n",average(score_1,5));
    printf("B-average:%6.2f\n",average(score_2,10));
}
```

运行结果为:

```
A-average:80.40
B-average:78.20
```

可以看出,两次调用函数时,数组大小是不同的。在调用时用一个实参传递数组大小(传给形参 n),以便在 average()函数中对所有元素都可访问到。

数组名作函数实参时,调用函数时只是把数组的首地址传给形参。调用时不为形参另外开出一片连续的存储单元,而只开出一个指针变量的存储单元,调用仍遵循单向传递。在调用结束后,实参数组的元素值可能会发生改变,当然在主调函数中可以利用这些已改变的值。

【例 9.11】已知一维数组中存放互不相同的 10 个整数,从键盘输入一个数,并从数组中删除与该值相同的元素中的值。

算法过程为:做删除操作时,首先查找要删除元素的位置,找到后,立刻用 break 语句退出循环,并进行删除。删除操作实质是把一些数组元素向前移一位。

程序如下:

```
main( )
{   int i,t,a[10]={2,4,1,6,5,9,7,0,8,3};
    for(i=0;i<10;i++)
        printf("%4d",a[i]);
    printf("\nInput t:\n");
    scanf("%d",&t);
    del(a,t);
    for(i=0;i<9;i++) printf("%4d",a[i]);
        printf("\n");
}
del(int a[10],int t)
{   int i,j;
    for(i=0;i<10;i++)if(t==a[i])
        break;
    for(j=i;j<9;j++)
        a[j]=a[j+1];
}
```

运行结果为:

```
2 4 1 6 5 9 7 0 8 3
Input t:
6<回车>
2 4 1 5 9 7 0 8 3
```

【例 9.12】假定 a 数组中已存放由小到大顺序排好的 10 个数，在 a 数组中插入一个数，插入后数组中的数仍有序。

程序如下：

```
main()
{  int i,x,a[11]={1,3,5,7,9,11,13,15,17,19};
   for(i=0;i<10;i++) printf("%4d",a[i]);
   printf("\n");
   printf("Input x:\n");
   scanf("%d",&x);
   insert(a,x);
   for(i=0;i<11;i++) printf("%4d",a[i]);
   printf("\n");
}
insert(int *a,int x)
{  int i,j;
   i=0;
   while(i<10&&a[i]<x) i++;
   for(j=9;j>=i;j--) a[j+1]=a[j];
   a[i]=x;
}
```

运行结果为：

```
1  3  5  7  9  11  13  15  17  19
Input x:
8<回车>
1  3  5  7  8  9  11  13  15  17  19
```

9.4.4　指向多维数组的指针与指针变量

数组是 C 语言的一种数据类型，同样可以作为数组的元素类型。可以把二维数组看作是一个一维数组，而每一个数组元素还是一个一维数组。

x[i]和*(x+i)等价，&x[i]和 x+i 等价。

设有数组定义：

`int a[3][4]={{1,3,5,7},{9,11,13,15},{17,19,21,23}};`

（1）a 是二维数组名，是二维数组的起始地址（假设地址为 2000）。

（2）a+1 是 a 数组第 1 行首地址（此二维数组从 0 行开始），或者说 a+1 指向第 1 行（地址为2008）。

（3）a[0]、a[1]、a[2]是二维数组中 3 个一维数组（即 3 行）的名字，因此它们也是地址（分别是 0 行、1 行、2 行的首地址）。不要将它们错认为是整型数组元素。例如：

a[0]指向 0 行 0 列元素，a[0]的值为地址 2000。

（4）a[i]+j 是 i 行 j 列元素的地址，*(a[i]+j)是 i 行 j 列元素的值。如 a[0]+2 和*(a[0]+2)分别是0 行 2 列元素的地址和元素的值。

（5）a[i]与*(a+i)无条件等价，这两种写法可以互换。如 a[2]和*(a+2)都是 2 行首地址，即 2 行0 列元素的地址，即&a[2][0]。

（6）a[i][j]、*(a[i]+j)、*(*(a+i)+j)都是 i 行 j 列元素的值。

（7）区别行指针与列指针概念。例如，a+1 和 a[1]都代表地址 2008。但 a+1 是行指针，其指向一个一维数组。a[1](即*(a+1))是列指针，其指向一个元素，是 1 行 0 列元素的地址。

（8）可以定义指向一维数组的指针变量，例如：

```
int (*p)[4];                              /*称 p 为行指针*/
```

定义 p 为指向一个含 4 个元素的一维数组的指针变量。注意区分指向数组元素的指针变量和指向一维数组的指针变量，例如：

```
main()
{  int a[3][4];
   int *p1,(*p2)[4];
   …
   p1=&a[3][4];                           /*p1 是指向元素的指针*/
   p2=a+1;                                /*p2 是行指针*/
}
```

不能写成：

```
p1=a+1; p2=&a[3][4];                      /*类型不一致*/
```

定义指向有 n 个元素组成的一维数组的指针变量的一般形式：

```
类型名(*指针变量名)[长度];
```

【例 9.13】输出二维数组有关的值。

```
#define FORMAT "%d,%d\n"
main()
{  int a[3][4]={1,3,5,7,9,11,13,15,17,19,21,23};
   printf(FORMAT,a,*a);
   printf (FORMAT,a[0],*(a+0));
   printf(FORMAT,&a[0],&a[0][0]);
   printf(FORMAT,a[1],a+1);
   printf(FORMAT,&a[1][0],*(a+1)+0);
   printf(FORMAT,a[2],*(a+2));
   printf(FORMAT,&a[2],a+2);
   printf(FORMAT,a[1][0],*(*(a+1)+0));
}
```

运行结果为：

158,158 （第 0 行首地址和 0 行 0 列元素地址）

158,158 （0 行 0 列元素地址）

158,158 （0 行首地址和 0 行 0 列元素地址）

166,166 （1 行 0 列元素地址和 1 行首地址）

166,166 （1 行 0 列元素地址）

174,174 （2 行 0 列元素地址）

174,174 （第 2 行首地址）

9,9 （1 行 0 列元素的值）

　　　　　　a 是二维数组名，代表数组首地址，但是不能用 *a 来得到 a[0][0] 的值。*a 相当于 *(a+0)，即 a[0]，它是第 0 行地址（本次程序运行时输出 a.a[0] 和 *a 的值是 158，都是地址。每次编译分配的地址是不同的）。a 是指向一维数组的指针，可理解为行指针，*a 是指向列元素的指针，可理解为列指针，指向 0 行 0 列元素，**a 是 0 行 0 列元素的值。同样，a+1 指向第 1 行首地址，但也不能用 *(a+1) 得到 a[1][0] 的值，而应该用 **(a+1) 求 a[1][0] 元素的值。

可以用指针变量指向多维数组及其元素。

【例 9.14】用指针变量输出二维数组元素的值。

```
main()
{ int a[3][4]={1,3,5,7,9,11,13,15,17,19,21,23};
   int *p;
   for(p=a[0];p<a[0]+12;p++)
   { if((p-a[0])%4= =0) printf("\n");
     printf("%4d",*p);
   }
}
```

运行结果为：

```
 1   3   5   7
 9  11  13  15
17  19  21  23
```

p 是一个指向整型变量的指针变量，它可以指向一般的整型变量，也可以指向整型的数组元素。每次使 p 值加 1，以移向下一元素。if 语句的作用是使一行输出 4 个数据，然后换行。也可以将 p 的值（即数组元素的地址）输出。可将程序改为：

```
main()
{ int a[3][4]={1,3,5,7,9,11,13,15,17,19,21,23};
   int *p;
   for(p=a[0];p<a[0]+12;p++)
   printf("addr=%o,value=%4d\n",p,*p);
}
```

运行结果为：

```
addr=177706,value=   1
addr=177710,value=   3
addr=177712,value=   5
addr=177714,value=   7
addr=177716,value=   9
addr=177720,value=  11
addr=177722,value=  13
addr=177724,value=  15
addr=177726,value~  17
addr=177730,value=  19
addr=177732,value=  21
addr=177734,value=  23
```

计算 a[i][j] 在数组中的相对位置的计算公式为 $i \times m + j$。其中 m 为二维数组的列数（二维数组大小为 $n \times m$）。例如，对上述 3×4 的二维数组，它的第 2 行第 3 列元素(a[2][3])对 a[0][0] 的相对位置为 2*4+3=11。如果开始时使指针变量 p 指向 a(即(a[0][0]))，为了得到 a[2][3] 的值，可以用 *(p+2*4+3)表示。(p+11)是 a[2][3]的地址。a[i][j]的地址为 a[0]+i*m+j。

【例 9.15】输出二维数组任一行任一列元素的值。

```
main( )
{ int a[3][4]={1,3,5,7,9,11,13,15,17,19,21,23};
   int(*p)[4],i,j;
   p=a;
   scanf("i=%d,j=%d",&i,&j);
   printf("a[%d][%d]=%d\n",i,j,*(*(p+i)+j));
}
```

运行输入：

i=1,j=2<回车>

运行输出：

a[1][2]=13

程序第 3 行 "int(*p)[4]" 表示 p 是一个指针变量，它指向包含 4 个元素的一维数组。注意*p 两侧的括号不可缺少，如果写成*p[4]，由于方括号[ ]运算级别高，因此 p 先与[4]结合，p[4]作为数组，然后再与前面的*结合，*p[4]是指针数组。

对如下两者做比较，内容如下。

（1）int a[4]; (a 有 4 个元素，每个元素为整型)。

（2）int(*p)[4];。

第（2）种形式表示*p 有 4 个元素，每个元素为整型。也就是 p 所指的对象是有 4 个整型元素的数组，即 p 是行指针。此时，p 只能指向一个包含 4 个元素的一维数组，p 的值就是该一维数组的首地址。p 不能指向一维数组中的第 j 个元素。

程序中的 p+i 是二维数组 a 的第 i 行的地址(由于 p 是指向一维数组的指针变量，因此 p 加 1，就指向下一个一维数组)。*(p+2)+3 是 a 数组第 2 行第 3 列元素地址，这是指向列的指针，*(*(p+2)+3) 是 a[2][3]的值。如果*(p+2)是第 2 行 0 列元素的地址，而 p+2 是第 2 行首地址，两者的值相同，那么*(p+2)+3 不能写成(p+2)+3。因为(p+2)+3 就成(p+5)了，表示第 5 行的首地址。对 "*(p+2)+3"，括号中的 2 是以一维数组的长度为单位的，即 p 每加 1，地址就增加 8 字节（ 4 个元素。每个元素 2 字节），而(p+2)+3 括弧外的数字 3，不是以 p 所指一维数组为长度单位。而是采用 p 所指向的一维数组内部各元素的长度单位了，加 3 就是加（3×2）字节。p+2 和*(p+2)具有相同的值，但 (p+2)+3 和*(p+2)+3 的值就不相同了。

一维数组的地址可以作为函数参数传递，多维数组的地址也可作为函数参数传递。用指针变量作形参以接受实参数组名传递来的地址时，有两种方法：① 用指向变量的指针变量；② 用指向一维数组的指针变量。

【例 9.16】一个班有 3 个学生，各学 4 门课，计算总平均分数，以及第 n 个学生的成绩。

这个题目说明用多维数组指针作函数参数而举的例子。

用函数 average()求总平均成绩，用函数 search()找出并输出第 i 个学生的成绩。

程序如下：

```
main()
{  void average(float *p,int n);
   void search(float(*p)[4],int n);
   float score[3][4]={{65,67,70,60},{80,87,90,81},{90,99,100,98}};
   average(*score,12);                    /*求 12 个分数的平均分*/
   search(score,2);                       /*求第 2 个学生成绩*/
}
void average(float *p,int n)
{  float *p_end;
   float sum=0,aver;
   p_end=p+n-1;
   for(;p<=p_end;p++)
      sum=sum+(*p);
   aver=sum/n;
   printf("average=%5.2f\n",aver);
}
void search(float(*p)[4],int n)
{  int i;
   printf("the score of No.%d are:\n",n);
   for(i=0;i<4;i++)
      printf("%5.2f",*(*(p+n)+i));
```

```
}
```
运行结果为：
```
average=82.25
the score of  No.2 are:
90.00 99.00 100.00 98.00
```

在函数 main()中，先调用 average()函数以求总平均值。在函数 average()中形参 p 被声明为指向一个实型变量的指针变量。用 p 指向二维数组的各个元素，p 每加 1 就改为指向下一个元素。相应地，实参用*score，即 score[0]，它是一个地址，指向 score[0][0]元素。用形参 n 代表需要求平均值的元素的个数，实参 12 表示要求 12 个元素值的平均值。函数 average()中的指针变量 p 指向 score 数组的某一元素（元素值为一门课的成绩）。sum 是累计总分，aver 是平均值。在函数中输出 aver 的值，所以，函数无需返回值。

函数 search()的形参 p 不是指向一般实型变量的指针变量，而是指向包含 4 个元素的一维数组的指针变量。实参传给形参 n 的值为 2，即找序号为 2 的学生的成绩（3 个学生的序号分别为 0、1、2）。函数调用开始时，将实参 score 的值（代表该数组第 0 行首地址）传给 p，使 p 也等于 score。p+n 是一维数组 score[n]的首地址，*(p+n)+i 是 score[n][i]的地址，*(*(p+n)+i)是 score[n][i]的值。现在 n-2，i 由 0 变到 3，for 循环输出 score[2][0]到 score[2][3]的值。

9.5　字符串的指针和指向字符串的指针变量

除了可以用数组来存储和处理字符串之外，还可以使用指针对其进行处理。

9.5.1　字符串的表示形式

在 C 语言程序中，可以用以下两种方法实现一个字符串。

（1）用字符数组实现。

【例 9.17】用字符数组实现的示例。
```
main()
{ char string[]="I love China!";
  printf("%s\n",string);
}
```
运行结果为：
```
I love China!
```
string 是数组名，它代表字符数组的首地址，如图 9-13 所示。

（2）用字符指针实现：可以不定义字符数组，而定义一个字符指针。用字符指针指向字符串中的字符。

【例 9.18】用字符指针实现的示例。
```
main()
{ char *string="I love China!";
  printf("%s\n",string);
}
```
运行结果为：
```
I love China!
```
C 语言对字符串常量是按字符数组进行处理的，实际上是在内存开辟了一个字符数组，用来存放字符串变量。在程序中定义了一个字符指针变量 string，并把字符串首地址（即存放字符串的字符数组的首地址）赋给它，如图 9-14 所示。

图 9-13　用字符数组实现字符串

图 9-14　用指针表示字符串

在内存中，字符串的最后被自动加了一个'\0'，因此在输出时能确定字符串的终止位置。通过字符数组名或字符指针变量可以输出一个字符串，而对一个数值型数组，是不能用数组名输出它的全部元素的，只能通过逐个元素进行输出。

【例 9.19】将字符串 a 复制到字符串 b（用指针变量来处理）。

```
main()
{ char a[]="I am a boy.",b[20],*p1,*p2;
  int i;
  for(p1=a,p2=b;*p1!='\0';
  p1++,p2++) *p2=*p1;    /*只复制有效字符*/
  *p2='\0';   /*赋字符串结束标志*/
  printf("String a is:%s\n",a);
  printf("String b is:%s\n",b);
}
```

运行结果为：

```
String a is: I am a boy.
String b is: I am a boy.
```

指针变量 p1、p2 指向字符型数据。先使 p1 和 p2 的值分别为数组 a 和 b 的首地址，然后移动 p1、p2 指向其下面的一个元素，直到*p1 的值为'\0'为止。

程序必须保证 p1 和 p2 有合理的指向，而且同步移动。

9.5.2　对字符指针变量与字符数组的使用

虽然用字符数组和字符指针变量都能实现字符串的存储和运算，但它们两者之间是有区别的，主要有如下几点。

（1）字符数组由若干个元素组成，每个元素中存放一个字符，而字符指针变量中存放的是地址（字符串的首地址），并不是将字符串放到字符指针变量中。

（2）字符数组中只能对各个元素赋值，不能用如下办法对字符数组赋值：

```
char str[14];
```

```
str="I love China!";                    /*str 是数组名,是常量,不能再被赋值*/
```
而对字符指针变量,可以采用如下方法赋值:
```
char *a;
a="I love China!";
```
但注意赋给 a 的不是字符串,而是字符串的首地址。

(3)对字符指针变量赋初值时:
```
char *a="I love China!";
```
等价于:
```
char *a;
a="I love China!";
```
而对数组初始化时:
```
char str[14]={ "I love China!"};
```
不能等价于:
```
char str[14];
str[ ]= "I love China!";
```
即数组可以在变量定义时整体赋初值,但不能在赋值语句中整体赋值。

(4)定义一个数组时,在编译时已分配内存单元,有固定的地址。而定义一个字符指针变量时,给指针变量分配内存单元,在其中可以存放一个地址值。也就是说,该指针变量可以指向一个字符型数据,但如果未对其赋予一个地址值,则其并未具体指向哪一个字符数据。例如:
```
char str[10];
scanf("%s ",str);
```
也可用如下形式:
```
char *a;
scanf("%s ",a);
```
编译时虽然给指针变量 a 分配一个存储单元,a 的地址(即&a)是已指定。但 a 中的值并未确定,在 a 单元中是一个不可知的值,可能破坏内存中的有用数据,因此会导致严重的后果。所以要先使 a 有确定值,然后才能把一个字符串输入给以 a 中的值为首地址,连续的内存区中。

(5)指针变量的值是可以改变的。

【例 9.20】程序示例。
```
main()
{ char *a= "I love China!";          /*a 指向存放字符'I'的存储单元*/
  a=a+7;                             /*a 指向存放字符'C'的存储单元*/
  printf("%s",a);                    /*将输出 China!*/
}
```
运行结果为:
```
China!
```
数组名代表一个固定的地址,其值是不能改变的。

需要说明:定义一个指针变量并使其指向一个字符串后,也可以用下标形式引用指针变量所指的字符串中的字符(与前面介绍的数组类似)。

【例 9.21】程序示例。
```
main()
{ char *a="I LOVE CHINA";
  int i;
  printf("The sixth charcter is %c\n",a[5]);    /*将输出字符'E'*/
  for(i=0;a[i]!='\0';i++)
```

```
        printf("%c",a[i]);                        /*将输出 I LOVE CHINA*/
    }
```

运行结果为：

`I LOVE CHINA`

a[i]按*(a+i)处理，从 a 当前位置下移 *i* 个元素位置，取出其所指元素的值。

（6）用指针变量指向一个格式字符串，可以用其代替 printf()函数中的格式字符串。例如：

```
char *format;
format="a=%d,b=%f\n";
printf(format,a,b);
```

相当于：

```
printf("a=%d,b=%f\n",a,b);
```

因此，只要改变指针变量 format 所指向的字符串，就可以改变输入、输出的格式。这种 printf()函数称为可变格式输出函数。

也可以用字符数组。例如：

```
char format[]="a=%d,b=%f\n";
printf(format,a,b);
```

但不能采用赋值语句对数组整体赋值的形式。例如：

```
char format[];
format="a=%d,b=%f\n";
```

因此，用指针变量指向字符串的方式更为方便。

9.5.3　字符指针作函数参数

将一个字符串从一个函数传递到另一个函数，可以用地址传递的办法，即用字符数组名或用指向字符串的指针变量作参数。和前面介绍的数组一样，函数的首部有 3 种说明形式，而且形参也是指针变量。在被调用的函数中可以改变字符串的内容，在主调函数中可以得到改变的字符串。

【例 9.22】将字符数组中的字符串按逆序存放后输出。

程序如下：

```
#include<stdio.h>
#include<string.h>
main()
{ int i,j;
  char ch[80];
  gets(ch);puts(ch);
  j=strlen(ch)-1;
  fun(ch,j);
  puts(ch);
}
fun(char  *p,int j)
{ int i;
  char t,*q;
  q=p+j;
  for(;p<q;p++,q--)
  { t=*p;
    *p=*q;
    *q=t;
  }
}
```

运行结果为：

```
asdfgh<回车>
asdfgh
hgfdsa
```

【例 9.23】从键盘输入一个字符串，计算该字符串的长度。不要用 strlen 函数。

程序如下：

```
#include<stdio.h>
main( )
{  int len;
   char a[80];
   gets(a);
   puts(a);
   len=lenth(a);
   printf("%d\n",len);
}
intlenth(char *p)
{   char *q=p;                    /*p 和 q 都指向数组 a*/
    while(*q!='\0')  q++;         /*只移动 q,p 不变*/
    return q-p;                   /*q  p 表示共移动几个存储单元*/
}
```

运行结果：

```
asdfgh<回车>
asdfgh
6
```

【例 9.24】编一程序，将两个字符串连接起来。不用 strcat 函数。

程序如下：

```
 #include<stdio.h>
 main( )
 {  char s1[80],s2[40];
    printf("\n Input string1:");
    gets(s1);
    printf("\n Input string2:");
    gets(s2);
    scat(s1,s2);
    printf("\n New string:%s",s1);
 }
 scat(char *s1,char *s2)
 {  while(*s1 !='\0')  s1++;
    while(*s2!='\0')  {*s1=*s2;s1++;s2++;}
    *s1='\0';
 }
```

运行情况：

```
Input string1:I am a <回车>
Input string2:teacher.<回车>
New string:I am a teacher.
```

【例 9.25】编写一个程序，将字符数组 from 中的全部字符复制到字符数组 to 中。不用 strcpy 函数。复制时，'\0'也要复制过去。'\0'后面的字符不复制。

程序如下：

```
#include<stdio.h>
```

```
#include<string.h>
main( )
{ char from[80],to[80];
  printf("Input string:");
  scanf("%s",from);
  strcopy(from,to);
  printf("Copied string:%s\n",to);
}
strcopy(char *from,char *to)
{  int i;
   for(i=0;i<=strlen(from);i++)
   to[i]=from[i];
}
```

运行结果：

Input string:student<回车>

Copied string:student

【例 9.26】编写一个程序，比较字符数组 s1 和 s2。不要用 strcmp 函数。

程序如下：

```
#include<stdio.h>
main( )
{  int a;
   char s1[80],s2[80];
   gets(s1);gets(s2);puts(s1);puts(s2);
   a=strcomp(s1,s2);
   if(a>0) printf("(s1:%s)>(s2:%s)\n",s1,s2);
   if(a==0)printf("(s1:%s)=(s2:%s)\n",s1,s2);
   if(a<0) printf("(s1:%s)<(s2:%s)\n",s1,s2);
}
strcomp(char *s1,char *s2)
{ while(*s1==*s2&&*s1!='\0')  {s1++;s2++;}
  return *s1-*s2;
}
```

运行结果是：

one<回车>

two<回车>

one

two

(s1:one)<(s2:two)

9.6　函数的指针和指向函数的指针变量

可以用指针变量指向整型变量、字符串、数组，也可以指向一个函数。一个函数在编译时被分配给一个入口地址。这个入口地址就称为函数的指针。

9.6.1　通过函数的指针调用函数

可以用一个指针变量指向函数，然后通过该指针变量调用此函数。

【例 9.27】求 a 和 b 中大的数。

```
main()
{  int max(int,int);              /*对函数 max()的原型说明*/
   int(*p)(int,int);             /*定义指向函数的指针变量 p*/
   int a,b,c;
   p=max;                        /*将 max()函数的入口地址赋给 p*/
   scanf("%d,%d",&a,&b);
   c=(*p)(a,b);                  /*实参为 a,b,等价于 max(a,b)*/
   printf("max=%d\n",c);
}
int max(int x,int y)            /*定义 max()函数*/
{  int z;
   z=x>y?x:y;
   return(z);
}
```

其中

（1）指向函数指针变量的一般定义形式为：

数据类型标识符　(*指针变量名)(类型参数 1,类型参数 2…);

这里的"数据类型标识符"指函数返回值的类型，旧版本允许省略后一个括号中的内容。

（2）函数的调用可以通过函数名调用，也可以通过函数指针进行调用（即用指向函数的指针变量调用）。

（3）(*p)(int,int)表示定义一个指向函数的指针变量，它不是固定指向哪一个函数的，而只是表示定义这样一个类型的变量，是专门用来存放函数的入口地址。在程序中把哪个函数的地址赋给它，它就指向哪个函数。

（4）在给函数指针变量赋值时，只需给出函数名，而不必给出参数。例如：

p=max;

因为是将函数入口地址赋给 p，不能写成 p=max(a,b);的形式。

（5）用函数指针变量调用函数时，只需将（*p）代替函数名即可（p 为指针变量名）。在（*p）之后的括弧中根据需要写上实参，下面语句表示调用由 p 指向的函数，实参为 a 和 b，得到的函数值赋给 c，语句如下：

c=(*p)(a,b);

（6）对指向函数的指针变量，像 p+n、p++、p--等运算是无意义的。

9.6.2　指向函数的指针变量作函数参数

函数的指针变量也可以作为参数，以便实现函数地址的传递，也就是将函数名传给形参。从而实现利用相同的函数调用语句调用不同函数的目的。

【例 9.28】用函数指针变量实现四则运算。

程序如下：

```
float add(float x,float y)
{  return x+y;
}
float sub(float x,float y)
{  return x-y;
}
float  mult(float x,float y)
```

```
{ return x*y;
}
float divi(float x,float y)
{ return x/y;
}
float result(float x,float y,float (*p)(float,float))
{ float s;
  s=(*p)(x,y);
  return s;
}
main()
{
  float a,b,s;char op;
  printf("please select +,-,*,/ \n");
  scanf("%c",&op);
  printf("please input two operand\n");
  scanf("%f,%f",&a,&b);
  switch(op)
  {  case '+':s=result(a,b,add);break;
     case '-':s=result(a,b,sub);break;
     case '*':s=result(a,b,mult);break;
     case '/':s=result(a,b,divi);break;
  }
  printf("%f%c%f=%f\n",a,op,b,s);
}
```

运行结果为：

please select +,-,*,/ <回车>

+<回车>

please input two operand <回车>

20,25<回车>20.000000+25.000000=45.000000

再次运行结果为：

please select +,-,*,/ <回车>

+<回车>

please input two operand <回车>

20,25<回车>20.000000+25.000000=45.000000

程序中的 result()函数有一个形参是指向函数的指针变量 pf。在 main()函数中调用 result()函数时，除了将 a 和 b 作为实参，将两个数传给函数 result()的形参 x,y 外，还将函数名 add（或 sub 或 mult 或 divi）作为实参传给形参 p。在 result()函数中根据指向函数的指针变量调用相应的函数 add()、sub()、mult()、divi()）完成相应的运算。所以 result()函数一方面从主调函数中接受了不同的功能要求（即不同的运算），另一方面又转向了相应的功能实现函数。

9.7 返回指针值的函数

一个函数不仅可以带回简单类型的数据，而且可以带回指针型的数据，即地址。返回指针值的函数称为指针函数。定义指针函数的形式为：

类型标示符 *函数名(参数表)

例如：

```
#include<stdio.h>
char *fun(char *);                /*指针类型也要原型说明*/
main()
{  char ch='a',*p,*q;
   p=&ch;
   q=fun(p);                      /*调用结束后 q 才有确定的指向,相当于 q="bag";*/
   puts(q);
}
char *fun(char *s)
{  char *t="big";
   *(t+1)=*s;                     /**s 相当于主函数中的*p 即 ch*/
   return t;                      /*返回字符串的首地址*/
}
```

输出结果：

```
bag
```

9.8　指针数组和指向指针的指针

为了便于处理若干个字符串，使字符串处理更方便灵活，可以使用指针数组和指向指针的指针进行处理。

9.8.1　指针数组的概念

一个数组，其元素均为指针类型数据，称为指针数组，也就是说，指针数组中的每一个元素都是指针变量，指针数组的定义形式为：

类型标识符　*数组名[数组长度说明]

例如：

```
int *p[4];
```

不要写成"int (*p)[4];"，这是指向一维数组的指针变量。

例如，图书馆有若干本书，若把书名放在一个数组中，见图 9-15（a），然后对其进行排序。按一般方法，字符串本身就是一个字符数组，因此要设计一个二维的字符数组才能存放各字符串。但二维数组的列数确定后，每一行的元素个数都相等，实际上各字符串（书名）长度是不相等的。如果按最长的字符串来定义列数，会浪费许多内存单元，如图 9-15（b）所示。

可以分别定义一些字符串，然后用指针数组中的元素分别指向各字符串，如图 9-15（c）所示。如果对字符串进行排序，不必改动字符串的位置，只需改动指针数组中各元素的指向（即改变各元素的值，这些值是各字符串的首地址），如图 9-15（d）所示。这样，各字符串的长度可以不同，而且移动指针变量的值（地址）要比移动字符串所花的时间少得多。指针数组使字符串处理更方便。

F	o	l	l	o	w		m	e	\0				
Q	B	A	S	I	C	\0							
G	r	e	a	t		W	a	l	l	\0			
F	O	R	T	R	A	N	\0						
C	o	m	p	u	t	e	r		d	e	s	i	g	n	\0

（a）

（b）

Follow me
QBASIC
Great Wall
FORTRAN
Computer design

name
指针数组 → 字符串

name[0] → Follow me
name[1] → QBASIC
name[2] → Great Wall
name[3] → FORTRAN
name[4] → Computer design

（c）

name
指针数组 → 字符串

name[0]
name[1]
name[2]
name[3]
name[4]

Follow me
QBASIC
Great Wall
FORTRAN
Computer design

（d）

图 9-15　用指针数组处理字符串

【例 9.29】在 5 个字符串中，找出最大者，并使下标为 0 的指针数组元素指向它。

程序如下：

```
#include<stdio.h>
#include<string.h>
main( )
{ int i,k;
  char *temp,*str[]={"Follow","QBASIC","Great","FORTRAN","Computerp"};
  k=0;
  for(i=1;i<5;i++)
    if(strcmp(str[k],str[i])<0)
      k=i;
  if(k!=0)
  { temp=str[0];
    str[0]=str[k];
    str[k]=temp;
  }
    printf("The largest string is\n%s\n",str[0]);
}
```

运行结果为：

```
The largest string is
QBASIC
```

9.8.2　指向指针的指针

指针变量也有地址，这个地址可以存放在另一个指针变量中。如果变量 p 中存放了指针变量 q 的地址，那么 p 就指向指针变量 q。指向指针数据的指针变量，简称为指向指针的指针。定义一个指向指针数据的指针变量，形式如下：

类型 **指针变量;

如果有 char **p, *q="abc";则 "p=&q;" 是合法的。

*p 相当于 q，**p 相当于*q，因此**p 中的值为'a'，如图 9-15（c）所示中的 name 是一个指针数组（其每一个元素的值都为地址）。数组名 name 代表该指针数组的首地址。可另设一个指针 p（定义如上），让其指向 name 数组的元素，如图 9-16 所示。由于 name 数组的每一个元素都是一个指针型数据，因此 p 就是一个指向指针型数据的指针变量。

【例 9.30】写出下面程序的运行结果。

```
main()
{ char *str[]={ "ENGLISH", "MATH", "MUSIC","PHYSICS","CHEMISTRY"};
  char  **q;
  int num;
  q=str;
  for(num=0;num<5;num++)
     printf("%s\n",*(q++));
}
```

运行结果为：

```
ENGLISH
MATH
MUSIC
PHYSICS
CHEMISTRY
```

图 9-16　指向指针的指针

本程序的功能是按行输出字符串。str 是一个指针数组，其中每一个元素用来存放一个字符串的首地址，例如 str[0]中存放字符串 "ENGLISH" 的首地址，str[1]存放字符串 "MATH" 的首地址……q 用来指向 str 数组中各个元素，由于各元素是指针类型，因此 q 应当定义为指向指针的指针。开始时先使 q 指向 str 的开头，即 str[0]；执行第一次循环时，输出第一个字符串（因为 q 所指向的元素中存放了第一个字符串的首地址）。然后使 q 加 1，使 q 指向下一个 str 数组元素，再执行第二次循环时，输出第二个字符串。

9.8.3　main()函数的命令行参数

在以往的程序中，main()函数的首部一般写成如下形式：

```
main()
```

实际上，main()函数可以有参数。例如：

```
main(int argc,char **argv)
```

argc 和 argv 就是 main()函数的形参。main()函数是由系统调用的，当处于操作命令状态下，输入 main()所在的文件名（经过编译、连接后得到的可执行文件名），系统就调用 main()函数。其实参从命令行得到。命令行的一般形式为：

命令名　参数 1　参数 2　…参数 n

argc 是指命令行中参数的个数，参数含文件名，因此 argc≥1。命令行如下：

```
file1 China Beijing
```

argc 的值等于 3。argv 是指向字符指针数组的指针（即指向指针的指针），它指向的指针数组的每一元素都指向一个字符串。如图 9-17 所示，argv[0]指向 "file1"，argv[1]指向 "China"，argv[2]指向 "Beijing"。

图 9-17　main()函数的命令行参数

【例 9.31】下面程序的文件名为 file.c，写出程序的运行结果。

```
main(int argc,char *argv[ ])
{ argc--;argv++;
  while(argc>0)
```

```
{ printf("%s",*argv);
  argc--;argv++;
}
```

如果命令行输入：

c: >file Computer and C Language<回车>

则输出：

Computer and C Language

9.9 应 用 举 例

【例 9.32】以下选项中，对基类型相同的指针变量不能进行运算的运算符是(   )

A．＋   B．－   C．＝   D．＝＝

分析：在 C 语言中，当指针变量指向某一连续存储单元时，可以对该指针变量进行自加、自减运算，或加、减某个整数的算术运算，以达到移动指针的目的。此处，当两个基类型相同的指针变量都指向某一连续存储区中的存储单元时，如指向同一数组中的两个元素，则这两个指针可以相减，得到的差值（取绝对值）表示两个指针之间的元素个数。除上述运算外，C 语言不允许对指针变量进行任何其他算术运算。因此，本题选项 A。

对基类型相同的指针变量进行加运算是非法的。

【例 9.33】若有定义："int a[3][4];"，不能表示数组元素 a[1][1]的是（   ）。

A．*(a[1]+1)   B．*(&a[1][1])

C．(*(a+1)[1])   D．*(a+5)

分析：本例考察二维数组与指针的关系。值得说明的是，*和&是一种"互相抵消"的运算，一个变量之间可以使用很多的*和&，如*&*&x 还是 x，故 B 正确地表示了数组元素。选项 D 中的 a 是行指针，a+5 指向数组的第 5 行，而*(a+5)仍是指向第 5 行的指针，只是基类型为 int 而不是一维数组。C 中*(a+1)相当于 a[1]，所以 C 是 a[1][1]，A 中 a[1]+1 相当于第 1 行第一例的地址，*(a[1]+1)就是 a[1][1]。因此，本题选项 D。

【例 9.34】在以下定义中，标识符 prt (   )

`int(* prt)[3];`

A．定义不合法

B．是一个指针数组名，每个元素是一个指向整数变量的指针

C．是一个指针，它指向一个具有 3 个元素的一维数组

D．是一个指向整型变量的指针

分析：此题的关键是要分清指针数组与指向一维数组指针之间的不同。题中的说明语句定义了一个指针变量 prt，它指向包含 3 个整数元素的一维数组。应当注意：*prt 两侧的圆括号不能缺少，如果写成*prt[3]，由于方括号[ ]的运算级别高，则 p 先与[3]结合，是数组，然后再与前面的*号结合，因此*prt[3]将是一个指针数组。由此可知，此题的答案是 C。

【例 9.35】若有如下定义：

`char s[100]="string";`

则下述函数调用中，错误的是（   ）。

A．strlen(strcpy(s，"Hello"))   B．strcat(s,strcpy(sl，"s"));

C．puts(puts（"TOM"）)　　　　　　　　D．!strcmp（""，s)

分析：此题说明了字符串操作类函数的返回指针特性。一些典型的字符串操作函数返回值是字符指针，如 strcpy(sl,s2)和 strcat(sl,s2)，这两个函数都返回 sl 的值。表达式 strcat(sl,s2)和 strcpy(sl,s2)代表字符串 s1，因此，选项 A 和 B 正确。选项 D 中的连续两个""组成空字符串，调用正确。选项 C 中的错误来自函数 puts()，该函数的返回值是整数而不是字符串，因此外层的函数调用使用了错误的实参数。故本例答案是 C。

【例 9.36】对如下定义：

```
char *a[2]={ "abcd","ABCD"};
```

以下说法中正确的（　　　）

A．数组 a 的元素值分别为 "abcd"和 "ABCD"

B．a 是指针变量，它指向含有两个数组元素的字符型数组

C．数组 a 的两个元素分别存放的是含有 4 个字符的一维数组的首地址

D．数组 a 的两个元素中各自存放了字符'a'和'A'的地址

分析：指针数组：如果将二维数组看作由一维数组组成的数组，而一维数组名又是指针，那么，也可以不严格地说，二维数组是由指针组成的数组。实际上，可以显式地定义这种由指针作元素组成的指针数组。如：

```
char *a[10];
```

它表示数组 a 的元素 a[m]，或者说*(a+m)，都是一个指针变量，0≤m<10。

本例考察指针数组的含义。在 C 语言中，指针与地址是等同的概念，故指针数组也就是地址数组，即是说指针数组的每个元素都是一个地址，可见，选项 A 是错误的。因为数组名不是普通变量，选项 B 错误。选项 C 和 D 比较难以分辩，实质上，这两种说法中的地址值是一致的，只是概念上有差别。可以这样考虑：如果 C 正确，则数组元素 a[0]和 a[1]都是指向数组的措针。我们可以做如下定义：

```
char*a[2]={ "abcd","ABCD"};
char*p[4]=a[0];
```

这显然不合适，a[0]只代表一个字符串而不是数组。况且，a[0]占用的存储空间是 5 而不是 4，这也能说明选项 C 是不正确的。故本例正确答案为 D。此题也可以描述为数组 a 的两个元素中各自存放了两个字符串"abcd"，"ABCD"的首地址。

【例 9.37】下述函数功能是计算函数 H()的值，H 字义如下：

```
H(a,b)=sin(a+b)／cos(b-a)×cos(a+b)／sin(b-a)
double fun(double(*u)(double a),double(*v)(double b),double x,double y)
{ return(___(1)___);
}
double vh(double a,double b)
{ return fun(sin,cos,a,b)*fun___(2)___};
}
```

分析：此题是考查指向函数的指针的用法的。由函数 vh()，最后结果是两次调用 fun()表达式的乘积，所以 fun()应是计算一次两个函数的除法。若 fun(sin,cos,a,b)的结果是 sin(a+b)/cos(b-a)，那么，（1）空处应该填入 u(x+y)/v(y-x)。（1）空的形式确定后，（2）空处就很容易确定了，填入 cos,sin,a,b。

此题还可以在（1）空处填入 v(x+y)/u(y-x)，等同于将函数 fun(sin,cos,a,b)看作是表达式 cos(a+b)/sin(b-a)，这样（2）空处保持不变，仍然正确。从正向思维的角度，填第一种答案较好。

答：（1）u(x+y)/v(y-x)　　（2）cos,sin,a,b

【例 9.38】下述函数中定义一个指向函数的指针数组并循环接收一个整数 x，在 x 的值为 1、2、3 时分别输出 sin(0.5)、cos(0.5) 和 log(0.5) 的值。假定程序中定义的指针数组名为 pt，对程序进行填写。

```
#include<stdio.h>
#include<math.h>
viod main()
{ int x;
  double( ___(1)___ )={sin,cos,log};
  do
  { scanf("%d",&x);
    if(x<1 || x>3)
      continue;
    printf("The value is:%f",(___(2)___);
  }while(x!=-1);
}
```

分析：此题考查指向函数的指针数组的使用方法，使用这种数组可以简化程序，避免复杂的 switch 语句。因为（1）空后面是初始化值，故（1）空处应填写数组的定义。该定义中，形参名是任意的，也可以填写数组长度 3。数组定义后，可以认为 pt[0]、pt[1] 和 pt[2] 就是初始化的 3 个函数 sin、cos 和 log，所以（2）空处应填入：pt[x-1](0.5)。

答：（1）(*pt[ ])或(*pt[3])　（2）pt[x-1](0.5)

【例 9.39】下述程序在不移动字符串的条件下，对 n 个字符指针所指的字符串进行升序排序。对程序进行填写。

```
#include<stdio.h>
void sort(chat *sa[ ],int n)
{ int i,j,k;
  for(i=0;i<n-1;i++)
  { k=i;
    for(j=i+1;j<n;j++)
      if(___(1)___)
        k=j;
    if(i!=k)
    { char *t=___(2)___;
      (___(3)___);
      sa[k]=t;
    }
  }
}
```

分析：此题考察指针数组的应用。函数 sort() 所采用的排序方法是选择排序法。根据程序中的循环可知，在对 i 的循环中，j 的范围是后 n 个、后 n-1 个、……、后 1 个元素。因此，每次内层循环必然是求出最小值，并将其与所处理区间的第一个元素交换。而且，后面是否进行元素交换需要判定的条件 i!=k 也说明了这一点，故（1）处应填入 "strcmp(sa[k],sa[j])>0;"，（2）、（3）处的元素交换很容易，因为题目要求不移动字符串，则应进行指针的交换。最后的 "sa[k]=t;" 决定了（2）、（3）处所填入的内容。

答：（1）strcmp(sa[k],sa[j])>0　（2）sa[i]　（3）sa[i]=sa[k]

【例 9.40】阅读程序回答问题。

```
#include<stdio.h>
void main()
```

```
{ int a[3][4]={{1,2,3,4,},{3,4,5,6},{5,6,7,8}};
  int i;
  int (*p)[4]=a,*q=a[0];
  for(i=0;i<3;i++)
  { if(i%2==0)
       (*p)[i]=*q+1;
    else p++,++q;
  }
  for(i=0;i<3;i++)
     printf("%d", a[i][i]);
}
```

（1）程序中定义了两个指针 p、q，它们各是什么指针？p++，q++的作用是什么？

（2）程序的结果是什么？

分析：此题是考查二维数组指针的引用方法。程序中使用了两种指针，关键是分清指针的基类型。程序中 p 是指向一维整型数组的指针，指向二维数组的行指针；p++是指向二维数组的下一行；q 是指向整型数据的指针，将以 int 单位变化；q++指向数组的下一个元素。跟踪程序的循环，如下：

i=0 时，执行 "(*p)[i]=*q+1;" 相当于 "a[0][0]=*q+1=a[0][0]+1=2"，p 和 q 的值不变；

i=1 时，执行 "p++,q++;"，使 p 的值为 a[1]，q 的值为&a[0][1]；

i=2 时，"(*p)[i]=a[1][2]=*q+1=a[0][1]+1=3"，p 和 q 的值不变。

所以，问题（1）的答案：p 是指向一维整型数组的指针，q 是指向整型数据的指针。p++是指向二维数组的下一行，q++指向数组的下一个元素。

问题（2）的答案：2，4，7。

【例 9.41】分析下列程序的运行结果。

```
void fl(int x,int y,int *pl)
{  *pl=x+y;
}
main()
{  int x,y,a;
   scanf("%d%d",&x,&y);
   fl(x,y,&a);
   printf("x+y=%d\n", a);
}
```

main()函数调用 fl()函数时，函数的参数传递是 a 地址，使 p1 指向 a，对*pl 的操作，实际就是对 a 的操作。fl()执行结束时，回收 p1 的空间，但是在函数 fl()中已通过 p 改变了 a 的值。本程序的功能是求两个数的和，所以输入 6、3，程序运行结果为：

x+y=9

【例 9.42】分析程序的运行结果。

```
#include<stdio.h>
main()
{  int a[5]={2,4,6,8,9};①
   int *num[5]={&a[0],&a[1],&a[2],&a[3],&a[4]};②
   int **p,i;③
   p=num;
   for(i=0; i<5;i++)
   {  printf("%d\t",**p);
      p++;
   }
```

```
}
```

程序说明：

（1）语句①定义一个数组 a[5]，并对其初始化。

（2）语句②利用语句①的结果，对指针数组 num[5]定义并进行初始化。

（3）语句③定义二级指针 p，由于 num 为数组名，即&num[0]值，运行 "p=num;" 后建立图
9-18 所示的关系。通过＊＊p，可以逐个输出内容。

运行结果为：

```
2 4 6 8 9
```

图 9-18　指针数组举例

【例 9.43】编程，采用递归法对 a 数组中的元素进行逆置。

```
main( )
{ int a[6],i,j;
 for(i=0;i<6; i++)
   scanf("%d",a+i);
 invert(a,0,5);
 for(i=0; i<6; i++)
   printf("%d,",a[i]);
 printf("\n");
}
invert(int *s,int i,int j)
{ int t;
 if(i<j)
 {
   invert(s,i+1,j-1);
   t=*(s+i);*(s+i)=*(s+j);*(s+j)=t;
 }
}
```

调用 invert( )函数，对 a 数组中的元素进行逆置。invert( )函数采用了递归法。在 invert( )函数
中，把 s[I]到 s[j]范围内的值进行逆置也转化成一个新的问题：先把 s[i+1]到 s[j-1]范围内的值进行
逆置，然后把 s[i]和 s[j]中的值进行对调，也就完成了把 s[i]到 s[j] 范围内的值进行逆置。而解决
s[i+1]到 s[j-1]范围内的值进行逆置与原来的问题的解决方法是相同的。这种操作的结束条件是，
当逆置的范围为 0 时，操作结束，即当 i>=j 时，递归结束。由此分析可以看到，对一维数组中的
内容进行逆置，可以采用递归的方法。

（1）第一层调用时，s 得到 a 数组的首地址，因而使 s 指向 a 数组的第 0 个元素 a[0]，i 从实
参中得到整数 0，j 从实参中得到整数 5，分别代表进行逆置的起始元素下标和最后元素的下标，
即进行逆置的范围，因为 i<j，所以执行函数调用 "inven(s,i+1,j-1)"；进行第二层调用，这时 3 个
实参的值分别是：

① a 数组的首地址；

② i +l 的值为 1；

③ j–1 的值为 4。

（2）进入第二层调用，这一层的 s 得到 a 数组的首地址，i 得到上一层的实参值 1，j 得到上一层的实参值 4，因为 i<j，所以执行函数调用语句"invert(s,i+1,j-1)"；进行第三层调用，这时 3 个实参的值分别是：

① a 数组的首地址；

② i+1 的值为 2；

③ j–1 的值为 3。

（3）进入第三层调用，这一层的 s 得到 a 数组的首地址，i 接受上一层的实参值 2，j 接受上一层的实参值 3。因为 i<j，所以再执行函数调用语句"inven(s,i+1,j-1)"；进行第四层调用。这时 3 个实参的值分别是：

① a 数组的首地址；

② i+1 的值为 3；

③ j–1 的值为 2。

（4）进入第四层调用，由于 i>j，逆置范围为"空"，因此什么也不做，并使递归调用终止，返回上一层调用。

（5）返回到第三层调用，接着执行"t=*(s+i);*(s+i)=*(s+j);*(s+j)=t";这一层 s 指向 a 数组的起始地址，i 的值为 2，j 的值为 3，上述语句使得 a[2]和 a[3]的值进行对调，然后返回上一层调用。

（6）返回到第二层调用，在这一层，s 指向 a 数组的起始地址，i 的值为 1，j 的值为 4，语句使得 a[1]和 a[4]中的值进行对调，然后返回上一层调用。

（7）返回到第一层调用，在这一层，s 指向 a 数组的起始地址，i 的值为 0，j 的值为 5，语句使得 a[0]和 a[5]中的值对调，返回上一层主调程序。至此，a 数组中的值已经逆置完毕。

9.10　本　章　小　结

指针是 C 语言中的一个重要的概念，也是 C 语言中需要掌握的重要内容。

（1）指针：指针是一种数据类型，指针值是存储单元的地址，指针变量是存储地址的变量，指针变量在使用前必须先定义。

（2）与指针有关的数据类型：与指针有关的数据类型如表 9-2 所示，其中 n 为整型常量。

表 9-2　　　　　　　　　　　与指针有关的数据类型

定义语句	含　义	主要用途
int *p	定义 p 为指向整型变量的指针变量	（1）作为函数参数，改变主调函数中的整型局部变量的值 （2）可指向整型数组的首地址，间接访问整个数组，或在函数间传递一维数组
char *p	定义 p 为指向字符型变量的指针变量	可指向字符串的首地址，间接访问整个字符串，或在函数间传递字符串
int (*p)[n]	定义 p 指向具有 n 个元素的一维数组的指针变量	可指向二维整型数组的第 0 行，间接访问二维数组的各行，从而访问各元素或在函数间传递二维数组

续表

定义语句	含 义	主要用途
char *p[n]	定义 p 是具有 n 个元素的指针数组，各元素都是指向字符型数据的指针	数组每个元素可存放字符串的首地址，可以有效地处理多个字符串
char (*p)()	定义 p 是指向函数的指针，函数的返回值是字符型	间接调用 p 指向的函数，或在函数调用时传递一个函数的入口地址，以提高所调用的函数的通用性
char *p()	定义 p 为返回指针值的函数，返回的指针为指向字符型数据的指针	返回指向字符串首地址的指针，可以从被调用函数得到一个字符串
char **p	定义 p 为指向字符型指针的指针	可以指向字符型指针数组的首元素，间接访问整个指针数组，或在函数间传递指针数组

（3）指针运算：

① 取地址运算符（&），用于求变量的地址，指针运算符（*）表示指针所指的内容；

② 指针变量可以加（减）一个整形数；

③ 可以取另一个同类型指针变量的值；

④ 指针变量可以是空值，即"int *p=NULL;"；

⑤ 两个指针可以相减；

⑥ 如果两个指针指向同一个数组，可以进行比较。

9.11　练习与提高

一、选择题

1. 以下程序的输出结果是（　　　）。

```
main()
{ int k=2,m=4,n=6;
  int *pk=&k,*pm=&m,*p;
  *(p=&n)=*pk*(*pm);
  printf("%d\n",n);
}
```

  A. 4　　　　　　　B. 6　　　　　　　C. 8　　　　　　　D. 10

2. 设有定义 int a=3,b,*p=&a，则下列语句中使 b 不为 3 的是（　　　）。

  A. b=*&a;　　　B. b=*p;　　　　C. b=a;　　　　D. b=*a;

3. 设指针 x 指向的整型变量值为 25，则"printf("%d\n",++*x);"，的输出量为（　　　）。

  A. 23　　　　　　B. 24　　　　　　C. 25　　　　　　D. 26

4. 若有说明："int i,j=7,*p=&i;"，则等价的语句是（　　　）。

  A. i=*p;　　　　B. *p=*&j;　　　C. i=&j;　　　　D. i=**p;

5. 若有说明语句 int a[10],*p=a;对数组元素的正确引用是（　　　）。

  A. a[p]　　　　　B. p[a]　　　　　C. *(p+2)　　　　D. p+2

6. 若有以下定义，其中不能表示 s 数组元素的表达式是（　　　）。

```
int s[10]={1,2,3,4,5,6,7,8,9,10},*p=s;
```

  A. *p　　　　　　B. s[10]　　　　　C. *s　　　　　　D. s[p-a]

7．若有如下定义和语句，则输出结果是（　　）。

```
int **pp,*p,a=10,b=20;
pp=&p;p=&a;p=&b;printf("%d,%d\n",*p,*pp);
```

  A．10,20　 B．10,10　 C．20,10　 D．20,20

8．若有定义："int x,*pb;"，则以下正确的赋值表达式是（　　）。

  A．pb=&x　 B．pb=x　 C．*pb=&x　 D．*pb=*x

二、填空题

1．以下程序段的输出结果是_____。

```
int *var,ab;
ab=100; var=&ab;ab=*var+10;
printf("%d\n",*var);
```

2．_____称为指针运算符，_____称为取地址运算符。

3．若两个指针变量指向同一个数组的不同元素，可以进行减法运算和_____运算。

4．若 d 是已定义的双精度变量，再定义一个指向 d 的指针变量 p 的语句是_____。

5．设有以下定义和语句，则"*(*(p+2)+1)"的值为_____。

```
int a[3][2]={10,20,30,40,50,60},(*p)[2];
p=a;
```

6．若有定义：char ch;

（1）使指针 p 可以指向变量 ch 的定义语句是_____。

（2）使指针 p 指向变量 ch 的赋值语句是_____。

（3）通过指针 p 给变量 ch 读入字符的 scanf()函数调用语句是_____。

（4）通过指针 p 给变量 ch 赋字符的语句是_____。

（5）通过指针 p 输出 ch 中字符的语句是_____。

三、编程题（要求用指针方法实现）

1．编一个程序，输入 15 个整数存入一维数组，然后按逆序重新存放后再输出。

2．输入一个一维实型数组，输出其中的最大值、最小值和平均值。

3．输入一个 3×6 的二维整型数组，输出其中最大值、最小值及其所在行、列下标。

4．输入 3 个字符串，输出其中最大的字符串。

5．输入 2 个字符串，将其连接后输出。

6．比较 2 个字符串是否相等。

7．输入一个字符串，存入数据中，然后按相反次序输出其中的所有字符。

8．输入 3 个整数，按从大到小的次序输出。

第10章
结构体与共用体

在程序设计中，把一些关系密切而数据类型不同的数据组织在一起组合成一个有机的整体，这类数据称为结构体。共用体是一种类似于结构体的构造型数据类型，它准许不同长度的数据共享同一个存储空间。

结构体和共用体都是"构造"而成的数据类型，必须先定义其类型，然后才能使用。本章将介绍这两种构造类型数据的使用。

本章学习目标

- 掌握结构体的定义和引用方法。
- 掌握结构体数组的定义和引用方法。
- 了解使用指向结构体的指针处理链表建立动态数据结构的作用和意义。
- 掌握指向结构体的指针和使用指向结构体的指针处理链表的方法。
- 了解共用体。

10.1 结构体类型

结构体是一种"构造"而成的数据类型，在使用之前必须先构造结构体类型，再定义结构体类型变量。

10.1.1 结构体概述

通过前面有关章节的学习，认识了整型、实型、字符型等 C 语言的基本数据类型，也了解了数组这种构造型的数据结构，它可以包含一组同一类型的元素。

但仅有这些数据类型是不够的。有时需要将不同类型的数据组合成一个有机的整体，以便于引用。这些组合在一个整体中的数据是互相联系的。例如，一个学生的学号、姓名、性别、年龄、成绩、家庭地址等，这些项都与某学生相联系，如图 10-1 所示。可以看到性别（sex）、年龄（age）、成绩（score）、地址（addr）都是属于学号为 10010 和名为"Li Lan"的学生的。如果将 num、name、sex、age、score、addr 分别定义为互相独立的简单变量，则难以反映它们之间的内在联系。应当把它们组织成一个组合项，在一个组合项中包含若干个类型不同（当然也可以相同）的数据项。C 语言允许用户自己指定这样一种数据结构，称为结构体（structure）。其相当于其他高级语言中的"记录"。

num	name	sex	age	score	addr
10001	Li Lan	M	19	90.5	Beijing

图 10-1 结构体类型示例

　　C 语言没有提供图 10-1 所示的这种现成的数据类型，如果程序中要用到这种数据结构，用户就必须要在程序中建立所需的结构体类型。"结构体"这个词是根据英文单词 structure 译出的。有些书把 structure 译为"结构"或"构造体"。

10.1.2　结构体类型的定义

　　一个"结构体"类型由若干"成员"组成，每一个成员可以是一个基本数据类型或者是一个结构体类型。结构体类型是一种"构造"而成的数据类型，在使用之前必须先定义，也就是将其进行构造。定义一个结构体类型的一般形式为：

```
struct 结构体名
{   类型标识符 成员名1;
    类型标识符 成员名2;
    …;
    类型标识符 成员名 n;
};
```

　　其中，struct 是关键字，"结构体名"和"成员名"都是用户定义的标识符，成员表是由逗号分隔的类型相同的多个成员名。花括号后的分号是不可少的。

　　例如，可将学生数据定义为一个结构体：

```
struct student
{   int num;
    char name[20];
    char sex;
    int age;      .
    float score;
    char addr[30];
} ;                              /*注意: 不要忽略最后的分号*/
```

　　在定义结构体类型时，应注意如下内容。

　　（1）定义过程指定了一个新的结构体类型 struct student，其中 struct 是声明结构体类型时所必须使用的关键字，在定义时不能省略。它向编译系统声明，这是一个"结构体类型"，包括 num、name、sex、age、score、addr 等不同类型的数据项。

　　（2）struct student 是一个类型名，它和系统提供的标准类型，如 int、char、float、double 等一样具有同样的地位和作用。它们都可以用来定义变量的类型，但结构体类型需要由用户指定。

　　（3）成员类型可以是除本身结构体类型之外的任何已有类型，也可以是任何已有类型（包括本身类型在内）的指针类型，即构成嵌套的结构。

　　（4）结构体是一种复杂的数据类型，是数目固定、类型不同的若干成员的集合，结构体类型的定义只是列出了该结构的组成情况，编译系统并未因此而分配存储空间，当定义了结构体类型的变量或数组后，编译系统才会分配存储空间。

　　（5）"结构体名"用作结构体类型的标志，又称"结构体标记"（structure tag）。上面的结构体声明中 student 就是结构体名。大括弧内是该结构体中的各个成员，由它们组成一个结构体。例如，上例中的 num、name、sex 等都是成员。对各成员都应进行类型声明，每一个成员也称为结构体中的一个域。成员名命名规则与变量名相同。

　　（6）当一个结构体类型定义在函数之外时，它具有全局作用域；若定义在任一对花括号之内，则具有局部作用域，其作用范围是所在花括号构成的块。

（7）结构体中的成员名可以和程序中的其他变量同名；不同结构体中的成员也可以同名。例如，程序中可以定义一个变量 num，其与 struct stu 中的 num 没有联系，互不干扰。

（8）如果两个结构体的成员类型、名称、个数相同，但结构体名不同，也是两个不同的结构类型。

10.1.3　结构体变量的定义

数据类型和变量是两个不同的概念。有了一种结构体类型之后，为了能在程序中使用结构体类型的数据，还应当定义结构体类型的变量，并在其中存放具体的数据。可以采取如下 3 种方法定义结构体类型变量。

1. 先定义结构体类型，再定义变量

如上面已定义了一个结构体类型 struct student，可以用它来定义变量。例如：

```
struct student    student1,student2;
```

struct student 是一个用户自己定义的类型名，定义 student1 和 student2 为 struct student 类型变量，即它们具有 struct student 类型的结构，如图 10-2 所示。

| Student1: | 10001 | Zhang Xin | M | 19 | 90.5 | Shanghai |

| Student2: | 10002 | Wang Li | F | 20 | 98 | Beijing |

图 10-2　student1 和 student2 类型结构

在定义了结构体变量后，系统会为其分配内存单元。例如，student1 和 student2 在内存中各占 59 字节（2+20+1+2+4+30=59）。

应当注意，将一个变量定义为标准类型（基本数据类型）与定义为结构体类型不同之处在于，后者不仅要求指定变量为结构体类型，而且要求指定为某一特定的结构体类型（如 struct student 类型）。因为这样可以定义出许多种具体的结构体类型。而定义为整型时，只需指定为 int 型即可。

如果程序规模比较大，往往将对结构体类型的声明集中放到一个文件（以.h 为扩展名的"头文件"）中。如果源文件需用到此结构体类型，则可用#include 命令将该头文件包含到本文件中。这样做便于装配、修改和使用。

2. 定义结构类型的同时定义变量

例如：

```
struct student
{ int num;
  char name[20];
  char sex;
  int age;
  float score;
  char addr[30];
}student1,student2;
```

它的作用与方法 1 相同，即定义了两个 struct student 类型的变量 student1、student2。这种形式的定义的一般形式为：

```
struct 结构体名
{   成员表列
}   变量名表列;
```

3. 直接定义结构类型变量

其一般形式为：

```
struct
{   成员表列
}变量名表列;
```

即不出现结构体名。

关于结构体类型，有如下几点要说明。

（1）类型与变量是不同的概念。只能对变量赋值、存取或运算，而不能对一个类型赋值、存取或运算。在编译时，不对类型分配空间，只对变量分配空间。

（2）对结构体中的成员（即"域"），可以单独使用，其作用与地位相当于普通变量。关于对成员的引用方法见 10.2 节。

（3）成员也可以是一个结构体变量。例如：

```
struct date                           /*声明一个结构体类型*/
{   int month;
    int day;
    int year;
};
struct student
{   int num;
    char name[20];
    char sex;
    int age;
    struct date birthday;             /*birthday是struct date 类型*/
    char addr[30];
}student1,student2;
```

先声明一个 struct date 类型，代表"日期"，包括 3 个成员：month（月）、day（日）、year（年）。然后在声明 struct student 类型时，将成员 birthday 指定为 struct date 类型。struct student 的结构如图 10-3 所示。已声明的类型 struct date 与其他类型（如 int，char）一样可以用来定义成员的类型。

num	name	sex	age	birthday			addr
				month	day	year	

图 10-3 struct student 的结构

（4）成员名可以与程序中的变量名相同，二者不代表同一对象。例如，程序中可以另定义一个变量 num，它与 struct student 中的 num 是两回事，互不干扰。

10.2 结构体变量的初始化和引用

10.2.1 结构体变量的初始化

和其他类型变量一样，对结构体变量可以在定义时指定初始值。

【例 10.1】对结构体变量初始化。

```
main( )
{   struct student
    {   long int num;
```

```
    char name[20];
    char sex;
    char addr[20];
}a, b={10031,"Li Lin",'M',"123 Beijing Road"};
a=b;
printf("NO.:%ld\nname:%s\nsex:%c\naddress:%s\n",a.num,a.name,a.sex,a.addr);
}
```

运行结果如下：

```
NO. :10031
name:Li Lin
sex:M
address:123 Beijing Road
```

本例中，对结构体变量 b 做了初始化赋值，然后把 b 的值整体赋予 a，最后用 printf()函数输出 a 各成员的值。

10.2.2　结构体变量的引用

在定义了结构体变量以后，当然可以引用这个变量。但应遵守如下规则。

（1）不能将一个结构体变量作为一个整体进行输入和输出。例如，已定义 student1 和 student2 为结构体变量并且它们已赋值。不能这样引用：

```
printf("%d,%s,%c,%d,%f,%s\n",student1);
```

只能对结构体变量中的各个成员分别进行输入和输出。引用结构体变量中成员的方式为：

结构体变量名.成员名

例如，student1.num 表示 student1 变量中的 num 成员，即 student1 的 num（学号）项。可以对变量的成员赋值，例如：

```
student1.num=10010;
```

"."是成员（分量）运算符，它在所有的运算符中优先级最高，因此可以把 student1.num 作为一个整体来看待。上面赋值语句的作用是将整数 10010 赋给 student1 变量中的成员 num。

（2）如果成员本身又属于一个结构体类型，则要用若干个成员运算符，找到最低一级的成员。只能对最低级的成员进行赋值或存取以及运算。例如，对上面定义的结构体变量 student1，可以这样访问各成员：

```
student1.num
student1.birthday.month
```

不能用 student1.birthday 来访问 student1 变量中的成员 birthday，因为 birthday 本身是一个结构体变量。

（3）对结构体变量的成员可以像普通变量一样进行各种运算（根据其类型决定可以进行的运算）。例如：

```
student2.score=student1.score;
sum=student1.score+student2.score;
student1.age++;
++student1.age;
```

"."运算符的优先级是最高的，因此 student1.age++是对 student1.age 进行自加运算，而不是先对 age 进行自加运算。

（4）可以引用结构体变量成员的地址，也可以引用结构体变量的地址。例如：

```
scanf("%d",&student1.num);          /*输入 student1.num 的值*/
printf("%o",&student1);             /*输出 student1 的首地址*/
```
但不能用以下语句整体读入结构体变量。例如：
```
scanf("%d,%s,%c,%d,%f,%s",&student1);
```
结构体变量的地址主要用于作函数参数，传递结构体的地址。

10.3　结构体数组

一个结构体变量中可以存放一组数据（如一个学生的学号、姓名、成绩等数据）。如果有 10 个学生的数据需要参加运算，显然应该使用数组，这就是结构体数组。结构体数组与前面介绍过的数值型数组的不同之处在于每个数组元素都是一个结构体类型的数据，它们都分别包括各个成员（分量）项。

10.3.1　定义结构体数组

和定义结构体变量的方法相仿，只需说明其为数组即可。例如：
```
struct student
{
    int num;
    char name[20];
    char sex;
    int age;
    float score;
    char addr[30];
};
struct student stu[3];
```
以上定义了一个数组 stu，其元素为 struct student 类型数据，数组有 3 个元素。也可以直接定义一个结构体数组。例如：
```
struct
{ int num;
    …
}stu[3];
```
或者：
```
struct
{ int num;
    …
}stu[3];
```
数组的结构如图 10-4 所示。

	num	name	sex	age	score	addr
stu[0]	10101	Li Lin	M	18	87.5	103 Beijing Road
stu[1]	10102	Zhang Fun	M	19	99	130 Shanghai Road
stu[2]	10104	Wang Ming	F	20	78.5	1010 Zhongshan Road

图 10-4　结构体数组 stu[3]

结构体数组各元素在内存中是以行为主序方式连续存放，即在内存中先存放第一个元素的成员数据，再存放第二个元素的成员数据。

10.3.2　结构体数组的初始化

与其他类型的数组一样，对结构体数组可以初始化。例如：

```
struct student
{  int num;
   char name[20];
   char sex;
   int age;
   float score;
   char add[30];
}stu[3]={{10101,"LiLin",'M',18,87.5,"103 Beijing Road"},{10102,"Zhang fun",'M',19,99,
"130 Shanghai Road"},{10104,"Wang Min",'F',20,78.5,"1010 Zhongshan Road"}};
```

定义数组 stu 时，元素个数可以不指定，即写成如下形式：

```
stu[ ]={…},{…},{…};
```

编译时，系统会根据给出初值的结构体常量的个数来确定数组元素的个数。

当然，数组的初始化也可以用如下形式：

```
struct student
{  int num;
   …
};
struct student stu[]={{…},{…},{…}};
```

即先声明结构体类型，然后定义数组为该结构体类型，在定义数组时初始化。

从上面可以看到，结构体数组初始化的一般形式是在定义数组的后面加上：

```
={初值表列};
```

10.3.3　结构体数组应用

下面举一个简单的例子来说明结构体数组的定义和引用。

【例 10.2】对候选人得票的统计程序。设有 3 个候选人，每次输入一个得票的候选人的名字，要求最后输出各人得票结果。

程序如下：

```
#include<string.h>
struct person
{  char name[20];
   int count;
}leader[3]={{"Li",0},{"Zhang",0},{"Fun",0}};
main()
{  int i,j;
   char leader_name[20];
   for(i=1;i<=10;i++)
   {  scanf("%s",leader_name);
      for(j=0;j<3;j++)
        if(strcmp(leader_name,leader[j].name)==0)
           leader[j].count++;
   }
   printf("\n");
   for(i=0;i<3;i++)
     printf("%5s:%d\n",leader[i].name,leader[i].count);
}
```

运行结果为：

```
Li<回车>
Li<回车>
Fun<回车>
Zhang<回车>
Zhang<回车>
Fun<回车>
Li<回车>
Fun<回车>
Zhang<回车>
Li<回车>
Li:4
Zhang:3
Fun: 3
```

程序定义一个全局的结构体数组 leader，它有 3 个元素，每一个元素包含两个成员 name（姓名）和 count（票数）。在定义数组时使其初始化，使 3 位候选人的票数都先置零。

在主函数中定义字符数组 leader_name，它代表被选人的姓名，在 10 次循环中每次先输入一个被选人的具体姓名，然后把它与 3 个候选人姓名对比，看与哪一个候选人的姓名相同。注意 leader_name 和 leader[j].name 相比，leader[j]是数组 leader 的第 j 个元素，它包含两个成员项，leader_name 应该和 leader 数组第 j 个元素的 name 成员相比。若 j 为某一值时，输入的姓名与 leader[j].name 相等，就执行 leader[j].count++，由于成员运算符优先于自增运算符++，因此它相当于 "(leader[j].count)++"，使 leader[j]的成员 count 的值加 1。在输入和统计结束之后，将 3 人的名字和得票数输出。

10.4　指向结构体类型数据的指针

一个结构体变量的指针就是该变量所占据的内存段的起始地址。可以设一个指针变量，用来指向一个结构体变量，此时该指针变量的值是结构体变量的起始地址。指针变量也可以用来指向结构体数组中的元素。

10.4.1　指向结构体变量的指针

下面通过一个简单的例子来说明指向结构体变量的指针变量的应用。

【例 10.3】指向结构体变量的指针应用。

```
#include<string.h>
struct student
{ long num;
  char name[20];
  char sex;
  float score;
};
main()
{
  struct student stu_1;
  struct student *p;
  p=&stu_1;
```

```
    stu_1.num=89101;
    strcpy(stu_1.name,"Li Lin");
    stu_1.sex='M';
    stu_1.score=89.5;
    printf("No.:%ld\nname:%s\nsex:%c\nscore:%f\n",stu_1.num,stu_1.name,stu_ 1.sex,
stu_1.score);
    printf("No.:%ld\nname:%s\nsex:%c\nscore:%f\n",(*p).num,(*p).name,(*p).sex,(*p).score);
}
```

在主函数中声明了 struct student 类型，然后定义一个 struct student 类型的变量 stu_1。同时又定义一个指针变量 p，它指向一个 struct student 类型的数据。在函数的执行部分将结构体变量 stu_1 的起始地址赋给指针变量 p，也就是使 p 指向 stu_1，如图 10-5 所示，然后对 stu_1 的各成员赋值。第一个 printf()函数是输出 stu_1 各成员的值。用 stu_1.num 表示 stu_1 中的成员 num，依此类推。第二个 printf()函数也用来输出 stu_1 各成员的值，但使用的是(*p).num 的形式。(*p)表示 p 指向的结构体变量，(* p).num 是 p 指向的结构体变量中的成员 num。注意，*p 两侧的括弧不可省略，因为成员运算符 "."优先于 "*"运算符，*p.num 就等价于* (p.num)。

程序运行结果为：

```
No.:89101
name:Li Lin
sex:M
score:89.500000
No.:89101
name:Li Lin
sex:M
score:89.500000
```

图 10-5　例 10.3 示意图

可见两个 printf()函数输出的结果是相同的。

在 C 语言中，为了使用方便和使其显示直观，可以把(*p).num 改用 p->num 来代替，它表示 *p 所指向的结构体变量中的 num 成员。同样，(*p).name 等价于 p->name。也就是说，如下 3 种形式是等价的：

结构体变量.成员名

(*p).成员名

p->成员名

上面程序中最后一个 printf()函数中的输出项表列可以改写为：

p->num,p->name,p-> sex,p-> score

其中 "->"称为指向运算符。

分析如下几种运算：

p->n　　　得到 p 指向的结构体变量中的成员 n 的值。

p->n++　　得到 p 指向的结构体变量中的成员 n 的值，用完该值后使其加 1。

++p->n　　得到 p 指向的结构体变量中的成员 n 的值，使之加 1（先加）。

10.4.2　指向结构体数组的指针

前面已经介绍过，使用指向数组或数组元素的指针和指针变量。同样，对结构体数组及其元素也可以用指针或指针变量来指向。

【例 10.4】指向结构体数组的指针的应用。

```
struct student
{  int num;
    char name[20];
```

```
    char sex;
    int age ;
} stu[3]={{10101,"LiLin",'M',18},{10102,"ZhangFun",'M',19},{10104,"WangMin",'F',20}};
main()
{  struct student *p;
   printf("No.    Name    sex    age\n");
   for(p=stu;p<stu+3;p ++)
   printf("%5d%-20s%2c%4d\n",p->num,p->name,p->sex,p->age);
}
```

运行结果如下：

```
NO.       Name           sex       age
10101     Li Lin         M         18
10102     Zhang Fun      M         19
10104     Wang Min       F         20
```

图 10-6 例 10.4 示意图

p 是指向 struct student 结构体类型数据的指针变量。在 for 语句中先使 p 的初值为 stu，也就是数组 stu 的起始地址，如图 10-6 所示的 p 的指向。在第一次循环中输出 stu[0] 的各个成员值，然后执行 p++，使 p 自加 1。p 加 1 意味着 p 所增加的值为结构体数组 stu 的一个元素所占的字节数（在本例中为 2+20+1+2=25 字节）。执行 p++ 后 p 的值等于 stu+1，p 指向 stu[1] 的起始地址，如图 10-6 所示的 p' 的指向。在第二次循环中输出 stu[1] 的各成员值。在执行 p++ 后，p 的值等于 stu+2，其指向如图 10-6 所示的 p"。再输出 stu[2] 的各成员值。在执行 p++ 后，p 的值变为 stu+3，已不再小于 stu+3 了，不再执行循环。

注意如下两点。

（1）如果 p 的初值为 stu，即指向第一个元素，则 p 加 1 后 p 就指向下一个元素的起始地址。例如：

- (++p)->num 先使 p 自加 1，然后得到它指向元素中的 num 成员值（即 10102）。
- (p++)->num 先得到 p->num 的值（即 10101），然后使 p 自加 1，指向 stu[1]。

注意以上二者的不同。

（2）程序已定义了 p 是一个指向 struct student 类型数据的指针变量，它用来指向一个 struct student 型的数据（在例 10.4 中，p 的值是 stu 数组的一个元素（如 stu[0]，stu[1]）的起始地址），不应该用来指向 stu 数组元素中的某一成员。例如，下面的用法是不正确的：

```
p=stu[1].name
```

编译时将给出警告信息，表示地址的类型不匹配。不要认为 p 是存放地址的，可以将任何地址赋给它。如果地址类型不相同，可以用强制类型转换。例如：

```
p=(struct student * ) stu[0].Name;
```

此时，p 的值是 stu[0] 元素的 name 成员的起始地址。可以用 "printf("%s",p);"，输出 stu[0] 中成员 name 的值，但是 p 仍保持原来的类型。执行 "printf("%s",p+1);"，则会输出 stu[1] 中 name 的值。执行 "p+1" 时，p 的值增加了结构体 struct student 的长度。

10.4.3 结构体变量和指向结构体的指针作函数参数

将一个结构体变量的值传递给另一个函数，有如下 3 种方法。

（1）用结构体变量的成员作参数。例如，用 stu[1].num 或 stu[2].name 作函数实参，将实参值传给形参。用法和使用普通变量作实参是一样的，属于"值传递"方式。注意，实参与形参的类型保持一致。

（2）用结构体变量作实参。老版本的 C 系统不允许用结构体变量作实参，ANSI C 取消了这一限制。但是用结构体变量作实参时，采取的是"值传递"的方式，将结构体变量所占的内存单元的内容全部顺序传递给形参。形参也必须是同类型的结构体变量。在函数调用期间形参也要占用内存单元。这种传递方式在空间和时间上开销较大，如果结构体的规模很大时，开销则是很可观的。此外，由于采用值传递方式，如果在执行被调用函数期间改变了形参（也是结构体变量）的值，该值不能返回主调函数，这样往往造成使用上的不便。因此一般较少使用这种方法。

（3）用指向结构体变量（或数组）的指针作实参，将结构体变量（或数组）的地址传给形参。

【例 10.5】有一个结构体变量 stu，内含学生学号、姓名和 3 门课的成绩。要求在 main()函数中赋值，在另一函数 print()中将其打印输出。

这里用结构体变量作函数参数。

```c
#include<string.h>
#define FORMAT "%d\n%s\n%f\n%f\n%f\n"
struct student
{ int num;
  char name[20];
  float score[3];
};
main()
{ void print(struct student);
  struct student stu;
  stu.num=12345;
  strcpy(stu.name,"Li Li");
  stu.score[0]=67.5;
  stu.score[1]=89;
  stu.score[2]=78.6;
  print(stu);
}
void print(struct student stu)
{ printf(FORMAT,stu.num,stu.name,stu.score[0],stu.score[1],stu.score[2]);
  printf("\n");
}
```

运行结果为：

```
12345
Li Li
67.500000
89.000000
78.600000
```

struct student 被定义为外部类型，这样同一源文件中的各个函数都可以用其来定义变量的类型。main()函数中的 stu 定义为 struct student 类型变量，print()函数中的形参 stu 也定义为 struct student 类型变量。在 main 函数中对 stu 的各成员赋值。在调用 print()函数时，以 stu 为实参向形参 stu 实行"值传递"。在 print 函数中输出结构体变量 stu 各成员的值。

【例 10.6】将上题改用指向结构体变量的指针作实参。

```c
#define FORMAT "%d\n%s\n%f\n%f\n%f\n"
struct student
{ int num;
  char name[20];
  float score[3];
}
struct student  stu={12345,"Li Li",67.5,89,78.6};
```

```
main()
{ void print(struct student * );            /*形参类型修改成指向结构体的指针变量*/
  print(&stu);                              /*实参改为 stu 的起始地址*/
}
void print(struct student *p)               /*修改形参类型*/
{ printf(FORMAT,p->num,p->name,p->score[0],p->score[1],p->score[2]);
    /*用指针变量调用各成员之值*/
  printf("\n");
}
```

此程序改用在定义结构体变量 stu 时赋初值,这样程序可简化些。print()函数中的形参 p 被定义为指向 struct student 类型数据的指针变量。注意,在调用 print()函数时,用结构体变量 stu 的起始地址&stu 作实参。在调用函数时将该地址传送给形参 p(p 是指针变量)。这样,p 就指向 stu。在 print()函数中输出 p 所指向的结构体变量的各个成员值,即 stu 的成员值。

main()函数中对各成员赋值也可以改用 scanf()函数输入。即用:

```
scanf("%d%s%f%f%f",&stu.num, stu.name,&stu.score[0],&stu.score[1],&stu.score[2]);
```

输入时,用如下形式输入:

```
12345   Li_Li   67.5   89   78.6
```

输入项表列中 stu.name 前没有 "&" 符号,因为 stu.name 是字符数组名,本身代表地址,不应写成&stu.name。

用指针作函数参数比较好,能提高运行效率。

10.5　用指针处理链表

链表是采用动态存储分配的一种重要数据结构,一个链表中存储的是一批类型相同的相关的数据。

10.5.1　链表概述

链表是一种常用的重要的数据结构,它是动态地进行存储分配的一种结构。图 10-7 所示为最简单的一种链表(单向链表)结构,链表有一个"头指针"变量,图中以 head 表示,它存放一个地址,该地址指向第一个元素。链表中每一个元素称为"结点",每个结点都应包括两部分:一为用户所需的实际数据,二为下一个结点的地址。可以看出,head 指向第一个结点,第一个结点又指向第二个结点……直到最后一个结点,该结点不再指向其他结点,称该结点为"表尾",其地址部分放一个"NULL"(表示"空地址"),链表到此结束。

图 10-7　单向链表

可以看到,链表中各结点在内存中可以不是连续存放的。要找某一结点,必须先找到上一个结点,根据它提供的下一结点的地址才能找到下一个结点。如果不提供"头指针"(head),则整个链表都无法访问。

这种链表的数据结构,必须利用指针变量才能实现。即一个结点中应包含一个指针变量,用它存放下一个结点的地址。例如，可以设计这样一个结构体：

```
struct student
{ int num;
  float score;
  struct student *next;
};
```

其中成员 num 和 score 用来存放结点中的有用数据（用户需要用到的数据），相当于图 10-7 所示结点中的 A、B、C、D。next 是指针类型的成员，它指向 struct student 类型数据（这就是 next 所指的结构体类型）。用这种方法可以建立链表，如图 10-8 所示。

图 10-8　链表示例

其中每一个结点都属于 struct student 类型，它的成员 next 存放下一结点的地址，程序设计人员可以不用具体知道地址值，只要保证将下一个结点的地址放到前一结点的成员 next 中即可。

图 10-9 所示中给出带头结点的链表，头结点的结构与其他结点相同，但它只存放第一个结点的地址，而不存放其他有用数据。空链表也有一个头结点，如图 10-10 所示。

图 10-9　链表的基本结构　　　　　　　　　　图 10-10　空链表

上面只是定义了一个 struct student 类型，并未实际分配存储空间。链表结构是动态地进行分配存储的，即在需要时随时开辟一个结点的存储单元，不再需要时随时释放。动态分配存储单元的方法能合理使用空间，因此节省内存，这一点与数组不同。

10.5.2　处理动态链表所需的函数

前面讲过，链表结构是动态地分配存储的，即在需要时才开辟一个结点的存储单元。怎样动态地开辟和释放存储单元？C 语言编译系统的库函数提供了以下有关函数。

1. malloc()函数

其函数原型为：

```
void *malloc(unsigned int size);
```

其作用是在内存的动态存储区中分配一个长度为 size 的连续空间。此函数的值（即"返回值"）是指向分配域起始地址的（基类型为 void）。如果此函数未能成功地执行（如内存空间不足），则返回空指针（NULL）。

2. calloc()函数

其函数原型为：

```
void *calloc(unsigned n,unsigned size);
```

其作用是在内存的动态区存储中分配 n 个长度为 size 的连续空间。函数返回一个指向分配域起始地址的指针；如果分配不成功，返回 NULL。

用 calloc()函数可以为一维数组开辟动态存储空间，n 为数组元素个数，每个元素长度为 size。

3. free()函数

其函数原型为：

```
void free(void*p);
```

其作用是释放由 p 指向的内存区，使这部分内存区能被其他变量使用。p 是调用 calloc()或 malloc()函数时返回的值。free()函数无返回值。

　　以前的 C 版本提供的 malloc()和 calloc()函数得到的是指向字符型数据的指针。ANSI C 提供的 malloc()和 calloc()函数规定为 void * 类型。

10.5.3　链表的基本操作

1. 建立链表

所谓建立链表是指从无到有建立起一个链表，即一个一个地输入各结点数据，并建立起前后相连接的关系。通过下面例子来说明如何建立一个带头结点的单向链表。

【例 10.7】写一函数建立一个有若干学生数据的单向链表。

先考虑实现此要求的算法。设 3 个指针变量 head、p、q，它们都指向结构体类型数据。先用 malloc()函数开辟一个结点（头结点），并使 head、p、q 指向它，如图 10-11 所示，然后从键盘输入一个学生的学号和成绩分别赋给临时变量 n 和 s。注意，不能直接赋给 p 所指的结点。我们约定，学号不会为零，如果输入的学号为 0，则表示建立链表的过程已完成，该结点不应连接到链表中。

图 10-11　建立头结点

如果输入的 n 值不等于 0，则 p 开辟新的结点（第一个结点，见图 10-12（a）），并将临时变量中的值赋给该结点。

将 p 的值赋给 q->next，也就是使头结点的 next 成员指向第一个结点（见图 10-12（b）），即实现了头结点与第一个结点的连接。接着，使 q=p，也就是使 q 指向第一个结点（见图 10-12（c））。再从键盘输入数据放在临时变量 n 和 s 中。如果 n 中的值不等于 0，则 p 又去开辟新的结点（第二个结点，见图 10-13（a）），并将 n 和 s 中的值赋给该结点。

图 10-12　建立链表 1

将 p 的值赋给 q->next，实现第一个结点与第二个结点的连接（见图 10-13（b））。接着，执行

q=p，使 q 指向第二个结点（见图 10-13（c））。依此类推，可以建立中间的结点并连接。当 n 的值为 0 时，不再执行循环，因此 p 不再开辟新的结点。退出循环后将 NULL 赋给 q->next（即建立尾结点，见图 10-14），建立链表过程至此结束。

图 10-13　建立链表 2

图 10-14　建立尾结点

根据以上分析，算法可以分成如下几步。

（1）头指针 head 开辟一个空间，并使指针 p 和 q 指向 head 所开辟的空间。

（2）输入学号和成绩。

（3）如果学号不等于 0，p 去开辟新的空间；否则程序流程转到步骤（7）。

（4）将数据存入新结点的成员变量中。

（5）根据指针 q 和 p 连接新旧两个结点后，使 q 指向 p 所开辟的空间。

（6）输入学号和成绩，并转到步骤（3）。

（7）给 p 的 next 成员赋 NULL。

在程序中，head 的作用是记住链表的首地址，p 的作用是去开辟新的空间，而 q 是记住 p 开辟新空间前的结点地址。

建立链表的程序如下：

```c
#include<stdio.h>
typedef struct student
{ long num;
```

```
    float score;
    struct student *next;
}LIST;                                    /*定义结构体类型,并起新的名字 LIST*/
LIST *creat()                             /*此函数带回一个指向链表的指针*/
{ long n;
  float s;
  LIST *head,*p,*q;
  head=(LIST * ) malloc(sizeof(LIST)); /*head 开辟一个空间*/
  p=q=head;
  scanf("%ld,%f ",&n,&s); /*不能用&p->num,&p->score,因为学号为 0 时不连接*/
  while(n!=0)
  { p=(LIST*) malloc(sizeof(LIST));       /*p 开辟一个新空间*/
    p->num=n;p->score=s;                  /*新结点的数据域中存放学号和成绩*/
    q->next=p;                            /*连接新旧两个结点*/
    q=p;                                  /*(或 q->next;),使 q 指向最后一个结点*/
    scanf("%ld,%f",&n,&s);
  }
  q->next =NULL;                          /*链表结束标志*/
  return(head);                           /*head 指向头结点*/
      }
void print(LIST *head)
{    }                                    /*函数体是空的,在例 10.8 给出其函数体*/
main()
{ LIST *head;
  head=creat();                           /*调用函数建立链表*/
  print(head);                            /*输出链表*/
}
```

其中:

（1）sizeof 是"求字节数运算符",如 sizeof(double)的值为 8;

（2）用强制类型转换的方法改变了 malloc 的返回值类型,在转换时,"*"号不可省略;否则转换成 struct student 类型,而不是指针类型。

（3）creat()函数带回一个链表起始地址。

2. 输出链表

【例 10.8】将链表中各结点的数据依次输出。

算法:根据头指针 head,使 p 指向第一个结点,输出 p 所指的结点,然后使 p 后移一个结点,再输出,直到链表的尾结点。函数如下:

```
void print(LIST *head)                    /*head 指向头结点*/
{ LIST *p;
  p=head->next;                           /*p 指向第一个结点*/
  while(p!=NULL)
  { printf("%ld%5.1f\n",p->num, p->score);
    p=p->next;                            /*p 指向下一个结点*/
  }
}
```

3. 对链表的插入

【例 10.9】设链表中各结点中的成员项 num（学号）是按学号由小到大顺序排列的。将一个结点插入到链表中,使插入后的链表仍保持原来的规律。

步骤如下：

（1）查找插入位置；

（2）插入新结点，即新结点与插入点前后的结点连接。

程序如下：

```
#include<stdio.h>
typedef struct student
{… }LIST;
LIST *creat()
{ … }
void print(LIST *head)
{ … }
insert(LIST *head,LIST *stud)
{ LIST *p,*q;
  q=head;
  p=head->next;
  while(p!=NULL&&stud->num>p->num)
  { q=p;
    p=p->next;                  /*查找插入位置*/
  }
  stud->next=p;
  q->next=stud;
}
/*以上两行的功能是将要插入的结点分别与前后结点连接,这两条语句的先后顺序不能颠倒*/
main()
{ LIST *head,stu;
  head=creat();
  print(head);
  scanf("%ld,%f",&stu.hum,&stu.score);
  insert(head,&stu);
  print(head); }
```

先执行 main()函数，建立和输出链表。在建立链表后，head 指向头结点。从键盘输入准备插入的学生的学号和成绩，该结构体变量名为 stu。然后调用 insert()函数，将 stu 的首地址传给形参 stud。建立两个指针变量 p 和 q，先使 q 也指向头结点，p 指向结点 1，如图 10-15（a）所示。while 循环的作用是查找插入位置，题目要求按学号由小到大顺序插入，只要 p 不是指向尾结点（此时 p!=NULL）和新结点的学号大于 p，当时所指的结点的学号（此时 "stud->num>p->num"），就执行循环体。图 10-15 所示就是此情况，新结点中的学号 89107 大于 p 所指向的结点的学号 89101。在循环体中使 q 指向 p 当前指向的结点，而 p 则指向下一个结点（通过 "p=p->next" 语句实现）。如此将新结点的学号与链表中一个个地进行比较，直到找到应插入的位置。如果新结点的学号大于链表中全部结点的学号，则应将新结点插入到链表的末尾。如图 10-15（b）所示，找到了应插入的位置。此时，"stud->num" 的值为 89107，而 "p->num" 的值为 89109，不满足循环条件 "stud->num>p->num"，不再执行循环体（p 和 q 不再后移）。执行 while 循环下面的语句，将 p 的值赋给 "stud->next"，作用是使新结点也指向 p 当前指向的结点，如图 10-15（c）所示，然后执行 "q->next=stud"，将新结点的地址赋给 q 当前指向的结点中的 next 成员，作用是使 q 指向的结点不再指向原来所指的结点（即 p 所指的结点），而指向新结点，如图 10-15（d）所示。

以上过程可以用日常生活中的事情做比喻：幼儿园的老师带一队小朋友手拉手排队去公园，按从低到高的顺序排好队，老师就是头结点，如果中途来了一名新生，先按身高找到应插入的位置（其过程为将其逐个与其他小朋友相比，如果比队列中某一小朋友高，就往后移动，和下一个小朋友比，直到找到一个小朋友比他高为止）。然后让前后两个小朋友松开手，将前面一个小朋友的一只手拉新生的手，让新生的另一只手去拉后面一个小朋友的手，这就完成了插入的过程。

图 10-15 插入新结点

4. 对链表的删除

【例 10.10】写一函数删除指定的结点，假设学号作为删除结点的标志。

这相当于一队小朋友中有一人想离队，经老师同意后，他的双手与前后两个小朋友脱离，离开队列。原来在其前面小朋友的手去拉原来在其后面小朋友的手，这就是删除"结点"的操作。

步骤如下：

（1）查找删除结点的位置；

（2）删除结点，即将该结点的前一个结点与后一个结点连接。

```
#include<stdio.h>
typedef struct student
{…}LIST;
```

```
LIST *creat()
{…}
void print(LIST *head)
{…}
int del(LIST *head,long num)
{ LIST  *p,*q;
  if(head->next==NULL)                        /*如果是空链,输出空链的信息后退出函数*/
  { printf("List is null!\n");
    return 0;
  }
  q=head;                                      /*q 指向头结点*/
  p=head->next;                                /*p 指向第一个结点*/
  while(p!=NULL && num!=p->num  )
  { q=p;
    p=p->next;
  }                                            /*查找要删除结点*/
  if(p==NULL)                                  /*没找到要删除的结点,给出信息后结束调用*/
  { printf("Not been found. \n");
    return 0;
  }
  else
  { q->next=p->next;
    free(p);                                   /*释放 p 所指的空间*/
    return 1;
  }
}
main( )
{ int a;
  long num;
  LIST *head;
  head=creat( );
  print(head);
  scanf("%ld",&num);
  a=del(head,num);
  if(a!=0) print(head);                        /*如果删除成功,输出链表*/
}
```

从以上几个操作中可以看出，对链表进行操作，关键是掌握好移动指针，使指针指向下一个结点，而且如何连接两个结点。

结构体和指针的应用领域很宽广，除了单向链表之外，还有环形链表、双向链表。此外还有队列、树、栈、图等数据结构。有关这些问题的算法可以学习"数据结构"课程。

10.6 共 用 体

有时需要使几种不同类型的变量存放到同一段内存单元中。例如，可把一个整型变量、一个字符型变量、一个实型变量放在同一个地址开始的内存单元中，如图 10-16 所示。以上 3 个变量在内存中占的字节数不同，但都从同一地址开始（图中设地址为 1000）存放。也就是使用覆盖技术，几个变量互相覆盖。这种使几个不同的变量共占同一段内存的结构，称为"共用体"类型的结构。定义共用体类型变量的一般形式为：

```
union 共用体名
{    成员表列;

}变量表列;
```

例如：

```
union data
{  int i;
   char ch;
   float f;
}a,b,c;
```

图 10-16　共用体结构

也可以将类型声明与变量定义分开：

```
union data
{  int i;
   char ch;
   float f;
};
union data a,b,c;
```

即先定义一个 union data 类型，再将 a、b、c 定义为 union data 类型。当然也可以直接定义共用体变量。例如：

```
union
{  int i;
   char ch;
   float f;
}a,b,c;
```

可以看到，"共用体"与"结构体"的定义形式相似，但它们的含义是不同的。

结构体变量所占内存长度是各成员所占的内存长度之和。每个成员分别占用自己的内存单元。

共用体变量所占的内存长度等于最长的成员的长度。例如，上面定义的"共用体"变量占 4 字节（因为一个实型变量占 4 字节），而不是占 2+1+4=7 字节。

有些时候把 union 译为"联合"、"联合体"或"共同体"。

10.6.1　共用体变量的引用方式

只有先定义了共用体变量才能引用成员。不能引用共用体变量，而只能引用共用体变量中的成员。例如，前面定义了 a、b、c 为共用体变量，下面的引用方式是正确的：

a.i　　　　　　　　（引用共用体变量中的类型变量 i）

a.ch　　　　　　　　（引用共用体变量中的字符变量 ch）

a.f　　　　　　　　（引用共用体变量中的实型变量 t）

不能只引用共用体变量，例如：

```
printf("%d",a);
```

是错误的，a 的存储区有好几种类型，分别占不同长度的存储区，仅写共用体变量名 a，难以使系统确定究竟输出的是哪一个成员的值。应写成"printf("%d",a.i)"或"printf("%c",a.ch)"等。

10.6.2　共用体类型数据的特点

在使用共用体类型数据时要注意如下一些特点。

（1）同一个内存段可以用来存放几种不同类型的成员，但在每一瞬时只能存放其中一种，而不是同时存放几种。也就是说，每一瞬时只有一个成员起作用，其他的成员不起作用，即不是同时都存在和起作用。

（2）共用体变量中起作用的成员是最后一次存放的成员，在存入一个新的成员后原有的成员就会失去作用。有如下赋值语句：

```
a.i=1;
a.c='a';
a.f=1.5;
```

在完成以上 3 个赋值运算以后，只有 a.f 是有效的，a.i 和 a.c 已经无意义了。此时用"printf("%d",a.i)"是不行的，而用 "printf("%f",a.f)" 是可以的，因为最后一次的赋值是向 a.f 赋值。因此，在引用共用体变量时，应注意当前存放在共用体变量中的成员究竟是哪个。

（3）共用体变量的地址和其各成员的地址都是同一地址。例如，&a、&a.i、&a.c、&a.f 都是同一地址值。

（4）不能对共用体变量名赋值，也不能引用变量名来得到一个值，更不能在定义共用体变量时对其初始化。例如，下面语句是不对的：

```
union
{  int i;
   char ch;
   float f;
}a={1,'a',1.5};(不能初始化)
a=1;(不能对共用体变量赋值)
m=a;(不能引用共用体变量名以得到一个值)
```

（5）不能把共用体变量作为函数参数，也不能使函数带回共用体变量，但可以使用指向共用体变量的指针（与结构体变量这种用法相仿）。

（6）共用体类型可以出现在结构体类型定义中，也可以定义共用体数组。反之，结构体可以出现在共用体类型定义中，数组也可以作为共用体的成员。

共用体与结构体有很多类似之处，但也有本质区别。

10.7 枚 举 类 型

枚举类型是 ANSI C 新标准所增加的。如果一个变量只有几种可取的值，则可以定义为枚举类型。所谓"枚举"是指将变量的值一一列举出来，变量的值只限于在列举出来的值的范围内。声明枚举类型用 enum 开头。

枚举类型的定义：

enum 枚举类型名{枚举值表};

在枚举值表中应列举出所有的可能值，这些值称为枚举元素或枚举常量。例如：

enum weekday{sun,mon,tue,wed,thu,fri,sat};

声明一个枚举类型 enum weekday，可以用此类型来定义变量。例如：

enum weekday workday,week_end;

workday 和 week_end 被定义为枚举变量，它们的值只能是 sun 到 sat 中的一个。例如：

workday=mon;
week_end=sun;

是正确的。当然，也可以直接定义枚举变量，如：

```
enum{sun,mon,tue,wed,thu,fri,sat}workday,week_end;
```

其中 sun、mon、…、sat 等称为枚举元素或枚举常量。它们是用户定义的标识符。这些标识符并不自动地代表什么含义。例如，不能因为写成 sun，就自动代表"星期天"。其实不写 sun 而写成 sunday 也可以。用什么标识符代表什么含义，完全由程序员决定，并在程序中做相应处理。

其中：

（1）在 C 语言编译中，对枚举元素按常量处理，故称枚举常量。它们不是变量，不能对它们进行赋值。例如，"sun=0;mon=1;"是错误的。

（2）枚举元素作为常量是有值的，C 语言编译按定义时的顺序使它们的值为 0，1，2，…。

在上面定义中，sun 的值为 0，mon 的值为 1……sat 的值为 6。如果有如下赋值语句：

```
workday=mon;
```

workday 变量的值为 1，这个整数是可以输出的。例如：

```
printf("%d",workday);
```

将输出整数 1。也可以改变枚举元素的值，在定义时指定，例如：

```
enum weekday{sun=7,mon=1,tue,wed,thu,fri,sat}workday,week_end;
```

定义 sun 为 7，mon 为 1，以后顺序加 1，sat 为 6。

（3）枚举值可以用来做判断比较。如：

```
if(workday==mon)…
if(workday>sun)…
```

枚举值的比较规则是按其在定义时的顺序号进行比较。如果定义时没有人为指定，则第一个枚举元素的值为 0。故 mon>sun，sat>fri。

（4）一个整数不能直接赋给一个枚举变量。例如：

```
workday=2;
```

是不对的。它们属于不同的类型。应先进行强制类型转换才能赋值。例如：

```
workday=(enum weekday)2;
```

它相当于将顺序号为 2 的枚举元素赋给 workday，例如：

```
workday=tue;
```

甚至可以是表达式。例如：

```
workday=(enum weekday)(5-3);
```

【例 10.11】口袋中有红、黄、蓝、白、黑 5 种颜色的球若干个。每次从口袋中先后取出 3 个球，问得到 3 种不同颜色的球的可能取法，打印出每种排列的情况。

流程图如图 10-17 所示。

球只能是 5 种颜色之一，而且要判断各球是否同颜色，可以用枚举类型变量处理。

设取出的球为 i、j、k。根据题意 i、j、k 分别是 5 种色球之一，并要求 i≠j≠k。可以用穷举法，即列举每一种可能的方法，查看哪一组符合条件。

下面的问题是如何"输出一种取法"。这里有一个问题：如何输出"red"、"blue"等单词。不能写成"printf（"%s",red）"来输出"red"字符串。为了输出 3 个球的

图 10-17　例 10.11 流程图

颜色，应经过 3 次循环，第 1 次输出 i 的颜色，第 2 次输出 j 的颜色，第 3 次输出 k 的颜色。在 3 次循环中先后将 i、j、k 赋予 pri。然后根据 pri 的值输出颜色信息。在第 1 次循环时，pri 的值为 i；如果 i 的值为 red，则输出字符串 "red"，依此类推。

程序如下：

```
main( )
{ enum color{red,yellow,blue,white,black};
  enum color i,j,k,pri;
  int n,loop=0;
  n=0;
  for(i=red;i<=black;i++)
    for(j=red;j<=black;j++)
      if(i!=j)
      { for(k=red;k<=black;k++)
        if((k!=i)&&(k!=j))
        { n=n+1;
          printf("%-4d",n);
          for(loop=1;loop<=3;loop++)
          { switch(loop)
            { case 1:pri=i;break;
              case 2:pri=j;break;
              case 3:pri=k;break;
              default:break;
            }
            switch(pri)
            { case red:printf("%-10s","red");break;
              case yellow:printf("%-10s","yellow");break;
              case blue:printf("%-10s","blue");break;
              case white:printf("%-10s","white");break;
              case black:printf("%-10s","black");break;
              default:break;
            }
          }
          printf("\n");
        }
      }
  printf("\ntotal:%5d\n",n);
}
```

运行结果为：

```
1    red      yellow    blue
2    red      yellow    white
3    red      yellow    black
...           ...                ...
58   black    white     red
59   black    white     yellow
60   black    white     blue
total:60
```

在上例中不用枚举变量，而用常数 0 代表"红"，1 代表"黄"也可以。但显然用枚举变量更直观，因为枚举元素不但选用了令人"见名知意"的标识符，而且枚举变量的值限制在定义时规定的几个枚举元素范围内，如果赋予它一个其他的值，会出现出错信息，便于检查。

10.8　用 typedef 定义类型

除了可以直接使用 C 提供的标准类型名（如 int、char、float、double、long 等）和其声明的结构体、共用体、指针、枚举类型外，还可以用 typedef 声明新的类型名来代替已有的类型名。如：

```
typedef int  INTEGER;
typedef float  REAL;
```

指定用 INTEGER 代表 int 类型，REAL 代表 float。这样，如下两个语句等价：

```
int i,j;float a,b;
INTEGER i,j;REAL a,b;
```

这样可以使熟悉 FORTRAN 的用户能用 INTEGER 和 REAL 定义变量，以适应他们的书写习惯。

如果在一个程序中，一个整型变量用来计数，例如：

```
typedef int COUNT;
COUNT i,j;
```

即将变量 i、j 定义为 COUNT 类型，而 COUNT 等价于 int，因此 i、j 是整型。在程序中将 i、j 定为 COUNT 类型，可以更加一目了然地知道它们的功能是用于计数的。

可以声明结构体类型：

```
typedef struct
{  int month;
   int day;
   int year;
}DATE;
```

声明新类型名 DATE，代表上面指定的一个结构体类型。这时可以用 DATE 定义变量：

```
DATE birthday;                    /*不要写成"struct DATE birthday"*/
DATE *p;                          /*p 为指向此结构体类型数据的指针*/
```

还可以进一步定义：

```
typedef int NUM[100];             /*声明 NUM 为整型数组类型*/
NUM n;                            /*定义 n 为整型数组变量*/
typedef char *STRING;             /*声明 STRING 为字符指针类型*/
STRING p,s[10];                   /*p 为字符指针变量，s 为指针数组*/
typedef int(*POINTER)()           /*声明 POINTER 为指向函数的指针类型，该函数返回整型值*/
POINTER p1,p2;                    /*p1、p2 为 POINTER 类型的指针变量*/
```

归纳起来，声明一个新的类型名的方法如下：

（1）先按定义变量的方法写出定义体（如 int i; ）；

（2）将变量名换成新类型名（如将 i 换成 COUNT）；

（3）在最前面加 typedef（如 typedef int COUNT）；

（4）然后可以用新类型名去定义变量。

以定义上述的数组类型为例进行说明：

（1）先按定义数组变量形式书写：int n[100];

（2）将变量名 n 换成指定的类型名：int NUM[100];

（3）在前面加上 typedef，得到 typedef int NUM[100];

（4）用来定义变量：NUM n。

同样，对字符指针类型，也分 4 步来实现：

（1）先按定义字符指针变量形式书写：char *p;

（2）将变量名换成指定的类型名：char *STRING;

（3）在前面加上 typedef 得到 typedef char *STRING;

（4）用平定义变量：STRING p,s[10]。

习惯上常把用 typedef 声明的类型名用大写字母表示，以便与系统提供的标准类型标识符相区别。

其中：

（1）用 typedef 可以声明各种类型名，但不能用来定义变量。用 typedef 可以声明数组类型、字符串类型，使用比较方便。如定义数组，原来用 int a[10]，b[10]，c[10]，d[10]；由于都是一维数组，大小也相同，可以先将此数组类型声明为一个名字：

```
typedef int ARR[10];
```

然后用 ARR 去定义数组变量：

```
ARR a,b,c,d;
```

ARR 为数组类型，包含 10 个元素。因此，a、b、c、d 都被定义为一维数组，含 10 个元素。

可以看到，用 typedef 可以将数组类型和数组变量分离，利用数组类型可以定义多个数组变量。同样，可以定义字符串类型、指针类型等。

（2）用 typedef 只是对已经存在的类型增加一个类型名，而没有创建新的类型。例如，前面声明的整型类型 COUNT，是对 int 型另增加一个新名字。例如：

```
typedef int NUM[10];
```

把原来用“int n[10];”定义的数组变量的类型用一个新的名字 NUM 表示出来。无论用哪种方式定义变量，效果都是一样的。

（3）typedef 与#define 有相似之处，如“typedef int COUNT;”和“#define COUNT int”的作用都是用 COUNT 代表 int。但事实上，它们二者是不同的。#define 是在预编译时处理的，只能做简单的字符串替换，而 typedef 是在编译时处理的，实际上它并不是做简单的字符串替换。例如：

```
typedef int NUM[10];
```

并不是用“NUM[10]”去代替“int”，而是采用如同定义变量的方法来声明一个类型（就是将原来的变量名换成类型名）。

（4）当不同源文件中用到同一类型数据（如数组、指针、结构体、共用体等类型数据）时，常用 typedef 声明一些数据类型，把它们单独放在一个文件中，然后在需要用到它们的文件中用#include 命令将其包含进来。

（5）使用 typedef 有利于程序的通用与移植。有时，程序会依赖于硬件特性，用 typedef 便于移植。例如，有的计算机系统 int 型数据用 2 字节，数值范围为-32 768 ~ 32 767，而另外一些机器则以 4 字节存放一个整数，数值范围约为±21 亿。如果把一个 C 语言程序从一个以 4 字节存放整数的计算机系统移植到以 2 字节存放整数的系统中，按一般办法需要将定义变量中的每个 int 改为 long。例如，将“int a,b,c;”改为“long a,b,c;”，如果程序中有多处用 int 定义变量，则要改动多处。则可以用一个 INTEGER 来声明 int：

```
typedef  int  INTEGER;
```

在程序中所有整型变量都用 INTEGER 定义，在移植时只需改动 typedef 定义体即可：

```
typedef  long  INTEGER;
```

10.9　应　用　举　例

【例 10.12】下述程序的运行结果是（　　　　）。

```
#include<stdio.h>
struct st
{ int n;
  int *m;
}*p;
void main( )
{ int d[5]={10,20,30,40,50};
  struct  st arr[5]={100,d,200,d+1,300,d+2,400,d+3,500,d+4};
  p=arr;
  printf("%d\t",++p->n);
  printf("%d\t",(++p)->n);
  printf("%d\n,++(*p)->m));
}
```

A. 101 200 21　　　　　B. 101 20 30　　　　　C. 200 101 21　　　　　D. 101 101 10

分析：此题考查结构体指针的引用方法。回答此题应了解->运算符的优先级别高于其他运算符，如++和*号等。表达式 "++p->n" 的值为 "p->n+1=arr[0].n+1=101"，计算后 p 值不变，arr[0].n 值增 1。表达式 "(++p)->n" 的值为 "(arr+1)->n=arr[1].n=200"，计算后 p 的值增 1，指向 arr[1]。表达式 "++(*p->m)" 的值为 "++(*arr[1].m)=*arr[1].m+1=d[1]+1=21"，计算后 p 值不变，d[1]值增 1。答案是 A。

【例 10.13】对于如下的结构体定义，若对变量 person 的出生年份进行赋值，正确的赋值语句是（　　　　）。

```
struct date
{ int year;
  int month;
  int day;
};
struct workist
{ char name[20];
  char sex;
  struct date birthday;
}person;
```

A. year=1976　　　　　　　　　　　B. birthday.year=1976

C. person.birthday.year=1976　　　　　D. person.year=1976

分析：此题考查嵌套定义的结构体成员的引用。首先，直接使用结构体成员而无所属关系是一种典型的错误，系统将认为它是普通变量而非结构体成员。其次，不论结构体嵌套的层次多少，只能从最外层开始，逐层用 "." 运算符展开，注意展开时必须使用变量名而不是结构体名。其实，只有这种展开方式才能清楚地说明成员的所属关系，故选项 C 正确。答案是 C。

【例 10.14】若有以下结构体定义：

```
struct example
{ int x;
  int y;
}v1;
```

则正确的引用或定义是（　　　）。

A．example. x=10;　　　　　　　　　B．example v2;v2.x=10;

C．struct v2;v2.x=10;　　　　　　　　D．struct example v2={10};

分析：此题考查基本的结构体定义和引用方法。选项 A 的错误是通过结构体名引用结构体成员，选项 B 的错误是将结构体名作为类型名使用，选项 C 的错误则是将关键字 struct 作为类型名使用。选项 D 是定义变量 v2 并对其初始化的语句，初始值只有前一部分，这是允许的。答案是 D。

【例 10.15】对于下述说明，不能使变量"p->b"的值增 1 的表达式是（　　　）。

```
struct  st
{ int a;
  int *b;
} *p;
```

A．++p->b　　　　　B．*++((p++)->b)　　　　C．p->b++　　　　　D．(*p->b)++

分析：此题考察结构体指针的引用方法。了解运算符的优先级别对本例的回答有一定帮助。事实上在 C 语言中，"."和"->"是优先级别最高的一类运算符。

选项 A 中表达式的含义是使 p->b 增 1 后所指向单元的值。

对于选项 B，表达式"(p++)->b"的值为"p->b"，第一个++运算使"p->b"增 1，整个表达式的值是增 1 后的 p->b 所指向单元的值。在该表达式计算后，p 增 1。

选项 C 中表达式的含义是使 p->b 增 1 后所指向单元的值。

选项 D 中的表达式类似于"(*x)++"，其值为 x 指向单元的值，计算后使该值增 1。但 x（即 p->b）并不增加。答案是 D。

【例 10.16】下面程序功能：在一个有头结点的递减有序的单链表中插入一个数据，链表仍然有序。在下面程序的空白处填写适当的内容使程序完整。

```
struct data
{ int x;
  struct data *next;
};
void insert( struct data *head,int  a)
{ struct data  *p,*q;
  p=head;
  while(    (1)    )
    p=p->next;
  q=(struct data*)nalloc(sizeof(struct data));
  q->x=a;
  q->next=p->next;
    (2)    ;
}
```

分析：此题要在递减有序的单链表中插入一个数据，首先要找到插入的位置，因为插入时要修改前一个结点的指针域，所以要寻找指向前一个结点的指针 p，然后生成新结点，把新结点链入到链表中 p 所指的结点之后。函数 insert()中定义了指针 p，使 p 指向头结点，利用 p 扫描链表找到插入的位置。为了在 p 所指结点的后面插入新结点，在扫描时用"p->next->x"去和 a 相比，当"p->next!=NULL"并且"p->next->x>a"时"p=p->next"。当"p->next==NULL"或"p->next->x<=a"时说明找到了位置，然后生成新结点 q，让 q 指向 p 的下一个结点，"p->next"指向 q。所以（1）应填入"p->next!=NULL&&p->next->x>a"，（2）应填入"p->next=q"。

【例 10.17】编程输入一个班级（假设 50 人）的学号、姓名及 4 科的成绩，求每个人的总分和平均分。

此程序的算法不难，注意使用结构体类型，把每个同学的信息作为一个整体。

```c
#define N 50
#include<stdio.h>
struct student
{   int number;                              /*学号*/
    char name[10];                           /*姓名*/
    float score[4];                          /*4 门课程成绩*/
    float total;                             /*总分*/
    float ave;                               /*平均成绩*/
};
main()
{   struct student stu[N],*p;
    int i,k;
    for(i=0,p=stu;p<stu+N;p++,i++)           /*输入学生的信息*/
    {   printf ("the%d student\n",i);
        printf("number&name:");
        scanf("%d%s",&p->number,p->name);
        printf("score(4):");
        for(p->total=0,k=0;k<4;k++)
        {   scanf("%f",&p->score[k]);
            p->total+=p->score[k];
        }
        p->ave=p->total/4;
    }
    for (i=0;i<N;i++)
    {   printf("number:%6d\n",stu[i].number);
        printf("name:%s\n",stu[i].name);
        printf("score:");
        for(k=0;k<4;k++)
        printf("%6.2f",stu[i].score[k]);
        printf("\ntotal=%10.2f",stu[i].total);
        printf(average=%10.2f\n",stu[i].ave);
    }
}
```

10.10 本章小结

结构体和共用体是两种构造类型数据，是用户定义的新的数据类型。

（1）结构体和共用体有很多的相似之处，它们都由成员组成，成员可以具有不同的数据类型。可采用先定义类型再定义变量，同时定义类型和变量，以及直接定义变量 3 种方法定义结构体变量和共用体变量。同样可通过结构体（共用体）变量名.成员名、结构体（共用体）指针变量->成员名、（*结构体（共用体）指针变量).成员名 3 种形式引用结构体（共用体）成员。

（2）在结构体中，各成员都占有自己的内存空间，它们是同时存在的。一个结构体变量的总长度等于所有成员长度之和。在共用体中，所有成员不能同时占用它的内存空间，它们不能同时存在，共用体变量的长度等于最长的成员的长度。

（3）结构体变量可以作为函数参数，函数也可返回指向结构体的指针变量。而共用体变量不能作为函数参数，函数也不能返回共用体变量，但可以使用指向共用体变量的指针，也可使用共用体数组。

（4）结构体定义允许嵌套，结构体中也可用共用体作为成员，形成结构体和共用体的嵌套。

（5）链表是一种重要的数据结构，它适用实现动态的存储分配。本章主要介绍单向链表，此外还有双向链表、循环链表等。

（6）"枚举"是指将变量的值——列举出来，变量的值只限于列举出来值的范围内。

（7）用 typedef 定义的类型能增加程序的可读性，有利于可移植性。

10.11 练习与提高

一、选择题

1. 以下程序的运行结果是（　　）。

```c
#include<stdio.h>
main()
{ struct date
  { int year,month,day;
    }today;
    union
  { long a;
    int b;
    char c;
  }m;
  printf("%d %d\n",sizeof(struct date),sizeof(m));
}
```

　　A. 6 4　　　　　　　B. 8 5　　　　　　　C. 10 6　　　　　　　D. 12 7

2. 若有以下定义和语句，则不正确的引用是（　　）。

```c
struct student
{ int age;
  int num;
};
struct student stu[3]={{1001,20},{1002,19},{1003,21}};
main()
{ struct student *p;
  P=stu;
  …
}
```

　　A. (p++)->num　　B. p++　　　　　　　C. (*p).num　　　　　D. p=&stu.age

3. 设有以下语句，则表达式的值为 6 的是（　　）。

```c
struct st
{ int n;
  struct st *next;
};
static struct st a[3]={5,&a[1],7,&a[2],9, '\0'},*p;
p=&a[0];
```

　　A. p++->n　　　　B. p->n++　　　　　　C. (*p).n++　　　　　D. ++p->n

4. 以下程序的正确运行结果为（　　）。

```c
#include <stdio.h>
main()
```

```
{ union
  { int a[2];
    long b;
    char c[4];
  }s;
  s.a[0]=0x39;
  s.a[1]=0x38;
  printf("%lx %c\n",s.b,s.c[0]);
}
```

　　A．390038　39　　B．380039　9　　　　　C．3938　38　　　　　　D．3839　8

5．以下程序的输出结果是（　　　）。

```
struct st
{ int x;
  int *y;
}*p;
int dt[4]={510,20,30,40};
struct st aa[4]={50,&dt[0],60,&dt[0],60,&dt[0],60,&dt[0]}
main()
{ p=aa;
  printf("%d %d %d\n",++(*p->y),(++p)->x,++p->x);
}
```

　　A．10　20　20　　　B．50　60　21　　　　C．51　60　11　　　　　D．60　70　31

二、填空题

1．结构体数组中存有 3 个人的姓名和年龄，以下程序输出 3 个人中最年长者的姓名和年龄，在横线上填入正确内容。

```
static struct man
{ char name[20];
  int age;
}person[]={{"li-ming",18},{"wang-hua",19},{"zhang-ping",20}};
main()
{ struct man *p,*q;
  int old=0;
  for(____(1)____ ;____(2)____ ;p++)
    if(old<p->age)
      { q=p;
        ____(3)____
      }
  printf("%s%d", ____(4)____ );
}
```

2．以下函数的功能是统计链表中结点的个数，其中 head 为指向第一个结点的指针。在横线上填入正确内容。

```
struct link
{ char data;
  struct link *next;
};
int count_not(struct link *head)
{ struct link *p;
  int c=0;
  p=head;
  while(____(1)____ )
  { ____(2)____ ;
    p=____(3)____ ;
```

```
        }
    }
```

三、编程题

1．有若干学生，每个学生的记录包括学号和 3 门课的成绩，从键盘输入学生数据（学号为 0000 时结束输入），要求打印出每个学生 3 门课的总平均成绩。

2．编写一个函数 print()，打印一个学生的成绩数组，该数组中有 5 个学生的数据记录，每个记录包括 num、name、score[3]，用主函数输入这些记录，用 print()函数输出这些记录。

3．有两个链表 a 和 b，结点中包含学号、姓名。编写函数 delete，从 a 链表中删去与 b 链表中有相同学号的结点。

4．有一个链表，每个结点包括：学号、姓名、性别、年龄。编写函数实现如下功能：输入一个学生信息，如果链表中没有此学生的信息，则把学生信息放在链表的最后，输出此链表中的学生信息。所包含的年龄等于此年龄，则将此结点删去。

第 11 章
位运算

C 语言既具有高级语言的特点，又具有低级语言的功能，具有广泛的用途。第 9 章介绍的指针运算和本章将介绍的位运算适合编写系统软件，也是 C 语言的重要特色。在用计算机进行检测和控制领域中要用到位运算的知识。本章将介绍位运算及及应用。

本章学习目标

- 了解位运算符的含义及使用方法。
- 能够进行简单的位运算。

11.1 位运算符与位运算

所谓位运算是指进行二进制位的运算。在系统软件中，常要处理二进位的问题。例如，将一个存储单元中的各二进位左移或右移一位、两个数按位相加等。C 语言中的位运算符如表 11-1 所示。

表 11-1　　　　　　　　　　　　　　　位运算符及含义

运 算 符	含 义	运 算 符	含 义
&	按位与	~	取反
|	按位或	<<	左移
^	按位异或	>>	右移

其中：

（1）位运算符中除 ~ 以外，均为二目（元）运算符，即要求两侧各有一个运算量；

（2）运算量只能是整型或字符型的数据，不能为实型数据；

（3）逻辑运算的结果只能是 0 和 1，而位运算的结果可以是 0 和 1 以外的值。

11.1.1 按位与运算符（&）

参加运算的两个数据，按二进位进行"与"运算。如果两个相应的二进位都为 1，则结果值为 1；否则为 0。如下：

0 &0=0　0&1=0　1&0=0　1&1=1。

例如，4&5 并不等于 1，应该是按位与。

```
        4:    00000100
(&)     5:    00000101
              00000100
```

因此，4&5 的值得 4。如果参加&运算的是负数（如-4&-5），则以补码形式表示为二进制数，然后按位进行"与"运算。

```
      -4:  11111111 11111100
  & -5:  11111111 11111011
         11111111 11111000
```

结果为-8。

按位与有如下一些特殊的用途。

（1）清零。如果想将一位清零，可使这位和 0 进行&运算，即可达到清零的目的。

例如，原有数为 01101111，让它和 0 进行&运算。

```
         01101111
(&)      00000000
         00000000
```

（2）保留某一位不变。如果想保留某一个位，可使这位和 1 进行&运算。

例如，一个整数（2 字节），想要保留其中的低字节，只需将 a 和 0xff 按位与即可。如果想取两字节中的高字节，只需进行 a&0xff00 运算。

11.1.2　按位或运算符（|）

两个相应的二进位中只要有一个为 1，该位的结果值为 1。如下：

0|0 =0，0|1=1，1|0=1，1|1=1。

例如，060 | 017

将八进制数 60 与八进制数 17 进行按位或运算。

```
         00110000
(|)      00001111
         00111111
```

如果想使一个数 a 的低 4 位改为 1，只需将 a 与 017 或 0xf 进行按位或运算即可。

按位或有如下一些特殊的用途。

（1）按位或运算常用来对一个数据的某些位置 1。如果想将一个位置 1，就让这位和 1 进行或运算，即可达到置 1 目的。例如，原有数为 01101111，让其和 1 进行或运算。

```
         01101111
(|)      11111111
         01101111
```

（2）保留某一位不变。想要保留某位只需和 0 进行或运算。

11.1.3　按位异或运算符（^）

异或运算符^也称 XOR 运算符。它的规则是若参加运算的两个二进位同号，则结果为 0（假）；异号则为 1（真）。如下：

0^0=0，1^1=0，0^1=1，1^0=1。例如：

```
        00111001
(^)     00101010
        00010011
```

"异或"的意思是判断两个相应的位值是否为"异",为"异"（值不同）就取真（1）；否则为假（0）。下面举例说明^运算符的应用。

（1）使特定位翻转：假设有 01111010，想使其低 4 位翻转；即 1 变为 0，0 变为 1。可以将其与 00001111 进行^运算。即：

```
        01111010
(^)     00001111
        01110101
```

结果值的低 4 位正好是原数低 4 位的翻转。要使哪几位翻转就将与其进行^运算的这些位置为 1 即可。这是因为原数中值为 1 的位与 1 进行^运算得 0，原数中的位值 0 与 1 进行^运算的结果得 1。

（2）与 0 异或，保留原值。

例如，012^00=012

```
        00001010
(^)     00000000
        00001010
```

因为原数中的 1 与 0 进行^运算得 1，0^0 得 0，故保留原数。

（3）交换两个值，不用临时变量：如果 a=1，b=2。若将 a 和 b 的值互换，可以用以下赋值语句实现：

a=a^b;

b=b^a;

a=a^b;

可以用下面的竖式进行说明：

```
        00000001    （a）
(^)     00000010    （b）
        00000011    （a）
(^)     00000010    （b）
        00000001    （b）
(^)     00000011    （a）
        00000010    （a）
```

等效于：

① "b=b^(a^b)=b^a^b=a^b^b=a^0=a"。

② 再执行 "a=a^b=(a^b)^(b^a^b)=a^b^b^a^b=a^a^b^b^b=b"。

11.1.4　按位取反运算符（~）

~是一个单目（元）运算符，用来对一个二进制数按位取反，即将 0 变 1，1 变 0。例如，~025 是对八进制数 25（即二进制数 00010101）按位求反。

```
(~)     000000000010101
        111111111101010
```

即八进制数 177 752。因此，~025 的值为八进制数 177 752。

~运算符的优先级别比算术运算符、关系运算符、逻辑运算符和其他位运算符优先。例如，~a&b，先进行~a 运算，然后进行&运算。

11.1.5　左移运算符（<<）

用来将一个数的各二进位全部左移若干位。如下：

a=a<<2

将 a 的二进制数左移 2 位，右补 0，高位左移后溢出，不起作用舍弃。若 a=10，即二进制数 00001010，左移 2 位得 00101000，即十进制数 40。

左移 1 位相当于该数乘以 2，左移 2 位相当于该数乘以 22=4。上面举的例子"10<<2=40"，即乘了 4。但此结论只适用于该数左移时被溢出舍弃的高位中不包含 1 的情况。例如，假设以一字节（8 位）存一个整数，若 a 为无符号整型变量，则 a=64 时，左移一位时溢出的是 0，而左移 2 位时，溢出的高位中包含 1。由表 11-2 可以看出，a=64 左移 1 位时相当于乘 2，左移 2 位后，值等于 0。

表 11-2　　　　　　　　　　　　　　　左移运算举例

a 的值	a 的二进制形式	a<<1	a<<2
64	01000000	10000000	00000000
127	01111111	11111110	11111100

左移比乘法运算快得多，有些 C 编译程序自动将乘 2 的运算用左移一位来实现，将乘 2n 的幂运算处理为左移 n 位。

11.1.6　右移运算符（>>）

a>>2 表示将 a 的各二进位右移 2 位。移到右端的低位被舍弃，对无符号数，高位补 0。如 a=017 时，a>>1 为 00000111，a>>2 为 00000011。

右移一位相当于除以 2，右移 n 位相当于除以 2n。

在右移时，需要注意符号位问题。对无符号数，右移时左边高位移入 0，对于有符号数，如果原来符号位为 0（该数为正），则左边也是移入 0，如果符号位原来为 1（即负数），则左边移入 0 还是 1，要取决于所用的计算机系统。有的系统移入 0，有的移入 1。移入 0 的称为"逻辑右移"，即简单右移。移入 1 的称为"算术右移"。例如，a 的值为 0113755。

1001011111101101

0100101111110110（逻辑右移时）

1100101111110110（算术右移时）

在一些系统上，a>>1 为八进制数 045766，而在另一些系统上可能得到的是 145766。

Turbo C 和其他一些 C 编译采用的是算术位移，即对有符号数右移时，如果符号位原来为 1，左面移入高位的是 1。

11.1.7　位运算赋值运算符

位运算符与赋值运算符可以组成复合赋值运算符。例如，&=、|=、>>=、<<=、^=。

"a&=b"相当于"a=a&b"；"a<<=2"相当于"a=a<<2"。

11.1.8　不同长度的数据进行位运算

如果两个数据长度不同（如 long 型和 int 型）进行位运算时（如 a&b，而 a 为 long 型，b 为 int 型），系统会将两者按右端对齐。如果 b 为正数，则左侧 16 位补满 0。如果 b 为负数，左端应补满 1。如果 b 为无符号整数型，则左侧添满 0。

【例 11.1】取一个整数 a 从右端开始的 4～7 位。

可以做如下考虑。

① 先使 a 右移 4 位，右移到右端可以用下面的方法实现：

a>>4

② 设置一个低 4 位全为 1，其余全为 0 的数。可用下面方法实现：

~(~0<<4)

~0 的全部二进制位全是 1，左移 4 位，这样右端低 4 位为 0，即 1111111111110000，在取反为 0000000000001111。

③ 将上面二者进行&运算。即

(a>>4)&~(~0<<4)

程序如下：

```
main()
{   unsigned  a,b,c,d;
    scanf("%o",&a);
    b=a>>4;
    c=~(~0<<4);
    d=b&c;
    printf("%o,%d\n%o,%d\n",a,a,d,d);
}
```

运行时输入 225<回车>

```
225,149
11,9
```

输入 a 的值为八进制数 225，即十进制数 149，其二进制形式为 010010101。经运算最后得到 d 为 00001001，即八进制数 11，十进制数 9。

可以任意指定从右面第 m 位开始取其右面 n 位。只需将程序中的"b=a>>4;"改成"b=a>>(m-n+1);"，以及将"c=~(~0<<4);"改成"c=~(~0<<n);"即可。

【例 11.2】循环移位。要求将 a 进行右循环移 n 位，即将 a 中原来左面 16-n 位右移 n 位，原来右端 n 位移到最左面 n 位。

为实现以上目的可以用以下步骤。

① 将 a 的右端 n 位先放到 b 中的高 n 位中。可以用下面语句实现：

b=a<<(16-n);

② 将 a 右移 n 位，其左面高位 n 位补 0。可以用下面语句实现：

c=a>>n;

③ 将 c 与 b 进行按位或运算。即

c=c|b;

程序如下：

```
main()
{ unsigned  a,b,c;
  int n;
```

```
    scanf("a=%o,n=%d",&a,&n);
    b=a<<(16-n);
    c=a>>n;
    c=c|b;
    printf("%o\n%o\n",a,c);
}
```

运行时输入 a=157653,n=3<回车>

```
157653
75765
```

运行开始时输入八进制数 157653，即二进制数 1101111110101011，循环右移 3 位后得二进制数 0111101111110101，即八进制数 75765。

同样可以左循环位移。

11.2 位 段

在过程控制、参数检测或数据通信领域时，控制信息往往只占一或几个二进制位，常常在一字节中存放几个信息。

那么，怎样向一字节中的一个或几个二进位赋值和改变它的值呢？可以用以下两种方法。

（1）可以人为地在一个字节 data 中设几项。例如：设置 4 项 a、b、c、d，分别占 2 位、6 位、4 位、4 位（如图 11-1 所示）。

图 11-1 人为设置示意图

如果想将 c 的值变为 12，可以用如下方法做。

① 将数 12 左移 4 位，使 1100 成为右面起第 4~7 位。

② 将 data 与 "12<<4" 进行"按位或"运算，即可使 c 的值变成 12。如果 c 的原值不为 0，应先使之为 0。可以用下面方法：

```
data=data&0177417;
```

用 0177417 与 data 进行&运算，使第 4~7 位为 0，其余各位保留 data 的原状。

这个 0177417 称为"屏蔽字"，即把 c 以外的信息屏蔽起来，不受影响，只使 c 改变 0。但要找出和记住 177417 这个数比较麻烦。可以用

```
data=data&~(15<<4);
```

15 是 c 的最大值，c 共占 4 位，最大值为 1111 即 15。15<<4 是将 1111 移到 4~7 位，再取反，就使 4~7 位变成 0，其余位全是 1。这样可以实现对 c 清 0，而不必计算屏蔽码。

用以上办法给一字节中某几位赋值太麻烦了。可以用下面介绍的位段结构体的方法。

（2）位段。

C 语言允许在一个结构体中以位为单位来指定其成员所占内存长度，这种以位为单位的成员称为"位段"或称"位域"（bit field）。利用位段能够用较少的位数存储数据。

例如：

```
struct  datatype
{ unsigned a:2;
  unsigned b:6;
  unsigned c:4;
  unsigned d:4;
  int i;
}data;
```

其中 a、b、c、d 分别占 2 位、6 位、4 位、4 位。i 为整型，data 共占 4 字节，也可以使各个位段不恰好占满一字节。如：

```
struct  datatype
{ unsigned a:2;
  unsigned b:3;
  unsigned c:4;
  int i;
};
struct datatype data;
```

其中 a、b、c 共占 9 位，占 1 字节多，不到 2 字节。它的后面为 int 型，占 2 字节。在 a、b 之后 3 位，c 之后 4 位空间闲置不用，i 从另一字节开头起存放，如图 11-2 所示。

对位段中的数据引用的方法。如：

```
data.a=2;
data.b=5;
data.c=10;
```

a	b	不用	c	不用	i
2	3	3	4	4	16

图 11-2 位段存储

注意位段允许的最大值范围。如果写"data.a=4;"就错了。因为 data.a 只占 2 位，最大值为 3。在此情况下，自动取赋予它的数的低位。例如，4 的二进制数形式为 100，而 data.a 只有 2 位，取 100 的低 2 位，故 data.a 得值 0。

关于位段的定义和引用，有以下几点要说明。

（1）位段成员的类型必须指定为 unsigned 或 int 类型。

（2）若某一位段要从另一个字开始存放。可以用以下形式定义：

```
unsigned a:2;
unsigned b:2;
unsigned  :0;
unsigned c:3;（另一存储单元）
```

本来 a、b、c 应连续存放在一个存储单元（字）中，由于用了长度为 0 的位段，其作用是使一个位段从下一个存储单元开始存放。因此，现在只将 a、b 存储在一个存储单元中，c 存放在下一个单元。

（3）一个位段必须存储在同一存储单元中，不能跨两个单元。如果第一个单元空间不能容纳下一个位段，则该空间不用，而从下一个单元起存放该位段，如图 11-2 所示。

（4）可以定义无名字段。

```
Unsigned  :2;
unsigned b:2;
unsigned c:3;
```

（5）位段长度不能大于存储单元的长度，也不能定义位段数组。

（6）位段可以用整型格式符输出。

```
printf("%d,%d,%d",data.a,data.b,data.c);
```

当然，也可以用%u、%o、%x 等格式符输出。

（7）位段可以在数值表达式中引用，它会被系统自动地转换成整型数。如：

```
data.a+3*data.b
```

是合法的。

11.3 应 用 举 例

【例 11.3】位运算符&、|、~、<<、 >>、^ 按优先级从高到低排列的顺序是（   ）。

A. ^ 、 ~ 、 & 、| 、<<、>>　　　　　B. ^ 、 ~ 、 & 、<< 、 >>、|

C. ~、<< 、>>、&、^、|　　　　　　D. ~ 、^、>> <<、&、|

分析：位运算符中求反运算（~）优先级最高，而左移和右移相同居于第二，接下来的顺序是按位与（&），按位异或（^）和按位或（|）。此题中 C 顺序是正确的。

【例 11.4】若有以下语句，则 c 的二进制数是（　　　）。

```
char a=3,b=6,c;c=a^b>>2;
```

分析：在此题的语句中用到了位运算符^（异或运算符），异或运算符的优先级低于右移运算符。为了便于分析，先将运算数化为二进制数：

a=00000011，b=00000110，b 右移 2 位后为 00000001，再与 a 进行异或运算是 00000010。

【例 11.5】　已知小写字母 a 的 ASCII 码为 97，大写字母 A 的 ASCII 码为 65。以下程序的结果为（　　　）。

```
main( )
{ unsigned int a=32,b=66;
  printf("%c\n",a|b);
}
```

A. 66　　　　　　　B. 98　　　　　　　C. b　　　　　　　D. B

分析：先将 a 和 b 化为二进制数，分别是：a=00100000，b=01000010。求出 a|b 的值：

```
     00100010
|    01000010
     01100010
```

将结果化为十进制数是 98。由于 C 语言字符型数据和整型数据是通用的，因此 98 按字符型输出应该是小写字母 b。答案是 C。

【例 11.6】设 a=00101101，若想通过 a^b 运算使 a 的高 4 位取反，低 4 位不变，则 b 的二进制数应是（　　　）。

分析：异或运算的特点是：两个对应的二进制位相同，结果为 0；相异结果为 1。因此，若原来为 1 的位和 1 异或就变 0；而原来为 0 的位和 1 异或就变成了 1，从而实现求反。若想让高 4 位求反，则只要 b 的高 4 位为 1，低 4 位为 0。如：

```
a:    00101101
b:    11110000
a^b:  11011101
```

显然，a 的高 4 位变反，低 4 位没变。b 的二进制数应是 11110000。

【例 11.7】　设有定义"char a,b;"，若想通过 a&b 运算保留 a 的第三位和第六位的值，则 b 的二进制数应是（　　　）。

分析：由"与"运算的功能可知：两个对应的二进制数只要有为 0 的，"与"的结果就为 0，只有它们均为 1 时结果才为 1。因此，若想保留哪位上的数，就用 1 去"与"，其他位用 0 屏蔽掉。对于此题，可以取 b=00100100，例如：a=10110011，计算 a&b 如下：

```
a:    10110011
b:    00100100
a&b:  00100000
```

"与"的结果原样保留了 a 的第 3 位和第 6 位的状态，其余位全为 0。不论 a 为何值均是如此。所以，b 的二进制数应是 00100100。

11.4　本章小结

本章主要介绍了位运算。位运算只适用于整型和字符型数据；位运算适合编写系统软件；位运算具有广泛的用途，特别是在利用计算机检测和控制等领域中。

（1）6 种运算符中只有~是一目运算符，其余都是二目运算符。

（2）&可以用来保持原位，也可以是某位清零。

（3）| 可以用来保持原位，也可以是某位取 1。

（4）^ 可以是某位翻转，也可是某位不变。

（5）左移一位相当于乘以 2。

（6）右移分为逻辑右移和算术右移；算术右移 1 位相当于除以 2。

（7）在过程控制、参数检测或数据通信领域时，控制信息往往只占一个或几个二进制位，常常在一字节中存放几个信息。利用位段能够用较少的位数存储数据。

11.5　练习与提高

一、选择题

1. 若 x=10010111，则表达式 "(3+(int)(x))&(~3)" 的运算结果是（　　　）。

　　A. 10011000　　　B. 10001100　　　　　C. 10101000　　　　D. 10110000

2. 若有下面的语句，则输出结果为（　　　）。

```
char a=9,b=020;
printf("%o\n",~a&b<<1);
```

　　A. 0377　　　　　B. 040　　　　　　　C. 32　　　　　　　D. 以上答案均不正确

3. 下面程序的输出结果是（　　　）。

```
main()
{  unsigned int a=3,b=10;
   printf("%d\n",a<<2| b>>1);
}
```

　　A. 1　　　　　　　B. 5　　　　　　　　C. 12　　　　　　　D. 13

4. 若有如下语句，则 c 的二进制数是（　　　）。

```
char a=3,b=6,c;c=a^b>>2;
```

5. 已知字母 a 的 ASCII 码为 97，字母 A 的 ASCII 码为 65。以下程序的结果为（　　　）。

```
main()
{  unsigned int a=32,b=66;
   printf("%c\n",a|b);
}
```

　　A. 66　　　　　　B. 98　　　　　　　　C. b　　　　　　　　D. B

6. 在执行以下 C 语句后，B 的值是（　　　）。

```
char z='A';
int b;
b=((241&15)&&(z|'a'));
```

A. 0　　　　　　B. 1　　　　　C. TRUE　　　　　D. FALSE

7. 表达式 a<b||~c&d 的运算顺序是（　　　）。

A. ~, &, <, ||　　B. ~, &, ||, <　　　C. ~, ||, &, <　　　D. ~, <, &, ||

8. 在位运算中，操作数每右移一位，其结果相当于（　　　）。

A. 操作数乘以 2　　　　　　　　　　B. 操作数除以 2

C. 操作数除以 4　　　　　　　　　　D. 操作数乘以 4

二、填空题

1. 设有 "char a,b;"，若要通过 a&b 运算屏蔽掉 a 中的其他位，只保留第 2 和第 8 位（右起为第 1 位），则 b 的二进制数是_____。

2. 测试 char 型变量 a，第六位是否为 1 的表达式是_____（设最右位是第一位）。

3. 设二进制数 x 的值是 11001101，若想通过 x&y 运算使 x 中的低 4 位不变，高 4 位清零，则 y 的二进制数是_____。

4. 若 x=0123，则表达式 "5+(int)(x)&(~2)" 的值是_____。

5. 设 x=10100011，通过 "x^y" 使 x 的高 4 位取反，低 4 位不变，则用二进制表示 y 是_____。

6. 与表达式 "a&=b" 等价的另一书写形式是_____。

7. 与表达式 "x^=y-2" 等价的另一书写形式是_____。

8. a 为任意整数，能将变量 a 中的各二进制位均置成 1 的表达式是_____。

9. a 为任意整数，能将变量 a 清零的表达式是_____。

三、分析程序题

1. 下面程序的运行结果是_____。

```c
main()
{ unsigned a=0112,x,y,z;
  x=a>>3;printf("x=%o,",x);
  y=~(~0<<4);printf("y=%o,",y);
  z=x&y;printf("z=%o\n",z);
}
```

2. 以下程序的运行结果是_____。

```c
main()
{ char a=0x95,b,c;
  b=(a&0xf)<<4;
  c=(a&0xf0)>>4;
  a=b|c;
  printf("%x\n",a);
}
```

3. 以下程序的运行结果是_____。

```c
main()
{ char a=-8;unsigned char b=248;
  printf("%d,%d",a>>2,b<<2);
}
```

4. 以下程序的运行结果是_____。

```c
main()
{ unsigned char a,b;
  a=0x1b;
  printf("0x%x\n",b=a<<2);
}
```

5．以下程序的运行结果是_____。

```
main()
{   unsigned a,b;
    a=0x9a;
    b=~a;
    printf ("a=%x\nb=%x\n",a,b);
}
```

四、编程题

1．编写一个函数 getbits()，从一个 16 位的单元中取出几位（即该几位保留原值，其余位为 0）。函数调用形式为"getbits(value,n1,n2)"。value 为该 16 位（2 字节）中的数据值，n1 为要取出的起始位，n2 为要取出的结束位。例如，表示对八进制数 101675，取出其从左面起第 5 位到第 8 位。

2．写一个函数，对一个 16 位的二进制数取出它的奇数位（即从左边起第 1，3，5，…，15 位）。

第12章
文件

在前面的各章中，我们已经多次使用了文件，如源程序文件、目标文件、可执行文件、库文件等。计算机系统中的程序和数据资源需要借助于外部存储设备才能长期保存，而对于 C 语言来说，需要通过一些文件操作函数来完成程序和数据资源的保存。本章将介绍文件的相关概念，以及文件的建立和使用。

本章学习目标

- 了解 C 语言文件的概念。
- 掌握 C 语言文件操作函数及读/写函数。
- 掌握 C 语言文件的建立和使用。

12.1　文件的概念

文件（file）是程序设计中一个重要的概念。文件一般指存储在外部介质上的一组相关数据的集合。一批数据是以文件的形式存放在外部介质（如磁盘）上的。操作系统是以文件为单位对数据进行管理的，也就是说，如果想查找存在外部介质上的数据，必须先按文件名找到所指定的文件，再从该文件中读取数据。要向外部介质上存储数据，也必须先建立一个文件（以文件名标识），才能向它输出数据。

我们在编程时所用到的输入和输出，都是以终端为对象的，即从终端键盘输入数据，运行结果输出到终端上。从操作系统的角度看，每一个与主机相联的输入输出设备都被看作是一个文件。例如，终端键盘是输入文件，显示屏和打印机是输出文件。

在程序运行时，常常需要将一些数据（运行的最终结果或中间数据）输出到磁盘上存放起来，以后需要时再从磁盘中输入到计算机内存，这就要用到磁盘文件。

C 语言把文件看作是一个字符的序列，即由一个一个字符的数据顺序组成。根据数据的组织形式，可分为 ASCII 文件和二进制文件。ASCII 文件又称文本（text）文件，它的每一字节放一个 ASCII 代码，代表一个字符。二进制文件是把内存中的数据按其在内存中的存储形式原样输出到磁盘上存放。假设有一个整数 12345 在内存中占 2 字节，如果按 ASCII 码形式输出，则占 5 字节；而按二进制形式输出，在磁盘上只占 2 字节。用 ASCII 码形式输出与字符一一对应，一字节代表一个字符，因而便于对字符进行逐个处理，也便于输出字符，但一般占存储空间较多，而且要花费转换时间（二进制形式与 ASCII 码间的转换）。用二进制形式输出数值，可以节省外存空间和转换时间，但一字节并不对应一个字符，不能直接输出字符形式。一般中间结果数据需要暂时保存在外存上，以后又需要输入到内存的，常用二进制文件保存。

　　一个 C 文件是一字节流或二进制流。在 C 语言中对文件的存取是以字符（字节）为单位的。输入输出的数据流的开始和结束仅受程序控制，而不受物理符号（如回车换行符）控制。也就是说，在输出时不会自动增加回车换行符作为记录结束的标志，输入时内存中存储形式不以回车换行符作为记录的间隔，我们把这种文件称为流式文件。C 语言允许对文件存取一个字符，这就增加了处理的灵活性。

　　C 语言对文件的处理有两种方法：缓冲文件系统和非缓冲文件系统。在缓冲文件系统中，在对文件进行读写之前，首先在内存区为每一个正在使用的文件名开辟一个缓冲区。从内存向磁盘输出数据必须先送到内存中的缓冲区，装满缓冲区后才一起送到磁盘去。如果从磁盘向内存读入数据，则一次从磁盘文件将一批数据输入到内存缓冲区（充满缓冲区），再从缓冲区逐个地将数据送到程序数据区给程序变量。缓冲区的大小由各个具体的 C 版本确定，一般为 512 字节。

　　在非缓冲文件系统中，文件的处理不自动开辟确定大小的缓冲区，而由程序为每个文件设定缓冲区。

　　在 UNIX 系统下，用缓冲文件系统来处理文本文件，用非缓冲文件系统处理二进制文件。用缓冲文件系统进行的输入输出又称为高级（或高层）磁盘输入输出（高层 I／O），用非缓冲文件系统进行的输入输出又称为低级(低层)输入输出系统。ANSI C 标准决定不采用非缓冲文件系统，而只采用缓冲文件系统，即既用缓冲文件系统处理文本文件，也用它来处理二进制文件，也就是将缓冲文件系统扩充为可以处理二进制文件。

　　在 C 语言中，没有输入输出语句，对文件的读写都是用库函数来实现的。ANSI C 规定了标准输入输出函数，用它们对文件进行读写。

　　本章只介绍 ANSI C 规定的文件系统以及对它的读写。缓冲文件系统中，关键的概念是"文件指针"。每个被使用的文件都在内存中开辟一个区，用来存放文件的有关信息（如文件的名字、文件状态及文件当前位置等）。这些信息是保存在一个结构体变量中的，该结构体类型是由系统定义的，取名为 FILE。Turbo C 在 stdio.h 文件中有以下的文件类型声明。

```
typedef struct
{   short level;                    /*缓冲区"满"或"空"的程度*/
    unsigned  flags;                /*文件状态标志*/
    char fd;                        /*文件描述符*/
    unsigned char hold;             /*如无缓冲区不读取字符*/
    short  bsize;                   /*缓冲区的大小*/
    unsigned char *buffer;          /*数据缓冲区的位置*/
    unsigned char *curp;            /*指针，当前的指向*/
    unsigned   istemp;              /*临时文件，指示器*/
    short  token;                   /*用于有效性检查*/
} FILE;
```

　　有了结构体 FILE 类型之后，可以用它来定义若干个 FILE 类型的变量，以便存放若干个文件的信息。通常定义成 FILE 类型的指针称为文件指针。在使用文件时，先定义一个文件指针，如：

```
FILE *fp;
```

　　fp 是一个指向 FILE 类型结构体的指针变量。可以使 fp 指向某一个文件的结构体变量，从而通过该结构体变量中的文件信息能够访问该文件。也就是说，通过文件指针变量能够找到与它相关的文件。如果有 n 个文件，一般应设 n 个文件指针变量，使它们分别指向 n 个文件，以实现对文件的访问。

12.2 文件操作函数

和其他高级语言一样，对文件读/写之前应该"打开"该文件，在使用结束之后应关闭该文件。

12.2.1 文件的打开

ANSI C 规定了标准输入/输出函数库，用 fopen()函数来实现打开文件。fopen()函数的调用方式通常为：

```
FILE  *fp;
fp=fopen("文件名","使用文件方式");
```

例如：

```
fp=fopen("a1.dat","r");
```

它表示要打开名字为 a1.dat 的文件，使用文件方式为"读入"（r 代表 read，即读入），fopen 函数带回指向 a1.dat 文件的指针并赋给 fp，这样 fp 就和文件 a1.dat 相联系了，或者说，fp 指向 a1 文件。可以看出，在打开一个文件时，通知给编译系统以下 3 个信息：① 需要打开的文件名。② 使用文件的方式（"读"还是"写"等）。③ 让哪一个指针变量指向被打开的文件，即建立起文件指针和外部存储文件之间的联系。使用文件方式见表 12-1。

表 12-1　　　　　　　　　　　　文件使用方式及含义

文件使用方式	含　　义	文件使用方式	含　　义
"r"（只读）	为输入打开一个文本文件	"rb"（只读）	为输入打开一个二进制文件
"w"（只写）	为输出打开一个文本文件	"wb"（只写）	为输出打开一个二进制文件
"a"（追加）	向文本文件尾增加数据	"ab"（追加）	向二进制文件尾增加数据
"r+"（读写）	为读/写打开一个文本文件	"rb+"（读写）	为读/写打开一个二进制文件
"w+"（读写）	为读/写建立一个新的文本文件	"wb+"（读写）	为读/写建立一个新的二进制文件
"a+"（追加）	为读/写打开一个文本文件	"ab+"（读写）	为读/写打开一个二进制文件

其中

（1）用"r"方式打开的文件只能用于向计算机输入而不能用作向该文件输出数据，而且该文件已经存在，不能用"r"方式打开一个并不存在的文件（即输入文件）；否则出错。

（2）用"w"方式打开的文件只能用于向该文件写数据（即输出文件），而不能用来向计算机输入。如果原来不存在该文件，则在打开时新建一个以指定的名字命名的文件。如果原来已存在一个以该文件名命名的文件，则在打开时将该文件删去，然后重新建立一个新文件。

（3）如果希望向文件末尾添加新的数据（不希望删除原有数据），则应该用"a"方式打开。但此时该文件必须已存在；否则将得到出错信息。打开时，位置指针移到文件末尾。

（4）用"r+"、"w+"、"a+"方式打开的文件既可以用来输入数据，也可以用来输出数据。用"r+"方式时该文件应该已经存在；以便能向计算机输入数据。用"w+"方式则新建一个文件，先向此文件写数据，然后可以读此文件中的数据。用"a+"方式打开的文件，原来的文件不被删去，位置指针移到文件末尾，可以添加，也可以读。

（5）如果不能实现"打开"的任务，fopen()函数将会带回一个出错信息。出错的原因可能是用"r"方式打开一个并不存在的文件；磁盘出故障；磁盘已满无法建立新文件等。

此时，fopen()函数将带回一个空指针值 NULL（NULL 在 stdio.h 文件中已被定义为 0）。

常用如下方法打开一个文件：

```
if((fp=fopen("filename","r"))==NULL)
{  printf("cannot open this file\n");
   exit(0);
}
```

即先检查打开的操作有否出错，如果有错，就在终端上输出"cannot open this file"。exit(0)函数的作用是关闭所有文件，终止正在调用的过程，待用户检查出错误，修改后再运行。

（6）用以上方式可以打开文本文件或二进制文件，这是 ANSI C 的规定，用同一种缓冲文件系统来处理文本文件和二进制文件。但目前使用的有些 C 语言编译系统可能不完全提供这些功能（例如，有的只能用"r"、"w"、"a"方式）。

（7）在向计算机输入文本文件时，将回车换行符转换为一个换行符，在输出时把换行符转换成为回车和换行两个字符。在用二进制文件时，不进行这种转换，在内存中的数据形式与输出到外部文件中的数据形式完全一致，一一对应。

（8）在程序开始运行时，系统自动打开 3 个标准文件：标准输入、标准输出、标准出错输出。通常这 3 个文件都与终端相联系，因此以前我们所用到的从终端输入或输出都不需要打开终端文件。系统自动定义了 3 个文件指针 stdin、stdout 和 stderr，分别指向终端输入、终端输出和标准出错输出（也从终端输出）。如果程序中指定要从 stdin 所指的文件输入数据，就是指从终端键盘输入数据。

12.2.2　文件的关闭

在使用完一个文件后应该关闭它，以防止其再被误用。"关闭"就是使文件指针变量不指向该文件，此后不能再通过该指针对原来与其相联系的文件进行读/写操作。除非再次打开，使该指针变量重新指向该文件。

用 fclose()函数关闭文件。fclose()函数调用的一般形式为：

```
fclose(文件指针);
```

例如：

```
fclose(fp);
```

尽量养成在程序终止之前关闭所有文件的习惯，如果不关闭文件将会丢失数据，因为在向文件写数据时，首先将数据输到缓冲区，然后待缓冲区充满后才正式输出给文件。如果当数据未充满缓冲区而程序结束运行，就会将缓冲区中的数据丢失。用 fclose()函数关闭文件，可以避免这个问题，它先把缓冲区中的数据输出到磁盘文件，然后才释放文件指针变量。

fclose()函数也带回一个值，当顺利地执行了关闭操作，则返回值为 0；否则返回 EOF。EOF 是在 stdio.h 文件中定义的符号常量，值为–1。

12.3　文件检测函数

1. 文件结束检测函数 feof()

一般调用形式为：

feof(文件指针)

此函数用来判断文件是否结束，如果文件结束，返回值为 1；否则为 0。

2. 读/写文件出错检测函数 ferror()

在调用各种输入输出函数(如 putc、getc、fread、fwrite 等)时，如果出现错误，除了函数返回值有所反映外，还可以用 ferror 函数检查。

一般调用形式为：

ferror(文件指针)

如果返回值为 0，表示未出错，如果返回一个非零值，表示出错。

 对同一个文件每一次调用输入输出函数，均产生一个新的 ferror 函数值，因此，应当在调用一个输入输出函数后立即检查 ferror 函数的值，否则信息会丢失。

在执行 fopen()函数时，ferror()函数的初始值自动置为 0。

3. 使文件错误标志和文件结束标志置 0 函数 clearerr()

一般调用形式为：

clearerr(文件指针)

此函数用于清除出错标志和文件结束标志，使 feof 和 clearerr 的值变成 0。

假设在调用一个输入输出函数时出现错误，ferror 函数值为一个非零值。在调用 clearerr(fp) 后，ferror(fp)的值变成 0。只要出现错误标志，就一直保留，直到对同一文件调用 clearerr 函数或 rewind 函数，或任何其他一个输入输出函数。

4. 流式文件中的当前位置检测函数 ftell()

一般调用形式为：

ftell(文件指针)

ftell()函数的作用是得到流式文件中的当前位置，用相对于文件开头的位移量来表示。如果 ftell()函数返回值为-1L，表示出错。例如：

```
k=ftell(fp);
if(k==-1L)
printf("error\n");
```

变量 k 存放当前位置，如调用函数出错（如不存在此文件），则输出"error"。

12.4　常用的读写函数

文件打开之后，就可以对其进行读写了。文件的读写包括字符读写、数据读写、格式化读写、字读写和字符串读写等，它们都是通过函数来实现的。

12.4.1　读写字符函数

1. 写字符函数 fputc()

把一个字符写到磁盘文件上去。其一般调用形式为：

fputc(ch,fp);

其中 ch 是要输出的字符，可以是一个字符常量，也可以是一个字符变量。fp 是文件指针变量。fputc(ch,fp)函数的作用是将字符（ch 的值）输出到 fp 所指向的文件中去。

fputc()函数也带回一个值，如果输出成功，则返回值就是输出的字符；如果输出失败，则返回一个 EOF(–1)。

在第 3 章介绍过 putchar()函数，其实 putchar()是从 fputc()函数派生出来的。putchar(c)是在 stdio.h 文件中用预处理命令#define 定义的宏：

```
#define putchar(c)  fputc(c,stdout)
```

stdout 是系统定义的文件指针变量，它与终端输出相连。fputc(c,stdout)的作用是将 c 的值输出到终端。用宏 putchar(c)比用 fputc(c,stdout)要简单一些。从用户的角度，可以把 putchar(c)看作函数而不必严格地称其为宏。

2. 读字符函数 fgetc()

从指定的文件读入一个字符，该文件必须是以读或读/写方式打开的。fgetc()函数的调用形式为：

```
ch=fgetc(fp);
```

fp 为文件型指针变量，ch 为字符变量。fgetc()函数带回一个字符，赋给 ch。如果在执行 fgetc()函数读字符时遇到文件结束符，函数返回一个文件结束标志 EOF(–1)。如果想从一个磁盘文件顺序读入字符并在屏幕上显示出来，可以用如下程序段实现：

```
ch=fgetc(fp);
while(ch!=EOF)
{ putchar(ch);
  ch=fgetc(fp);
}
```

EOF 不是可输出字符，因此不能在屏幕上显示。由于字符的 ASCII 码不可能出现–1，因此 EOF 定义为–1 是合适的。当读入的字符值等于–1（即 EOF）时，表示读入的已不是正常的字符而是文件结束符，以上只适用于读文本文件的情况。现在，ANSI C 已允许用缓冲文件系统处理二进制文件，而读入某一字节中的二进制数据的值有可能是–1，而这又恰好是 EOF 的值。这就出现了需要读入有用数据而却被处理为"文件结束"的情况。为了解决这个问题，ANSI C 提供一个 feof()函数来判断文件是否真的结束。

如果想顺序读入一个二进制文件中的数据，可以用如下程序段实现：

```
while(!feof(fp))
{ c=fgetc(fp);
}
```

当未遇文件结束，feof(fp)的值为 0，!feof(fp)为 1，读入一字节的数据赋给整型变量 c，并接着对其进行所需的处理，直到遇文件结束，feof(fp)值为 1，!feof(fp)值为 0，不再执行 while 循环。这种方法也适用于文本文件。

3. fputc()和 fgetc()函数的使用

【例 12.1】从键盘输入一些字符，逐个把它们送到磁盘文件 "f1.dat" 中去，直到输入一个 "*" 为止。

```
#include<stdio.h>
main()
{ FILE  *fp;
  char  ch;
  if((fp=fopen("f1.dat","w"))==NULL)
  { printf("cannot open file\n");
    exit(0);
```

```
    }
    ch=getchar();
    while(ch!='*')
    { fputc(ch,fp);putchar(ch);
      ch=getchar();
    }
    fclose(fp);
}
```

运行本程序时，输入：

```
welcome*
```

输出结果为：

welcome

写入该磁盘文件"f1.dat"的字符"welcome"，同时在屏幕上显示这些字符，以便核对。

【例 12.2】将上例中磁盘文件"f1.dat"的信息复制到另一个磁盘文件"b1.dat"中。

```
#include<stdio.h>
main()
{ FILE *in, *out;
  char ch;
  if((in=fopen("f1.dat","r"))==NULL)
  { printf("cannot open infile\n");
    exit(0);
  }
  if((out=fopen("b1.dat","w"))==NULL)
  { printf("cannot open outfile\n");
    exit(0);
  }
  while(!feof(in))
    fputc(fgetc(in),out);
  fclose(in);
  fclose(out);
}
```

以上程序是按文本文件方式处理的，也可以用此程序来复制一个二进制文件，只需将两个 fopen()函数中的"r"和"w"分别改为"rb"和"wb"即可。

12.4.2 读写字符串函数

文件的字符串读写包括 fgets()和 fputs()函数。

1. 读字符串函数 fgets()

fgets()函数的作用是从指定文件读入一个字符串。其一般调用形式为：

```
fgets(str,n,fp);
```

n 为要求得到的字符个数，但只从 fp 指向的文件输入 $n-1$ 个字符，然后在最后加一个 '\0'，因此得到的字符串共有 n 个字符。把它们放到字符数组 str 中。如果在读完 $n-1$ 个字符之前遇到换行符或 EOF，读入即结束。fgets()函数返回值为 str 的首地址。

2. 写字符串函数 fputs()

fputs()函数的作用是向指定的文件输出一个字符串，其一般调用形式为："fputs(str,fp);"。

把字符串表达式 str 输出到 fp 指向的文件，str 可以是数组名，也可以是字符串常量或字符型指针。例如：

```
fputs("daxue",fp);
```

把字符串"daxue"输出到 fp 指向的文件。字符串末尾的'\0'不输出。若输出成功，函数值为 0；失败时，为 EOF。

这两个函数类似 gets()和 puts()函数，只是 fgets()和 fputs()函数以指定的文件作为读写对象。

12.4.3 读写数据块函数

getc()和 putc()函数可以用来读写文件中的一个字符。但是常常要求一次读入一组数据（例如，一个实数或一个结构体变量的值），ANSI C 标准提出设置两个函数（fread()和 fwrite()），用来读写一个数据块。

1. 读数据块函数 fread()

一般调用形式为：

```
fread(buffer,size,count,fp);
```

其中：

buffer：是一个指针，是读入数据存放的起始地址。

size：要读写的字节数。

count：要读写多少个 size 字节的数据项。

fp：文件型指针。

如果文件以二进制形式打开，用 fread()函数就可以读任何类型的信息。例如：

```
fread(f,4,2,fp);
```

其中，f 是一个实型数组名。一个实型变量占 4 字节，这个函数从 fp 所指向的文件读入两次（每次 4 字节）数据，存储到数组 f 中。

如果有结构体类型如下：

```
struct student
{   char name[10];
    int num;
    int age;
} stud[50];
```

结构体数组 stud 有 50 个元素，每一个元素用来存放一个学生的数据（包括姓名、学号、年龄）。假设学生的数据已存放在磁盘文件中，可以用 for 语句和 fread()函数读入 50 个学生的数据：

```
for(i=0;i<50;i++)
fread(&stud[i],sizeof(struct student),1,fp);
```

2. 写数据块函数 fwrite()

一般调用形式为：

```
fwrite(buffer,size,count,fp);
```

其中：

buffer：是一个指针，是要输出数据的起始地址。

size：要读写的字节数。

count：要读写多少个 size 字节的数据项。

fp：文件型指针。

如果文件以二进制形式打开，用 fwrite()函数就可以读写任何类型的信息。例如：

```
fwrite(f,4,2,fp);
```

其中 f 是一个实型数组名，这个函数从数组 f 中读两次数据（每次 4 字节），写入 fp 所指向的文件中。

以下 for 语句和 fwrite()函数可以将内存中的学生数据输出到磁盘文件中去。

```
for(i=0;i<40;i++)
fwrite(&stud[i],sizeof(struct student),1,fp);
```

如果 fread()函数或 fwrite()函数调用成功，则函数返回值为 count 的值，即输入或输出数据项的完整个数。

【例 12.3】从键盘输入 n 个（假设为 5）学生的有关数据，然后把它们转存到磁盘文件上去。

```
#include<stdio.h>
#define n 5
struct student
{ char name[10];
  int num;
  int age;
} stud[n];
main()
{ FILE *fp;
  int i;
  if((fp=fopen("stu.dat","wb"))==NULL)
  { printf("cannot open file\n");
    exit(0);
  }
  for(i=0;i<n;i++)
    scanf("%s%d%d",stud[i].name,&stud[i].num,&stud[i].age);
  for(i=0;i<n;i++)
  if(fwrite(&stud[i],sizeof(struct student),1,fp)!=1)
    printf("file write error\n");
  fclose(fp);
}
```

在 main()函数中，从终端键盘输入 5 个学生的数据，将这些数据输出到以"stu.dat"命名的磁盘文件中。fwrite()函数的作用是将一个长度为 14 字节的数据块送到"stu.dat"文件中。

输入 5 个学生的姓名、学号、年龄：

```
Zhang 1001 19<回车>
Fun 1002 20<回车>
Tan 1003 21<回车>
Ling 1004 21<回车>
Wang 1005 20<回车>
```

程序运行时，屏幕上并无输出任何信息，只是将从键盘输入的数据送到磁盘文件上。

为了验证在磁盘文件"stu.dt"中是否已存在此数据，可以用以下程序从"stu.dat"文件中读入数据，然后在屏幕上输出。

```
#include<stdio.h>
#define n 5
struct student
{ char name[10];
  int num;
  int age;
}stud[n];
main()
{ int i;
  FILE *fp;
  fp=fopen("stu.dat","rb");
  for(i=0;i<n;i++)
```

```
    { fread(&stud[i],sizeof(struct student),1,fp);
      printf("%-10s%4d%4d\n",stud[i].name,&stud[i].num,&stud[i].age);
    }
    fclose(fp);
}
```

程序运行时无需从键盘输入任何数据。屏幕上显示出如下信息：

```
Zhang       1001   19
Fun         1002   20
Tan         1003   21
Ling        1004   21
Wang        1005   20
```

注意输入/输出数据的状况，从键盘输入 5 个学生的数据是 ASCII 码，也就是文本文件。在送到计算机内存时，回车和换行符转换成一个换行符。再从内存以"wb"方式（二进制写）输出到"stu.dat"文件，此时不发生字符转换，按内存中存储形式原样输出到磁盘文件上，又用 fread()函数从"stu.dat"文件向内存读入数据，注意此时用的是"rb"方式，即二进制方式，数据按原样输入，也不发生字符转换。这时内存中的数据恢复到第一个程序向"stu.dat"输出以前的情况，最后用 printf()函数输出到屏幕，printf()是格式输出函数，输出 ASCII 码，在屏幕上显示字符。换行符又转换为回车加换行符。

如果要从"stu.dat"文件中以"r"方式读入数据就会出错。

fread()和 fwrite()函数一般用于二进制文件的输入/输出。因为它们是按数据块的长度来处理输入/输出的，在字符发生转换的情况下很可能出现与原设想不同的情况。

例如，如果语句：

```
fread(&stud[i],sizeof(struet student),1,stdin);
```

要从终端键盘输入数据，这在语法上并不存在错误，编译能通过。如果用以下形式输入数据：

```
Zhang 1001 10<回车>
```

由于 fread()函数要求一次输入 14 字节（而不问这些字节的内容），因此输入数据中的空格也作为输入数据，而不作为数据间的分隔符，连空格也存储到 stud[i]中了，显然是不对的。

这个题目要求的是从键盘输入数据，如果已有的数据已经通过二进制形式存储在一个磁盘文件"stu1.dat"中，要求从其中读入数据并输出到"stu.dat"文件中，可以编写一个 load()函数，从磁盘文件中读二进制数据。

```
void load()
{ FILE *fp;
  int I;
  if((fp=fopen("stu1.dat","rb"))==NULL)
  { printf("cannot open infile\n");
    exit(0);
  }
  for(i=0;i<SIZE;i++)
    if(fread(&stud[i],sizeof(struct student),1,fp)!=1)
    { if(feof(fp))
      { fclose(fp);
        return;
      }
    }
  printf("file read error\n");
  fclose(fp);
}
```

12.4.4　格式化读/写函数　fprintf()函数和 fscanf()函数

fprintf()函数、fscanf()函数与 printf()函数、scanf()函数作用相仿，都是格式化读写函数。不同之处在于：fprintf()和 fscanf()函数的读写对象不是终端而是磁盘文件。

一般调用方式为：

```
fprintf(文件指针,格式字符串,输出表列);
fscanf(文件指针,格式字符串,输入表列);
```

例如：

```
fprintf(fp,"%d,%6.2f",k,t);
```

它的作用是将整型变量 k 和实型变量 t 的值按%d 和%6.2f 的格式输出到 fp 指向的文件上。如果，k=1，t=1.5，则输出到磁盘文件上的是字符串：1 和 1.50。

同样，用如下 fscanf()函数可以从磁盘文件上读入 ASCII 字符：

```
fscanf(fp,"%d %6.2f"&k,&t);
```

磁盘文件上如果有如下字符：1 和 1.50。

将磁盘文件中的数据 1 送给变量 k，1.5 送给变量 t。

用 fpintf()和 fscanf()函数对磁盘文件进行读写，使用方便，容易理解，但由于在输入时要将 ASCII 码转换为二进制形式，在输出时又要将二进制形式转换成字符，花费时间比较多。因此，在内存与磁盘频繁交换数据的情况下，最好不用 fprintf()和 fscanf()函数，而用 fread()和 fwrite()函数。

12.5　文件的定位

文件中有一个位置指针，指向当前读写的位置。如果顺序读写一个文件，每次读写一个字符，则读写完一个字符后，该位置指针自动移动指向下一个字符位置。如果想改变这样的规律，强制使位置指针指向其他指定的位置，可以用有关函数。

12.5.1　rewind()函数

rewind()函数的作用是使位置指针重新返回文件的开头，此函数没有返回值。

【例 12.4】有一个磁盘文件"f1,dat"，第一次将它的内容显示在屏幕上，第二次把它复制到另一文件上。

```
#include<stdio.h>
main()
{ FILE *fp1,*fp2;
  fp1=fopen("f1.dat","r");
  fp2=fopen("f2.dat","w");
  while(!feof(fp1))
    putchar(getc(fp1));     /*在屏幕上显示 f1.dat 内容*/
  rewind(fp1);
  while(!feof(fp1))
    putc(getc(fp1),fp2);
  fclose(fp1);
  fclose(fp2);
}
```

　　在第一次将文件的内容显示在屏幕以后，文件"fl.dat"的位置指针已指到文件末尾，feof 的值为非零。执行 rewind()函数，使文件的位置指针重新定位于文件开头，并使 feof()函数的值恢复为 0。

12.5.2　随机读写和 fseek()函数

　　对流式文件可以进行顺序读写，也可以进行随机读写。关键在于控制文件的位置指针，如果位置指针是按字节位置顺序移动的，就是顺序读写。如果能将位置指针按需要移动到任意位置，就可以实现随机读写。所谓随机读写，是指读写完上一字符（字节）后，并不一定要读写其后续的字符（字节），而可以读写文件中任意所需的字符（字节）。

　　用 fseek()函数可以实现改变文件的位置指针。

　　fseek()函数的调用形式为：

```
fseek(文件类型指针,位移量,起始点)
```

　　"起始点"用 0、1 或 2 代替，0 代表"文件开始"，1 为"当前位置"，2 为"文件末尾"。

　　"位移量"指以"起始点"为基点向前移动的字节数。ANSI C 和大多数 C 语言版本要求位移量是 long 型数据。这样当文件的长度大于 64KB 时不会出问题。ANSI C 标准规定在数字的末尾加一个字母 L，就表示是 long 型。

　　fseek()函数一般用于二进制文件，因为文本文件要发生字符转换，计算位置时往往会发生混乱。

　　下面是 fseek()函数调用的几个例子：

```
fseek(fp,100L,0);          /*将位置指针移到离文件头 100 字节处*/
fseek(fp,50L,1);           /*将位置指针移到离当前位置 50 字节处*/
fseek(fp,-20L,2);          /*将位置指针从文件末尾处向后退 20 字节*/
```

　　利用 fseek()函数就可以实现随机读/写了。

　　【例 12.5】在磁盘文件上存有 5 个学生的数据。要求将第 1、3、5 个学生数据输入计算机，并在屏幕上显示出来。

　　程序如下：

```c
#include<stdio.h>
struct student
{  char name[10];
   int num;
   int age;
}stud[5];
main()
{  int i;
   FILE *fp;
   if((fp=fopen("stud.dat","r"))==NULL)
   {  printf("can not open file\n");
      exit(0);
   }
   for(i=0;i<5;i+=2)
   {  fseek(fp,i*sizeof(struct student),0);
      fread(&stud[i],sizeof(struct student),1,fp);
      printf("%s%d%d\n",stud[i].name,stud[i].num,stud[i].age);
   }
   fclose(fp);
}
```

对介绍过的输入输出函数做一概括性的小结，以使读者一目了然，便于查阅。下面的表 12-2
列出了常用的缓冲文件系统函数。

表 12-2　　　　　　　　　　　　　常用的缓冲文件系统函数

分　类	函 数 名	功　能
打开文件	fopen( )	打开文件
关闭文件	fclose( )	关闭文件
文件定位	fseek( )	改变文件位置的指针位置
	rewind( )	使文件位置指针重新置于文件开头
	ftell( )	返回文件位置指针的当前值
文件读写	fgetc(),getc( )	从指定文件取得一个字符
	fputc(),putc( )	把字符输出到指定文件
	fgets( )	从指定文件读取字符串
	fputs( )	把字符串输出到指定文件
	getw( )	从指定文件读取一个字（int 型）
	putw( )	把一个字（int 型）输出到指定文件
	fread( )	从指定文件中读取数据项
	fwrite( )	把数据项写到指定文件
	scanf( )	从指定文件按格式输入数据
	fprintf( )	按指定格式将数据写到指定文件中
文件状态	feof( )	若到文件末尾，函数值为"真"（非 0）
	ferror( )	若对文件操做出错，函数值为"真"（非 0）
	clearerr( )	使 ferror 和 feof 函数值置零

12.6　应 用 举 例

【例 12.6】如果需要打开一个已经存在的非空文件"FILE"并进行修改，正确的打开语句是
（　　）。

　　A. fp=fopen("FILE","r");　　　　　　B. fp=fopen("FILE","ab+");
　　C. fp=fopen("FILE","w+");　　　　　　D. fp=fopen("FILE","r+");

分析：此题考查文件打开方式对文件操作的影响。由于要打开文件进行修改，可见选项 A 是
错误的，因为用此种方式打开时，只能读，不能写，无法修改。选项 B 是以追加方式"ab+"打
开文件读/写。以这种方式打开时，新写入的数据只能追加在文件原有内容之后，但可以对以前的
数据读出。用"ab+"或"a+"方式打开文件后，对于写操作，文件指针只能定位在文件的原有
内容之后，但对于读操作，文件指针可以定位在全文件范围内，可见按此种方式打开文件不能实
现文件内容的修改。选项 C 以"w+"方式打开文件，此时原文件中已存在的内容都被清除。但新
写入文件的数据可以被再次读出或再次写入，故也不能实现对文件的修改。只有在以"r+"方式
打开文件时，才允许将文件原来的数据读出，也允许在某些位置上再写入，从而实现对文件的修

改。所以答案是 D。

【例 12.7】已知一个文件中存放若干学生档案记录，其数据结构如下：

```
struct st
{ char num[10];
  int age;
  float s[5];
};
```

定义一个数组："struct st a[10];"，假定文件已正确打开，不能正确地从文件中读入 10 名学生数据到数组中的选项是（　　　）。

A. fread(a,sizeof(struct st),10,fp);

B. for(i=0;i<10;i++)
   fread(a[i],sizeof(struct st),1,fp);

C. for(i=0;i<10;i++)
   fread(a+i,sizeof(struct st),1,fp);

D. for(i=0;i<5;i+=2)
   fread(a+i,sizeof(struct st),2,fp);

分析：此题考查 fread()函数的使用方法。fread(buffer,size,count,fp)的含义是从文件 fp 中按块读出数据到 buffer 指向的内存中，块的大小 size 字节，共读出连续的 count 块，由于要求 buffer 是指针，而 a[i]表示数组元素，所以选项 B 中的语句不能正确工作，因此答案应选 B。选项 A、C 和 D 中的 size 都是一个结构体数据占用的字节数，选项 A 一次读入 10 块，选项 C 则每次读入 1 块，读 10 次，选项 D 读 5 次，每次 2 块。选项 A 中的代码较 C 和 D 有更高的效率。

【例 12.8】程序实现文件的复制，文件名来自 main()函数中的参数，在空白处填写。

```
#include<stdio.h>
void fcopy(FIPE *fout,FILE *fin)
{ char k;
  do
  { k=fgetc(___(1)___);
    if(feof(fin))
       break;
    fputc(___(2)___);
  }while(1);
}
main(int argc, char *argv[])
{ FILE *fin,*fout;
  if(argc!=3)
  return;
  if((fin=fopen(argv[2],"rb")==NULL)
    return;
  fout=___(3)___;
  fcopy(fout,fin);
  fclose(fin);
  fclose(fout);
}
```

分析：此题考查文件的基本操作方法。此处，程序复制文件的文件名来自于 argv，因为 argv[0]为命令本身，argv[2]是以读方式打开的源文件，argv[1]必然是复制后的文件名。因此，（3）处应是打开文件 argv[1]，填入"fopen(argv[1],"wb")"。需要说明的是，在文件操作时，应注意两方面的对应，其一是读/写方式，或者都以文本方式进行，或者都以二进制方式，两者尽量一致；

其二是读/写函数的对应，C 语言中的函数都是成对的，在实际操作文件时也尽可能成对使用它们。

函数 fcopy()实现真正的复制动作。fgetc()函数的功能是读，（1）处应为被读出数据的文件指针填入 "fin"。调用 fputc()函数是将字符 k 写入文件 fout，故（2）处应填入 "k,fout"，表示将字符 k 写入文件 fout。

答案：（1）fin　　（2）k,fout　　（3）fopen(argv[1],"wb")

【例 12.9】阅读程序回答问题。

```
#include<stdio.h>
main()
{ FILE *fp;
  char ch;
  if((fp=fopen("f1.dat","w"))==NULL)
  { printf("cannot open file\n");
    exit(0);
  }
  ch=getchar();
  while(ch!='#')
  { fputc(ch,fp);putchar(ch);
    ch=getchar();
  }
  fclose(fp);
}
```

问题 1：此程序的功能是什么？

问题 2：输入什么数据时，循环结束？

此程序非常简单，首先利用 fopen()函数以"w"方式打开一个文件 f1.dat，目的是建立一个新文件 f1.dat。然后，通过 getchar()函数从键盘输入一些字符，把它们写入文件 f1.dat，同时在显示器上输出，最后关闭文件。

所以，问题 1 的答案是，此程序的功能是建立一个新文件 f1.dat，从键盘输入一些字符，把它们写入文件 f1.dat，同时在显示器上输出。

问题 2 的答案是输入 "#" 时循环结束。

12.7　本 章 小 结

本章介绍了文件的概念，文件操作函数及读/写函数，C 语言文件的建立和使用。

（1）C 语言系统把文件当作一个 "流"，按字节进行处理。

（2）C 语言文件按编码方式分为二进制文件和 ASCII 文件。

（3）C 语言中，用文件指针标识文件，当一个文件被打开时，可取得该文件指针。

（4）文件在读写之前必须打开，使用后必须关闭。

（5）文件可按只读、只写、读写、追加 4 种操作方式打开，同时还必须指定文件的类型是二进制文件还是文本文件。

（6）文件可按字节、字符串、数据块为单位进行读/写，文件也可按指定的格式进行读写。

（7）文件内部的位置指针可指示当前的读/写位置，移动该指针可以对文件实现随机读写。

12.8　练习与提高

一、选择题

1．若 fp 是指某文件的指针，且已读到文件的末尾，则表达式 feof(fp)返回值是（　　）。

    A．EOF　　　　　　　B．-1　　　　　　　　C．非零值　　　　　　D．NULL

2．下述关于 C 语言文件操作的结论中，正确的是（　　）。

    A．对文件操作必须是先关闭文件

    B．对文件操作必须是先打开文件

    C．对文件操作顺序无要求

    D．对文件操作前必须先测试文件是否存在，然后再打开文件

3．C 语言可以处理的文件类型是（　　）。

    A．文本文件和数据文件　　　　　　　　B．文本文件和二进制文件

    C．数据文件和二进制文件　　　　　　　D．数据代码文件

4．C 语言库函数 fgets(str,n,fp)的功能是（　　）。

    A．从文件 fp 中读取长度 n 的字符串存入 str 指向的内存

    B．从文件 fp 中读取长度不超过 n-1 的字符串存入 str 指向的内存

    C．从文件 fp 中读取 n 个字符串存入 str 指向的内存

    D．从 str 读取至多 n 个字符到文件 fp

5．关于 C 语言中文件的存取方式，正确的是（　　）。

    A．只能顺序存取　　　　　　　　　　　B．只能随机存取（也称直接存取）

    C．可以是顺序存取，也可以是随机存取　D．只能从文件的开头存取

6．函数调用语句"fseek(fp,10L,2);"的含义是（　　）。

    A．将文件位置指针移动距离文件头 10 字节处

    B．将文件位置指针从当前位置向文件尾方向移动 10 字节

    C．将文件位置指针从当前位置向文件头方向移动 10 字节

    D．将文件位置指针从文件末尾处向文件头方向移动 10 字节

二、填空题

1．用 fopen()函数打开一个文本文件，在使用方式这一项中，为输出而打开需要填入　（1）　，为输入而打开需要填入　（2）　，为追加而打开需要填入　（3）　。

2．feof()函数可以用于　（1）　文件和　（2）　文件，它用来判断即将读入的是否为　（3）　，若是，函数值为　（4）　，否则为　（5）　。

3．在 C 程序中，可以对文件进行的两种存取方式是　（1）　、　（2）　。

4．在 C 文件中，数据存放的两种代码形式是　（1）　、　（2）　。

5．函数调用语句："fgets(str,n,fp);"从 fp 指向的文件中读入　（1）　字符放到 str 数组中，函数值为　（2）　。

6．在 C 语言中，文件指针变量的类型只能是_____。

7．下述程序用于统计文件中的字符个数，在空白处填写。

```
#include<stdio.h>
```

```
void main()
{  FILE *fp;
   long num=0;
   if((fp=fopen("TEST","r+"))==NULL)
   {  printf("Can't open file.");
      return;
   }
   while(   (1)   )
      num++;
         (2)   ;
   printf("num=%ld",num);
}
```

四、编程题

1. 编一个程序，从键盘输入 200 个字符，存入名为 "D:\ab.txt" 的磁盘文件中。

2. 从第 1 题中建立的名为 "E:\xy.txt" 的磁盘文件中读取 120 个字符，并显示在屏幕程序。

3. 编一个程序，将磁盘中当前目录下名为 "cd.txt" 的文本文件复制在同一目录下，文件名改为 "cew2.txt"。

第13章
实用项目开发技术简介

过去，计算机主要用于科学计算和数据处理，随着计算机应用范围的不断扩大，当前计算机在越来越多的领域内协助人们完成各种各样的工作。直观、形象的图形界面正在成为软件发展的新潮流，将逐步取代传统的字符界面。

C 语言不仅具有高级语言那种能完成复杂处理和运算的能力，还具有汇编语言的特点，它可以直接控制显示屏幕等系统硬件，因此，可以使用 C 语言开发各种图形软件。计算机图形学的内容十分丰富，技术方法也比较复杂，但是，无论多么复杂的图形，都是由点、线、矩形和圆等简单的图形所组成。掌握了处理这些简单图形的基本方法，再去处理比较复杂的图形就不成问题了。

本章将以 Turbo C 2.0 为例，来介绍使用 C 语言开发图形软件的基本知识与方法。

本章学习目标

- 掌握图形的应用。
- 掌握菜单设计技术。
- 程序的组织与管理。

13.1　C 语言图形功能简介

C 语言提供了非常丰富的图形函数，所有图形函数的原型均在 graphics.h 中。本节主要介绍图形模式的初始化、独立图形程序的建立、基本图形功能、图形窗口以及图形模式下的文本输出等函数。

另外，使用图形函数时要确保有显示器图形驱动程序*.BGI，同时将集成开发环境 options/Linker 中的 Graphics lib 选为 on，只有这样才能保证正确使用图形函数。

13.1.1　图形与硬件

图形与计算机系统硬件有着密切的关系。显示器的工作方式有两种：一是文本方式，二是图形方式。要在计算机屏幕上显示图形，就必须在图形方式下进行。屏幕上所显示的图形是由像素组成的。像素代表了显示器的分辨率。像素个数越多，显示器的分辨率就越高。目前在微机上所配置的显示器分辨率有 640 像素×480 像素、800 像素×600 像素、1024 像素×768 像素等。如 640 像素×480 像素表示显示屏幕水平方向具有 640 个像素，垂直方向具有 480 个像素。显示器的分辨率为：640×480=307 200 个像素点。

显示器一定和图形功能卡（又叫图形适配器）配套使用才能发挥它的图形功能。VGA／EGA

是当前最流行的图形适配器。

13.1.2　文本与图形

窗口是文本方式下在屏幕上所定义的一个矩形区域。当程序向屏幕写入时，它的输出被限制在活动的窗口内，而窗口以外的屏幕其他部分不受影响。默认时窗口是整个屏幕，可以通过调用 window 函数将默认的全屏幕窗口定义成小于全屏幕的窗口。窗口左上角的坐标为（1,1）。

图形窗口是在图形方式下在屏幕上所定义的一个矩形区域。图形窗口的定义是通过调用 setviewport 函数来完成的，当对一图形窗口输出时，屏幕图形窗口以外的区域不受影响。图形窗口左上角的坐标为（0,0）。

1．文本方式下的编程函数

文本方式下的函数有 4 类。

（1）字符的输出与操作

读写字符函数：

cprintf()——将格式化的输出送到屏幕。

cputs()——将一个字符串送到屏幕。

putch()——将一个字符送到屏幕。

getche()——读一个字符并回显到屏幕上。

在屏幕上操作字符和光标函数：

clrscr()——清除窗口内容。

clreoln——从光标处至行尾清空。

delline()——删除光标所在行。

gotoxy()——光标定位。

insline()——在光标所在行下方插入一空行。

moverext()——将屏幕上一个区域的内容复制到另一个区域。

gettext()——将屏幕上一个区域的内容复制进内存。

putttexl ()——将内存中一块区域的内容复制到屏幕上的一个区域。

（2）窗口和方式控制函数

rexlcmode()——将屏幕设置成字符方式。

window()——定义一个窗口（文本）。

（3）属性控制函数

textccolor()——设置文本前景颜色。

textbackground()——设置文本背景颜色。

textattr()——同时设置文本的前景与背景颜色。

highvideo()——将字符设置成高亮度。

lowvideo()——将字符设置成低亮度。

normvideo()——将字符设置成正常亮度。

（4）状态查询函数

Wherex()——取当前对象所在的 x 坐标值。

wherey()——取当前对象所在的 y 坐标值。

所有这些函数原型说明都在 conio.h 包含文件中。

例如：

```
window(20,5,60,15);          /*相对于整个屏幕窗口左上角坐标(2 0，5)，右下角坐标(60，15)*/
gotoxy(10,5);                /*光标定位在窗口第10列第5行*/
cputs("Hello!");             /*输出字符串*/
```

2. 图形方式下的编程函数

Turbo C 提供了一个具有几十个图形函数的函数库 graphics.1ib。其原型都在包含文件 graphics.h 中列出。除了这两个文件，Turbo C 还提供了一组图形设备驱动程序（*.BGI）和一组矢量字体文件（*.CHR）。

图形库只有一个，它适用于 Turbo C 的所有 6 种存储模式。因此，graphics.1ib 库中的每一个函数都是 far 函数，图形函数所用的指针也都是 far 指针。为使这些函数能正常工作，需要在每个使用图形函数的模块前面加上包含预处理语句：

```
#include<graphics.h>
```

Turbo C 图形函数库中所提供的函数包括如下 7 类。

（1）图形系统控制函数

closegraph()——关闭图形状态，返回文本状态。

detectgraph()——测试硬件，决定使用哪一个图形驱动器和使用哪种图形方式。

graphdefaults()——重置所有图形系统变量为默认的设置。

Getgraphmode()——返回当前的图形方式。

initgraph()——初始化图形系统，将硬件设置成图形方式。

restorecrtmode()——恢复 initgraph 之前的屏幕方式。

setgraphbufsize()——声明内部图形缓冲区的大小。

setgraphmode()——选择指定的图形方式，清除屏幕，恢复所有的默认值。

（2）画线与填充函数

arc()——画一个圆弧。

circle()——画一个圆。

drawpoly()——画一个多边形。

ellipse()——画一个椭圆。

line()——画一条直线。

lineto()——从当前图形坐标位置开始到坐标（x，y）处结束画一条直线。

moveto()——将像素坐标移到（x，y）处。

moverel()——将当前像素坐标移动一个相对距离。

rectangle()——画一矩形。

fillpoly()——画并填充一个多边形。

pieslice()——画并填充一个扇形。

floofill()——填充一个封闭区域。

bar()——画并填充一个矩形。

bar3d()——画并填充一个三维矩形。

setfillstyle()——设置填充图案和颜色。

setlinestyle()——设置当前画线宽度和式样。

getarccords()——返回上次调用 arc 或 ellipse 的坐标。

getaspectratio()——返回当前图形方式的长宽比。

getlinesettings()——返回当前的画线式样、画线模式和画线宽度。

getfillpattem()——返回用户定义的填充图案。

getflllsettings()——返回有关当前填充图案和填充颜色的信息。

（3）管理屏幕和图形窗口函数

cleardevice()——清除屏幕。

setactivepage()——设置图形输出的活动页。

setvisualpage()——设置可见图形页面。

clearviewport()——清除当前图形窗口。

getviewsettings()——返回关于当前图形窗口的信息。

setviewport()——为图形的输出设置当前输出图形窗口。

getimage()——将指定区域的位图像存入内存。

imagesize()——返回保存屏幕的一个矩形区域所需的字节数。

putimage()——将用 getimage()保存的位图像放到屏幕上。

getpixel()——取得（x，y）处的像素颜色。

putpixel()——在（x，y）处画一像素。

（4）图形方式下的字符输出函数

gettextsettings()——返回当前字体、方向、大小和对齐方式。

outtext()——在当前位置输出一个字符串。

outtextxy()——在指定位置输出一个字符串。

registerbgifout()——登录连接进来的或用户装入的字体文件*．BGI。

settextjusti 句()——设置 outtext 和 outtextxy 所用的对齐方式编码值。

settexttstyle()——设置当前字体、式样和字符放大因子。

setusercharsize()——设置当前矢量字体宽度和高度的比例。

textheight()——返回以像素为单位的字符串高度。

textwidth()——返回以像素为单位的字符串宽度。

（5）颜色控制函数

getbkcolor()——返回当前背景颜色。

getcolor()——返回当前画线颜色。

getmaxcolor()——返回当前图形方式下最大的可用颜色值。

getpalette()——返回当前调色板及其尺寸。

setaltpalette()——按指定颜色改变所有调色板的颜色。

setbkcolor()——设置当前背景颜色。

setcolor()——设置当前画线颜色。

setpalette()——按参数所指定的颜色改变一个调色板的颜色。

（6）图形方式下的错误处理函数

grapherrormsg()——返回指定的 errorcode 错误信息字符串。

graphresult()——返回上一次遇到问题的图形操作错误代码。

（7）状态查询函数

getaspectratio()——返回图形屏幕的长宽比。

getmaxx()——返回当前 *x* 的分辨率。

getmaxy()——返回当前 *y* 的分辨率。

geyx()——返回当前像素 *x* 坐标。

gety()——返回当前像素 *y* 坐标。

13.1.3　图形设计

使用 Turbo C 图形系统的步骤。

1．设置图形方式

initgraph()是图形方式初始化函数，用于初始化图形系统，这是图形设计的第一步。initgraph()函数的原型说明为：

```
void far initgraph(int far *gdriver,int far *gmode,char *path);
```

2．绘制图形

在图形方式下使用各种绘图函数绘制图形，这是图形设计的第二步。

3．关闭图形方式

closegraph()函数用来关闭图形方式返回文本方式，这是图形设计的第三步。

closegraph()函数原型说明为：

```
void far closegraph(void);
```

13.2　图形模式的初始化

不同的显示器适配器有不同的图形分辨率。即使是同一显示器适配器，在不同模式下也有不同分辨率。因此，在屏幕作图之前，必须根据显示器适配器的种类将显示器设置成为某种图形模式，在未设置图形模式之前，微机系统默认屏幕为文本模式（80 列，25 行字符模式），此时所有图形函数均不能工作。设置屏幕为图形模式，可用下列图形初始化函数：

```
void far initgraph(int far *gdriver,int far *gmode,char *path);
```

参数说明：

（1）gdriver 指定图形方式的代码，可以直接指定一种图形方式，也可以让系统自动去测试所使用的机器环境提供的是哪一种图形适配器，这时需要将 gdriver 设置成 DETECT。

（2）gmode 用来设置分辨率。如果 gdriver 设置成 DETECT，则 gmode 将自动根据 gdriver 测试出的图形适配器选择并指定一个适合于这种图形适配器的最高分辨率。

（3）path 用来指定图形驱动程序所在的路径，即指定*.BGI 存放的路径。

图形驱动程序的扩展名为 .BGI，包括 ATT. BGI、CGA. BGI、EGAVGA. BGI、HERC.BGI、IBM8514.BGI、PC3270.BGI 共 6 个文件。在 TURBO C 2.0 中，这 6 个文件就在 TURBO C 2.0 的安装目录中，由于 initgraph 函数会自动到安装目录中去搜索图形驱动程序，所以该函数的第 3 个参数可以设置为空，用一对空的引号表示（""）。在更高版本的 TURBO C 编译器中，这 6 个图形驱动程序在安装目录的 BGI 子目录中，如果安装目录为 "C:\TC"，则 initgraph 函数的第 3 个参数应该指定为 "C:\ TC\BGI"。

有关图形驱动器、图形模式的符号常数及对应的分辨率如表 13-1 所示。

表 13-1　　　　　　　　　　　图形驱动器、模式的符号常数及数值

符号常数	数　值	符号常数	数　值
CGA 1 CGAC0	0	C0	320×200
CGACl	1	C1	320×200
CGAC2	2	C2	320×200
CGAC3	3	C3	320×200
CGAHI	4	2 色	640×200
MCGA 2 MCGAC0	0	C0	320×200
MCGACl	1	C1	320×200
MCGAC2	2	C2	320×200
MCGAC3	3	C3	320×200
MCGAMED	4	2 色	640×200
MCGAHI	5	2 色	640×480
EGA 3 EGALO	0	16 色	640×200
EGAHI	1	16 色	$640X350$
EGA64 4 EGA64LO	0	16 色	640×200
EGA64HI	1	4 色	640×350
EGAMON 5 EGAMONHI	0	2 色	640×350
IBM8514 6 IBM8514LO	0	256 色	640×480
IBM8514HI	1	256 色	1024×768
HERC 7 HERCMONOHI	0	2 色	720×348
ATT400 8 ATT400CO	0	C0	320×200
ATT400C 1	1	C1	320×200
ATT400C2	2	C2	320×200
ATT400C3	3	C3	320×200
ATT400MED	4	2 色	320×200
ATT400HI	5	2 色	320×200
VGA 9 VGAL0	0	16 色	640×200
VGAMED	1	16 色	640×350
VGAHI	2	16 色	640×480
PC3270 1O PC3270HI	0	2 色	$720X350$
DETECT	0	用于硬件测试	

【例 13.1】使用图形初始化函数设置 VGA 高分辨率图形模式。

```
#include "Stdio.h"
#include "graphics.h"
int main()
{int gdriver,gmode;
 gdriver=VGA;
 gmode=VGAHI;
 initgraph(&gdriver,&gmode,"");
```

```
bar3d(100,100,300,250,50,1);/*画一长方体*/
getch();
closegraph();
return 0;
}
```

　　有时编程者并不知道所用的图形显示器适配器种类，或者需要将编写的程序用于不同图形驱动器，C 语言提供了一个自动检测显示器硬件的函数，其调用格式为：

```
void far detectgraph(int *gdriver,*gmode);
```

　　其中 gdfiver 和 gmode 的意义与上面相同。

　　【例 13.2】自动进行硬件测试后进行图形初始化。

```
#include"stdio.h"
#include "graphics.h"
int main()
{ int gdriver,gmode;/*自动测试硬件*/
   printf("the graphics driver is%d,mode is%d\n", gdriver, gmode);
   /*输出测试结果*/
   getch();
   initgraph(&gdriver,&gmode,"");   /*根据测试结果初始化图形*/
   bar3d(10,10,130,250,20,1);
   getch();
   closegraph();
   return 0;
}
```

　　上例程序中先对图形显示器自动检测，再用图形初始化函数进行初始化设置，但 C 语言提供了一种更简单的方法，即用 "gdriver=DETECT" 语句后再跟 initgraph 函数就行了。

　　【例 13.3】用 "gdriver=DETECT" 语句后跟 initgraph 函数进行图形初始化。

```
#include "stdio.h"
#include "graphics.h"
int main()
{ int gdriver=DETECT,gmode;
   initgraph(&gdriver,&gmode,"");
   bar3d(50,50,150,30,50,1);
   getch();
   closegraph();
   return 0;
}
```

　　另外，C 语言提供了退出图形状态的函数 closegraph，其调用格式为：

```
void far closegraph(void);
```

　　调用该函数后可退出图形状态而进入文本方式（C 语言默认方式），并释放用于保存图形驱动程序和字体的系统内存。

13.3　独立图形运行程序的建立

　　C 语言对于用 initgraph 函数直接进行的图形初始化程序，在编译和链接时并没有将相应的驱动程序装入到执行程序，当程序进行到 intitgraph 语句时，再从该函数中第 3 个形式参数 "char*path" 中所规定的路径中去找相应的驱动程序。若没有驱动程序，则在安装目录中去找，如仍没有，将会出现错误：

```
BGI Error: Graphics not initialized(use 'initgraph')
```

因此，为了使用方便，应该建立一个不需要驱动程序就能独立运行的可执行图形程序，C 语言中规定用下述步骤（这里以 EGA、VGA 显示器为例）：

（1）在 C:\TURBO C 子目录下输入命令："BGIOBJ EGAVGA"。

此命令将驱动程序 EGAVGA.BGI 转换成 EGAVGA.OBJ 的目标文件。

（2）在 C:\TURBO C 子目录下输入命令："TLIB LIB＼GRAPHICS.LIB+EGAVGA"。

此命令的意思是将 EGAVGA.OBJ 的目标模块装到 GRAPHICS.LIB 库文件中。

（3）在程序中 initgraph 函数调用之前加上一句：

```
registerbgidriver(EGAVGA_driver);
```

该函数告诉连接程序在连接时把 EGAVGA 的驱动程序装入到用户的执行程序中。

经过上面的处理，编译链接后的执行程序可在任何目录或其他兼容机上运行。

【例 13.4】假设已做了步骤（1）和步骤（2），将上例加 registerbgidriver 函数进行初始化。

```
#include"stdio.h"
#include "graphics.h"
int main()
{   int gdriver=DETECT,gmode;
    registerbgidriver(EGAVGA_driver); /*建立独立图形运行程序*/
    initgraph(gdriver,gmode,"");
    bar3d(50,50,250,150,20,1);
    getch();
    closegraph();
    return 0;
}
```

上例编译链接后产生的执行程序可独立运行。

如不初始化成 EGA 或 VGA 分辨率，而想初始化为 CGA 分辨率，则只需要将上述步骤中有 EGA、VGA 的地方用 CGA 代替即可。

13.4 屏幕颜色的设置和清屏函数

对于图形模式的屏幕颜色设置，同样分为背景色的设置和前景色的设置。在 C 语言中分别用下面两个函数。

【语法格式】

设置背景色：void far setbkcolor(int color);

设置作图色：void far setcolor(int color);

【说明】其中 color 为图形方式下颜色的规定数值。

EGA，VGA 显示器适配器，有关颜色的符号常数及数值如表 13-2 所示。

表 13-2　　　　　　　　　　有关屏幕颜色的符号常数表

符号常数	数　值	含　义	符号常数	数　值	含　义
BLACK	0	黑色	DARKGRAY	8	深灰
BLUE	1	蓝色	LIGHTBLUE	9	深蓝

续表

符号常数	数　值	含　义	符号常数	数　值	含　义
GREEN	2	绿色	LIGHTGREEN	10	淡绿
CYAN	3	青色	LIGHTCYAN	11	淡青
RED	4	红色	LIGHTRED	12	淡红
MAGENTA	5	洋红	LIGHTMAGENTA	13	淡洋红
BROWN	6	棕色	YELLOW	14	黄色
LIGHTGRAY	7	淡灰	WHITE	15	白色

对于 CGA 适配器，背景色可以为表 3 中 16 种颜色的一种，但前景色依赖于不同的调色板。共有 4 种调色板，每种调色板上有 4 种颜色可供选择。不同调色板所对应的原色如表 13-3 所示。

表 13-3　　　　　　　　　　　CGA 调色板与颜色值表

调　色　板		背　　景		
符号常数	数　值	1	2	3
C0	0	绿	红	黄
C1	1	青	洋红	白
C2	2	淡绿	淡红	黄
C3	3	淡青	淡洋	红白

清除图形屏幕内容使用清屏函数。

【语法格式】voidfar cleardevice(void);

【例 13.5】有关颜色设置、清屏函数的使用。

```c
#include "stdio.h"
#include "graphics.h"
int main()
{ int gdriver,gmode,i;
  gdriver=DETECT;
  initgraph(&gdriver,&gmode,""); /*图形初始化*/
  setbkcolor(0); /*设置图形背景*/
  cleardevice();
  for(i=0;i<=15;i++)
  { setcolor(i); /*设置不同作图色*/
    circle(320,240,20+i*10); /*画半径不同的圆*/
    delay(100);} /*延迟 100 毫秒*/
  for(i=0;i<=15;i++)
  { setbkcolor(i); /*设置不同背景色*/
    cleardevice();
    circle(320,240,20+i*10);
    delay(100);}
    closegraph();
    return 0;
}
```

另外，C 语言也提供了几个获得现行颜色设置情况的函数。

```c
int far getbkcolor(void);        /*返回现行背景颜色值*/
```

```
int far getcolor(void);          /*返回现行作图颜色值*/
int far getmaxcolor(void);       /*返回最高可用的颜色值*/
```

13.5　基本画图函数

基本图形函数包括画点、线以及其他一些基本图形的函数，本节将介绍这些函数。

13.5.1　画点函数

1.　画点函数

【语法格式】void far putpixel(int x,int y,int color);

该函数表示有指定的象元画一个按 color 所确定颜色的点。对于颜色 color 的值可从表 13-3 中获得，而 x，y 是指图形象元的坐标。

在图形模式下，是按象元来定义坐标的。对 VGA 适配器，它的最高分辨率为 640×480，其中 640 为整个屏幕从左到右所有象元的个数，480 为整个屏幕从上到下所有象元的个数。屏幕的左上角坐标为（0,0），右下角坐标为（639,479），水平方向从左到右为 x 轴正向，垂直方向从上到下为 y 轴正向。C 语言的图形函数都是相对于图形屏幕坐标，即象元来说的。

关于点的另外一个函数是："int far getpixel(int x,int y);"，它获得当前点（x，y）的颜色值。

2.　有关坐标位置的函数

```
int far getmaxx(void);/*返回 x 轴的最大值*/
int far getmaxy(void);/*返回 y 轴的最大值*/
int far getx(void);  /*返回游标在 x 轴的位置*/
int far gety(void);  /*返回游标有 y 轴的位置*/
void far moveto(int x,int y);  /*移动游标到（x,y）点，不是画点，在移动过程中亦画点*/
void far moverel(int dx,int dy);  /*移动游标从现行位置（x,y）移动到（x+dx,y+dy）的位置，*/
                                  /*移动过程中不画点*/
```

13.5.2　画线函数

1.　画线函数

C 语言提供了一系列画线函数，下面分别叙述：

【语法格式】void far line(int x0,int yO,int xl,int y1);

【功能】画一条从点（x0,y0）到（xl,y1）的直线。

【语法格式】void far lineto(int x,int y);

【功能】画一条从现行游标到点（x,y）的直线。

【语法格式】void far linerel(int dx,int dv);

【功能】画一条从现行游标（x,y）到按相对增量确定的点（x+dx,y+dy）的直线。

【语法格式】void far circle(int x,int y,int radius);

【功能】以（x,y）为圆心、radius 为半径画一个圆。

【语法格式】void far arc(int x,int y,int stangle,int endangle,int radius);

【功能】以（x,y）为圆心、radius 为半径，从 stangle 开始到 endangle 结束用度表示，画一段圆弧线。

在 C 语言中规定 x 轴正向为 0°，逆时针方向旋转一周，依次为 90，180，270° 和 360°（其他有关函数也按此规定，不再重述）。

【语法格式】void ellipse(int x,int y,int stangle,int endangle,int xradius,int yradius);

【功能】以（x,y）为中心、xradius，yradius 为 x 轴和 y 轴半径，从 stangle 开始到 endangle 结束画一段椭圆线，当 stangle=0，endangle=360 时，画出一个完整的椭圆。

【语法格式】void far rectangle(int xl,int yl,int x2,int y2);

【功能】以（x1,y1）为左上角，（x2,y2）为右下角画一个矩形框。

【语法格式】void far drawpoly(int numpoints,int far *polypoints);

【功能】画一个顶点数为 numpoints，各顶点坐标由 polypoints 给出的多边形。polypoints 整型数组必须至少有 2 倍顶点数个元素。每一个顶点的坐标都定义为 x,y，并且 x 在前。值得注意的是，当画一个封闭的多边形时，numpoints 的值取实际多边形的顶点数加 1，并且数组 polypoints 中第一个和最后一个点的坐标相同。

【例 13.6】用 drawpoly 函数画箭头。

```
#include "stdio.h"
#include "graphics.h"
int main()
{  int gdriver,gmode,i;
   intarw[16]={ 200,102,300, 102,300,107,330,i00,300,93,300,98,200,98,200,102};
   gdriver=DETECT;
   initgraph(&gdriver,&gmode,"");
   setbkcolor(BLUE);
   cleardevice();
   setcolor(12); /*设置作图颜色*/
   drawpoly(8,arw); /*画一箭头*/
   getch();
   closegraph();
   return 0;
}
```

2. 设定线型函数

在没有对线的特性进行设定之前，C 语言用其默认值，即一点宽的实线，但 C 语言也提供了可以改变线型的函数。

线型包括宽度和形状。其中宽度只有两种选择：一点宽和三点宽。而线的形状则有 5 种。下面介绍有关线型的设置函数。

【语法格式】void far setlinestyle (int linestyle,unsigned upattern,int hickness);

【功能】该函数用来设置线的有关消息，其中 linestyle 是线形状的规定，见表 13-4。

表 13-4　　　　　　　　　　　　　　有关线的形状（linestyle）

符号常数	数　　值	含　　义
ISOLID_LINE	0	实线
DOTTED_LINE	1	点线
CENTER_LINE	2	中心线
DASHED_LINE	3	点画线
USERBIT_LINE	4	用户定义线

thickness 是线的宽度，见表 13-5。

表 13-5　　　　　　　　　　　　有关线的宽度

符号常数	数　值	含　义
NORM_WIDTH	1	一点宽
THIC_WIDTH	3	三点宽

对于 upattern，只有 linestyle 选择 USERBIT_LINE 时才有意义（选其他线性，upattern 取 0 即可）。此时 upattern 的 16 位二进制数的每一位代表一个象元，如果该位为 1，则该象元打开，否则该象元关闭。

【语法格式】void far getlinesettings (struct linesettingstypefar *lineinfo);

【功能】该函数将有关线的信息存放到由 lineinfo 指向的结构中。其中 linesettingstype 的结构定义如下：

```
struct linesettingstype
{ int linestyle;
  unsigned upattern;
  int thickness;  }
```

例如，下面两句程序可以读出当前线的特性：

```
struct linesettingstype *info;
getlinesettings(info);
```

【语法格式】void far setwritemode(int mode);

【功能】该函数规定画线的方式。如果 mode=0，则表示画线时将所画位置的原来信息覆盖了（这是 C 语言的默认方式）。如果 mode=1，则表示画线时用现在特性的线与所画之处原有的线进行异或（XOR）操作，实际上画出的线是原有线与现在规定的线进行异或后的结果。因此，当线的特性不变，进行两次画线操作相当于没有画线。

【例 13.7】有关线型设定和画线函数的使用。

```
#include "stdio.h"
#include "graphics.h"
int main()
{ int gdriver,gmode,i;
  gdriver=DETECT;
  initgraph(&gdriver,&gmode,"");          /*图形初始化*/
  setbkcolor(BLUE);
  cleardevice();
  setcolor(GREEN);
  circle(320,240,98);
  setlinestyle(0,0,3);                    /*设置三点宽实线*/
  setcolor(2);
  rectangle(220,140,420,340);
  setcolor(WHITE);
  setlinestyle(4,0xaaaa,1);               /*设置一点宽用户定义线*/
  line(220,240,420,240);
  line(320,140,320,340);
  getch();
  closegraph();
  return 0;
}
```

13.6　基本图形的填充

填充就是用规定的颜色和图模填满一个封闭的图形。

13.6.1　基本图形的填充

C 语言提供了一些先画出基本图形轮廓，再按规定图模和颜色填充整个封闭图形的函数。在没有改变填充方式时，C 语言以默认方式填充。

【语法格式】void far bar(int x1,int y1,int x2,int y2);

【功能】确定一个以（x1,y1）为左上角，（x2,y2）为右下角的矩形窗口，再按规定图模和颜色填充。

【说明】此函数不画出边框，所以填充色为边框。

【语法格式】void far bar3d(int x1,int y1,int x2,nt y2,int depth,int topflag);

【功能】当 topflag 为非 0 时，画出一个三维的长方体。当 topflag 为 0 时，三维图形不封项，实际上很少这样使用。

【说明】bar3d 函数中，长方体第三维的方向不随任何参数而变，即始终为 45 度的方向。

【语法格式】void far pieslice(int x,inty,int stangle,int endangle,int radius);

【功能】画一个以（x,y）为圆心、radius 为半径、stangle 为起始角度、endang1e 为终止角度的扇形，再按规定方式填充。当 stangle=0，endangle=360 时变成一个实心圆，并在圆内从圆点沿 x 轴正向画一条半径。

【语法格式】void far sector(int x,int y,int stanle,int　endangle,int xradius,int yradius);

【功能】画一个以（x,y）为圆心，分别以 xradius，yradius 为 x 轴和 y 轴半径、stangle 为起始角、endangle 为终止角的椭圆扇形，再按规定方式填充。

13.6.2　设定填充方式

C 语言有 4 个与填充方式有关的函数。

【语法格式】void far setfillstyle(int pattern,int color);

【功能】color 的值是当前屏幕图形模式时颜色的有效值。pattern 的值及与其等价的符号常数如表 13-6 所示。

表 13-6　　　　　　　　　　关于填充式样 pattern 的规定

符号常数	数　　值	含　　义
EMPTY_FILL	0	以背景颜色填充
SOLID_FILL	1	以实线填充
LINE_FILL	2	以直线填充
LTSLASH_FILL	3	以斜线填充（阴影线）
SLASH_FILL	4	以粗斜线填充（粗阴影线）
BKSLASH_FILL	5	以粗反斜线填充（粗阴影线）
LTBKSLASH_FILL	6	以反斜线填充（阴影线）

符号常数	数　值	含　义
HATURBO H_FILL C	7	以直方网格填充
XHATURBO H_FILL C	8	以斜网格填充
INTTERLEAVE_FILL	9	以间隔点填充
WIDE_DOT_ILL	10	以稀疏点填充
CLOSE_DOS_FILL	11	以密集点填充
USER_FILL	12	以用户定义式样填充

除 USER_FILL（用户定义填充式样）以外，其填充式样均可由 setfillstyle 函数设置。当选用 USER_FILL 时，该函数对填充图模和颜色不做任何改变。之所以定义 USER_FILL，主要在获得有关填充信息时用到此项。

【语法格式】void far setfillpattem(char *upattern,int color);

【功能】设置用户定义的填充图模的颜色以供对封闭图形填充。其中 upattern 是一个指向 8 字节的指针。这 8 字节定义了 8×8 点阵的图形。每字节的 8 位二进制数表示水平 8 点，8 字节表示 8 行，然后以此为模型向个封闭区域填充。

【语法格式】void far getfillpattem(char*　upattern);

【功能】该函数将用户定义的填充图模存入 upattern 指针指向的内存区域。

【语法格式】void far getfillsetings(struct fillsettingstype far *fillinfo);

【功能】获得现行图模的颜色并将存入结构指针变量 fillinfo 中。其中 fillsettingstype 结构定义如下：

```
struct fillsettingstype
{  int pattern;           /*现行填充模式*/
   int color;);           /*现行填充模式*/
```

【例 13.8】有关图形填充图形的颜色的选择。

```
#include "graphics.h"
int main()
{ char str[8]={10,20,30,40,50,60,70,80};/*用户定义图形*/
  int gdriver,gmode,i;
  struct fillsettingstype save;              /*定义一个用来存储填充信息的结构变量*/
  gdriver=DETECT;
  initgraph(&gdriver,&gmode,"");            /*图形初始化*/
  setbkcolor(BLUE);
  cleardevice();
  for(i=0;i<13; i++)
  {  setcolor(i+3);
     setfilistyle(i,2+i);                   /*设置填充类型*/
     bar(100,150,200,50);                   /*画矩形并填充*/
     bar3d(300,100,500,200,70,1);           /*画长方体并填充*/
     pieslice(200,300,90,180,90);           /*画扇形并填充*/
     sector(500,300,180,270,200,100);       /*画椭圆扇形并填充*/
     delay(1000);)                          /*延时 1 秒*/
  }
  cleardevice();
  setcolor(14);
```

```
setfillpattern(str,RED);
bar(100,150,200,50);
bar3d(300,100,500,200,70,0);
pieslice(200,300,0,360,90);
secolr(500,300,0,360,100,50);
getch();
getfillsettings(&save);          /*获得用户定义的填充模式信息*/
closegraph();
printf("The pattern is%d,The color of filling is%d", save.pattern,save.color);
                                 /*输出目前填充图模和颜色值*/
getch();
}
```

以上程序运行结束后，在屏幕上显示出现行填充图模和颜色的常数值。

13.6.3　任意封闭图形的填充

C 语言还提供了一个可对任意封闭图形填充的函数。

【语法格式】void far floodfill(int x, int y,int border);

【功能】其中 x,y 为封闭图形内的任意以 border 为边界的颜色，也就是封闭图形轮廓的颜色。调用了该函数后，将用规定的颜色和图模填满整个封闭图形。

（1）如果 x 或 y 取在边界上，则不进行填充；
（2）如果不是封闭图形，则填充会从没有封闭的地方溢出去，填满其他地方；
（3）如果 x 或 y 在图形外面，则填充封闭图形外的屏幕区域；
（4）由 border 指定的颜色值必须与图形轮廓的颜色值相同，但填充色可选任意颜色。

【例 13.9】有关 floodfill 函数的用法，该程序填充了 bar3d 所画长方体中其他两个未填充的。

```
#include "stdlib.h"
#include "graphics.h"
main()
{ int gdriver,gmode;
  struct fillsettingstype save;
  gdriVer=DETECT;
  initgraph(&gdriver,&gmode,"");
  setbkcolor(BLUE);
   cleardevice();
  setcolor(LIGHTRED;
  setlinestyle(0,0,3);
  setfilistyle(1,14);;                /*设置填充方式*/
  bar3d(100,200,400,350,200,1);       /*画长方体并填充*/
  floodfill(450,300,LIGHTRED);        /*填充长方体另外两个面*/
  floodfill(250,150,LIGHTRED);
  rectangle(450,400,500,450);         /*画一矩形*/
  floodfill(470,420 ,LIGHTRED);       /*填充矩形*/
  getch();
  closegraph();
}
```

13.7　图形操作函数

通过图形操作函数，可以对图形窗口和屏幕进行相关操作。

13.7.1 图形窗口操作

和文本方式下可以设定屏幕窗口一样，图形方式下也可以在屏幕上某一区域设定窗口，只是设定的为图形窗口而已，其后的有关图形操作都将以这个窗口的左上角（0，0）作为坐标原点，而且可以通过设置使窗口之外的区域为不可接触区。这样，所有的图形操作就被限定在窗口内进行。

【语法格式】void far setviewport(int x1,int y1,int x2,int y2,int clipflag);

【功能】设定一个以（x1,y1）象元点为左上角，（x2,y2）象元为右下角的图形窗口，其中 x1，y1，x2，y2 是相对于整个屏幕的坐标。若 clipflag 为非 0，则设定的图形以外部分不可接触，若 clipflag 为 0，则图形窗口以外可以接触。

【语法格式】void far clearviewport(void);

【功能】清除现行图形窗口的内容。

【语法格式】void far getviewsettings(struct viewporttype far *viewport);

【功能】获得关于现行窗口的信息，并将其存于 viewporttype 定义的结构变量 *viewport* 中，其中 viewporttype 的结构说明如下：

```
struct viewporttype
{  int left,top,right,bottom;
   int cliplag;  };
```

（1）窗口颜色的设置与前面讲过的屏幕颜色设置相同，但屏幕背景色和窗口背景色只能是一种颜色，如果窗口背景色改变，整个屏幕的背景色也将改变，这与文本窗口不同；

（2）可以在同一个屏幕上设置多个窗口，但只能有一个现行窗口工作，要对其他窗口操作，通过将定义的那个窗口工作的 setviewport 函数再用一次即可；

（3）前面讲过图形屏幕操作的函数均适合于对窗口的操作。

13.7.2 屏幕操作函数

除了清屏函数以外，关于屏幕操作还有以下函数：

```
void far setactiVepage(int pagenum);
void far setvisualpage(int pagenum);
```

这两个函数只用于 EGA、VGA 以及 HERCULES 图形适配器。

setctivepage 函数是为图形输出选择激活页。

所谓激活页是指后续图形的输出被写到函数选定的 pagenum 页面，该页面并不一定可见。

setvisualpage 函数可以使 pagenum 所指定的页面变成可见页。页面从 0 开始（C 语言默认页）。

如果先用 setactivepage 函数在不同页面上画出一幅幅图像，再用 setvisualpage 函数交替显示，就可以实现一些动画的效果。

```
void far getimage(int x1,int y1,int x2, int y2, void far *8mapbuf);
void far putimge(int x,int y, void *mapbuf,int op);
unsined far imagesize(int x1,int y1,int x2,int y2);
```

这 3 个函数用于将屏幕上的图像复制到内存，再将内存中的图像送回到屏幕上。首先通过函数 imagesize 测试，要保存左上角为（x1, y1），右上角为（x2, y2）的图形屏幕区域内的全部内容需多少字节，再给 mapbuf 分配一个所测数字节内存空间的指针。通过调用 getimage 函数，就可将该区域内的图像保存在内存中，需要时可用 putimage 函数将该图像输出到左上角为点（x, y）的位置上，其中 getimage 函数中的参数 op 规定如何释放内存中的图像。关于这个参数的定义参见表 13-7。

表 13-7　　　　　　　　　　　　　　　putimage 函数中的 op 值

符号常数	数　值	含　义
COPY_PUT	0	复制
XOR_PUT	1	与屏幕图像异或后复制
OR_PUT	2	与屏幕图像或后复制
AND_UT	3	与屏幕图像与后复制
NOT_PUT	4	复制反像的图形

对于 imagesize 函数，只能返回字节数小于 64KB 的图像区域，否则将会出错，出错时返回-1。

【例 13.10】函数在图像动画处理、菜单设计技巧中的使用。

```
#include "malloc.h"
#include "stdio.h"
#include "graphics.h"
int main()
{   int i,gdriver,gmode,size;
    void *buf;
    gdriver=DETECT;
    initgraph(&gdriver,&gmode,"");
    setbkcolor(BLUE);
    setcolor(LITGHTRED);
    setlinestyle(0,0,1);
    setfillstyle(1,10);
    circle(100,200,30);
    floodfill(100,200,12);
    size=imagesize(69,169,131,231);
    buf=malloc(size);
    if(!buf)
       return -1;
    getimage(69,169,131,231,bur);
    putimage(500,269,buf,COPY_PUT);
    for(i=0;i<185;i++)
    {   putimage(70+i,170,buf,COPY_PUT);
        putimage(500-i,170,buf, COPY_PUT);}
    for(i=0; i<185;i++)
    {   putimage(255-i,170,bur, COPY_PUT);
    putimage(315+i,170,buf,COPY_PUT);}
    getch();
    closegraph();
}
```

13.8　图形模式下的文本操作

在 C 语言的图形模式下，可以通过相关函数输出并设置文本。

13.8.1　文本的输出

在图形模式下，只能用标准输出函数，如 printf,puts，putchar 函数输出文本到屏幕。除此之外，其他输出函数（如窗口输出函数）不能使用，即使可以输出的标准函数，也只以前景色为白色、按 80 列、25 行的文本方式输出。

C 语言也提供了一些专门用于在图形显示模式下的文本输出函数。

【语法格式】void far outtext(char far *textstring);

【功能】输出字符串指针 textstring 所指的文本在现行位置。

【语法格式】void far outtextxy(int x, int y,char far *textstring);

【功能】输出字符串指针 textstring 所指的文本在规定的（x,y）位置。其中 *x* 和 *y* 为象元坐标。

【说明】这两个函数都是输出字符串，但经常会遇到输出数值或其他类型的数据，此时就必须使用格式化输出函数 sprintf。

sprintf 函数的调用格式为：int sprintf(char*　str,char　*format,variable_1ist);它与 printf 函数的不同之处是将按格式化规定的内容写入 str 指向的字符串中，返回值等于写入的字符个数。

例如：

```
sprintf(s,"your TOEFL score is%d",mark);
```

这里 s 应是字符串指针或数组，mark 为整型变量。

13.8.2　文本字体、字型和输出方式的设置

有关图形方式下的文本输出函数，可以通过 set color 函数设置输出文本的颜色。另外，也可以改变文本字体大小，以及选择是水平方向输出还是垂直方向输出。

【语法格式】void far settexjustify(int horiz,int vert);

【功能】该函数用于定位输出字符串。

对使用 outtextxy(int x,int y,char far *str textstring)函数所输出的字符串，其中哪个点对应于定位坐标（x,y）在 Turbo C2.0 中是有规定的。如果把一个字符串看成一个长方形的图形，在水平方向显示时，字符串长方形按垂直方向可分为顶部、中部和底部 3 个位置，水平方向可分为左、中、右 3 个位置，两者结合就有 9 个位置。

settextjustify 函数的第一个参数 horiz 指出水平方向 3 个位置中的一个，第 2 个参数 vert 指出垂直方向 3 个位置中的一个，二者就确定了其中一个位置。当规定了这个位置后，用 outtextxy 函数输出字符串时，字符串长方形的这个规定位置就对准函数中的（x,y）位置。而对用 outtext 函数输出字符串时，这个规定的位置就位于现行游标的位置。

有关参数 horiz 和 vert 的取值参见表 13-8。

表 13-8　　　　　　　　　　参数 horiz 和 vert 的取值

符号常数	数　值	用　于
LEFT_TEXT	0	水平
BOTTOM_TEXT	0	垂直
TOP_TEXT	2	垂直

【功能】该函数用来设置输出字符的字形（由 font 确定）、输出方向（由 direction 确定）和字符大小（由 charsize 确定）等特性。

C 语言对函数中各个参数的规定如下列表 13-9 ~ 表 13-11 所示。

表 13-9 font 的取值

符号常数	数　　值	含　　义
DEFAULT_FONT	0	8×8 点阵字（缺省值）
TRIPLEX_FONT	1	三倍笔画字体
SMALL_FONT	2	小号笔画字体
SANSSERIF_FONT	3	无衬线笔画字体
GOTHIC_FONT	4	黑体笔画字

表 13-10 direction 的取值

符号常数	数　　值	含　　义
HOR]Z_DIR	0	从左到右
VERT_DIR	1	从底到顶

表 13-11 charsize 的取值

符号常数或数值	含　　义
1	8×8 点阵
2	16×16 点阵
3	24×24 点阵
4	32×32 点阵
5	40x40 点阵
6	48×48 点阵
7	56×56 点阵
8	64×64 点阵
9	72×72 点阵
10	80×80 点阵
USER_CHAR_SIZE=0	用户定义的字符大小

【例 13.11】有关图形屏幕下文本输出和字体字型设置函数的用法请看下例。

```
#include "graphics.h"
#include "stdio.h"
int main()
{   int i,gdriver,gmode;
    char s[30];
    gdriver=DETECT;;
    initgraph(&gdriver,&gmode,"");
    setbkcolor(BLUE);
    cleardevice();
    setviewport(100,100, 540,380,1);        /*定义一个图形窗口*/
    setfillstyle(1,2);                      /*绿色以实填充*/
    setcolor(YELLOW);
    rectangle(0,0, 439,279);
    floodfill(50,50,14);
    setcolor(12);
    settextstyle(1,0,8);                    /*三重笔画字体，水平放大 8 倍*/
```

```
        outtextxy(20,20,"Good Better");
        setcolor(15);
        settextstyle(3,0,5);                    /*无衬笔画字体，水平放大 5 倍*/
        outtextxy(120,120,"Good Better");
        setcolor(14);
        settextstyle(2,0,8);
        i=620;
        sprintf(s,"Your score is%d",i);         /*将数字转化为字符串*/
        outtextxy(30,200,s);                     /*指定位置输出字符串*/
        setcolor(1);
        settextstyl(4,0,3);
        outtextxy(7O,240,s);
        getch();
        closegraph();
        return 0;
    }
```

13.8.3　用户对文本字符大小的设置

前面介绍的 settextstyle 函数，可以设定图形方式下输出文本字符的字体和大小，但对于笔画型字体（除 8×8 点阵字以外的字体），只能在水平和垂直方向以相同的放大倍数放大。

为此，C 语言又提供了另外一个 setusercharsize 函数，对笔画字体可以分别设置水平和垂直方向的放大倍数。

【语法格式】void far setusercharsize(int mulx, intdivx,int muly,int divy);

【功能】该函数用来设置笔画型字体和放大系数，它只有在 settextstyle 函数中的 charsize 为 0（或 USER _CHAR_SIZE）时才起作用，并且字体为函数 settextstyle 规定的字体。

调用函数 setusercharsize 后，每个显示在屏幕上的字符都以其默认大小乘以 mulx/divx 为输出字符宽，乘以 muly/divy 为输出字符高。

【例 13.12】函数 setusercharsize 的使用。

```
#include "graphics.h"
#include "stdio.h"
int main()
{   int i,gdriver,gmode;
    gdriver=DETECT;;
    initgraph(&gdriver,&gmode,"");
    setbkcolor(BLUE);
    cleardevice();
    setfillstyle(1,2);                    /*设置填充方式*/
    setcolor(WHITE);                      /*设置白色作图*/
    rectangle(100,100,330,380);
    floodfill(50,50,14);                  /*填充方框以外的区域*/
    setcolor(12);                         /*作图色为淡红*/
    settextstyle(1,0,8);                  /*三重笔画字体，放大 8 倍*/
    outtextxy(120,120,"Very Good");
    setusercharsize(2,1,4,1);             /*水平放大 2 倍，垂直放大 4 倍*/
    setcolor(15);
    settextstyle(3,0,5);                  /*无衬字笔画，放大 5 倍*/
    outtextxy(220,220,"Very Good");
    Setusercharsize(4,1,1,1);
```

```
settextstyle(3,0,0);
outtextxy(180,320,"Good");
getch();
closegraph();
return 0;
}
```

13.9　C 语言动画设计

13.9.1　用随机函数实现动画的技巧

在一些特殊的 C 语言动画技术中，可以利用随机函数 int random(int num)取一个 0 ~ num 范围内的随机数，经过某种运算后，再利用 C 语言的作图语句产生各种大小不同的图形，也能产生很强的移动感。

下面程序就是利用随机函数来产生动画应用。该程序运行后，屏幕中会绘出一台微型计算机（以下简称微机），微机下方同时显示"computer"的放大字形，在画出微机的小屏幕内，产生各种大小不同、颜色各异的矩形，这些矩形互相覆盖，给人以极强的动画感。

程序中改变 x1、x2、y1、y2 的值，能将图形移动到屏幕的任何位置，改变 x、y 的值，能将图形放大或缩小。

【例 13.13】动画显示程序。

```
#include <conio.h>
#include <stdio.h>
#include <stdlib.h>
#include<graphics.h>
#include <time.h>
#define x1  260
#define x2 320
#define y1 140
#defime xy 16
#define y2 180
int gdrive , gmode ,mcolor , ecode;
struct palettetype palette;
void initialize(void);
Void rbars(void);
int main()
{
initialize();/*初始化图形系统*/
/*显示放大字体*/
setcolor(YELLOW);
settextstyle(TRIPLEX_FONT,HORIZ_DIR,4);
settextjustify(CENTER_TEXT,CENTER_TEXT);
outtextxy ((getmaxx()/2-1,310),360,"COMPUTER");
rbars();/*画计算机程序*/
closegraph();/*关闭图形系统*/
return 1;
}
}
void initialize(void)
```

```
{
  gdrive=DETECT;
  initgraph(&gdrive,&gmode,"");
  ecode=graphresult(),
if(ecode!=0)
{
  Printf("GraphiceError: %d\n",grapherrormsg(ecode));
  exit(1);
}
    getpalette(&palette);
    mcolor=getmaxcolor()+1;

    void rbars(void)
    {
    int color;    /*画计算机图形*/
    setcolor(DARKGRAY);
    bar3d(xl-20,yl- 20,x2+56,y2+70,0,3);
    setfillstyle(CLOSE_DOT_FILL,BLUE);
    setfillstyle(SOLID_FILL,RED);
    circle(x2+28,y2+60,4);
    bar(xl+4,yl+78,xl+20,yl+83);
    setcolor(MAGENTA);
    circle(x2+28,y2+60,4);
    circle(x2+1,y2+60,4);
    circle(x2+4,y2+60,4);
    setcolor(WHITE);
    setfillstyle(SOLID_FILL,DARKGRAY);
    bar3d(xl-60,yl+120,xl+154,yl+170,0,2);
    bar3d(xl+120,, yl+126,xl+100,yl+164,0,2);
    line(xl+20,yl+145,xl+100,yl+145);
    setfillstyle(SOLID_FILL,GREEN);
    bar(xl+26,yl+130,xl+34,yl+132);
    bar(xl+26,yl+150,xl+34,yl+152);
    setfillstyle(WIDE_DOT_FILL,RED);
    bar(xl-24,yl+128,xl-44,yl+142);
    /*利用随机函数实现矩形画面互相覆盖，产生动感*/
    while(!kbhit())
    {
    color=random(mcolor-1)+1;
    setcolor(color);
    setfilistyle(random(11)+l;color);
    bar3d(xl+random(getmaxx()/xy),yl+random(getmaxy()/xy),x2+getmaxx()/xy,
    y2+getmaxy()/xy,0,5);
    }
    }
```

13.9.2　用 putimage 函数实现动画的技巧

计算机图形动画显示的是由一系列静止图像在不同位置上的重现。计算机图形动画技术一般分为画擦法和覆盖刷新法两大类。画擦法是先画 T 时刻的图形，然后在 T+△T 时刻将它擦掉，改画新时刻的图形是由点、线、圆等基本图元组成。这种一画一擦的方法对于实现简单图形的动态显示是比较有效的。而当需要显示比较复杂的图形时，由于画擦图形时间相对较长，致使画面在移动时出现局部闪烁现象，使得动画视觉效果变差。所以，为提高图形的动态显示效果，在显示比较复杂的图形时多采用覆盖刷新的方法。

在 Turbo C 的图形函数中，有以下几个函数可完成动画的显示。

（1）getimage(int left,int top,int right,int bottom,void far *bur)函数将屏幕图形部分复制到由 buf 所指向的内存区域。

（2）imagesize 函数用来确定存储图形所需的字节数，所定义的字节数根据实际需要可以定义得多一些。

（3）putimage 函数可以将 getimage 函数存储的图形重写在屏幕上。利用 putimage 函数中的 COPY_PUT 项，在下一个要显示的位置上于屏幕中重写图像，如此重复、交替地显示下去，即可达到覆盖刷新的目的，从而实现动画显示。由于图形是一次性覆盖到显示区的，并在瞬间完成，其动态特性十分平滑，动画效果较好。

下面程序就是根据上述思路实现的。程序运行时，将在屏幕上出现一个运动的红色小球。

【例 13.14】动画显示程序。

```c
#include <conio.h>
#include <stdio.h>
#include <stdlib.h>
#include<graphics.h>
#include <alloc.h>
void main(void)
{int driver=DETECT, mode;
int k=0;
int i ,m,ml;
int maxx, mayy,size;
char *buf;
initgraph(&driver,&mode,"");
maxx=getmaxx();
mayy=getmaxy();
setfilistyle (SOLID_FILL,LIGHTGRAY);
bar(1,1,maxx,mayy);
setcolor(RED);
for(i=0;i<=10;i++)
  circle(150,150,i);
  size=imagesize(100,100,250,200);
if(size!=-1)
  buf=malloc(size);
if(buf)
{
  getimage(100,100,250,200，bur);
  m=120;
  ml=m;
do
{
  k=k+1;
if((ml+100)>mayy)
{
for(m=m+30;m<maxx;m=m+30)
{
  ml=ml-20;
  putimage(m,ml,buf,COPY_PUT);
}
}
if((m+100)>maxx)
```

```
{
  m=m-100;
for(ml=ml+100;ml>=1;ml=ml-10)
{
  ml=ml-19;
  putimage(m,ml,buf,COPY_PUT);
}
for(m=m;m>1; m=m-30)
{
  ml=ml-1;
  putimage(m,ml,buf,COPY_PUT);
)
}
ml=ml+1;
m=m+2;
putimage(m,ml,buf,COPY_PUT);
}while(k!=200);
getch();
clrscr();
}
resStorecrtmode();
}
```

13.10　菜单设计技术

　　菜单在用户编写的程序中占据相当一部分内容。设计一个高质量的菜单，不仅能使系统美观，更主要的是能够使操作者使用方便，避免一些误操作带来的严重后果。

13.10.1　下拉式菜单的设计

　　下拉式菜单是一个窗口菜单，它具有一个主菜单，其中包括几个选项，主菜单的每一项又可以分为下一级菜单，这样逐级下分，用一个个窗口的形式弹出在屏幕上，一旦操作完毕又可以从屏幕上消失，并恢复原来的屏幕状态。

　　设计下拉式菜单的关键就是在下级菜单窗口弹出之前，要将被该窗口占用的屏幕区域保存起来，然后产生这一级菜单窗口，并可用方向键选择菜单中各项，用回车键来确认。如果某选项还有下级菜单，则按同样的方法再产生下一级菜单窗口。

　　用 Turbo C 在文本方式时提供的函数 gettext0 来存放屏幕规定区域的内容，当需要时用 puttext0 释放出来，再加上键盘管理函数 bioskey0，就可以完成下拉式菜单的设计。

　　下面是一个简单下拉式菜单程序。运行时在屏幕上一行显示主菜单的内容，当按【Alt+F】快捷键时进入 File 子菜单，然后可用方向键移动色棒选择操作，用回车键确认。按【Esc】键退出主菜单，并可用【Alt+X】快捷键退出菜单系统。

　　【例 13.15】下拉式菜单程序。

```
/*下拉式菜单 menu1.c */
#include <conio.h>
#include <stdio.h>
#include <stdlib.h>
#include < bios.h>
```

```c
void main(void)
{
int i,key,key0,key1,y,test;
char *m[]={"File","Edit","Run","Compile","Project","Options","Debug", "Break/watch"};
                                    /*定义主菜单的内容*/
char *f"[]={"Load F3","Pick A1t+F3","New","Save F2","Write to","Directory","Change
dir","Os shell","Quit Alt+X"};      /*定义 File 子菜单的内容*/
char buf[16*10*2],bufl[16*2];       /*定义保存屏幕区域的数组变量*/
textbackground(BLUE);               /*设置文本屏幕背景色*/
clrscr();
window(1,1,80,1);                   /*定义一个文本窗口*/
textbackground(WHITE);              /*设置窗口背景色*/
textcolor(BLACK);
clrscr();
window(1,1,80,, 2)
for(i=0;i<8;i++)
cprintf("%s",m[i]);                 /*显示主菜单的内容*/
while(1)
{
key=0;
while(bioskey(1)==0);               /*等待键盘输入*/
key=bioskey(0);                     /*取键盘输入码*/
key=key&0Xff?0:key>>8 ;             /* 只取扩充键码*/
if(key==45)exit(0); /*如果按【Alt+X】快捷键则退出*/
  if(key==33) /*如果按【Alt+F】快捷键则显示子菜单*/
  {
textbackground(BLACK);
textcolor(WHITE);
gotoxy(4,1);
cprintf("%s",m[0]);
gettext(4,2,19,11,buf);             /*保存窗口区域的原有内容*/
window(4,2,1,11);
textbackground (WHITE);
textcolor(BLACK);
clrscr();
window(4,2,19,12)
gotoxy(1,1);                        /*做一个单线形边框*/
putch(Oxff);
for(i=2;i<10;i++)
{ gotoxy(1,i);
  putch(Oxb3);
  gotoxy(16,i);
  putch(0xb3);
}
gotoxy(1;10);
putch(OXc0);
for(i=2;i<16;i++)
 putch(OXc4);
 putch(OXd9);
for(i=2;i<10;i++)
{
  gotoxy(2,i);
  cprintf("%s",f[i-1]);
```

```
    }
    gettext(2,2,18,3,bufl);
    textbackground(BLACK);
    textcolor(WHITE);
    gotoxy(2,2);
    cprintf("%s",f[0]);
    y=2;
    keyl=0;
    while((keyl!=27)&&(keyl!=45)&&(keyl!=13))
    {                                           /*输入为【Alt+X】键、回车键或【Esc】键退出循环*/
        while(bioskey(1)==0);                   /*等待键盘输入*/
        keyO=keyl=bioskey(0);                   /*取键盘输入码*/
        keyO=keyO&0Xffj                         /*只取扩充码*/
        keyl=keyl&0Xff?0:keyl>>8;
        if(keyl==72||keyl==80)                  /*如果为上下箭头键*/
        {puttext(2,y,18,y+1,bufl);              /*恢复原来的信息*/
        if(keyl==72)y=y==2? 9:y-1;              /*上箭头处理*/
        if(keyl==80)y=y==9? 2,y+1;              /*下箭头处理*/
        gettext(2,y,18,y+1,bufl);               /*保存新色棒前产生这一位置屏幕内容*/
        textbackground(BLACK);                  /*产生新色棒*/
        textcolor(WHITE);
        gotoxy(2,y);
        cprintf("%s",f[y-1]);
        }
    }
    if(keyl==45)                                /*按【Alt+X】键退出*/
        exit(0);                                /*回车按所选菜单项进行处理*/
    if(key0==13)
    {switch(y)
    { case 1:break;
      case 2:break;
      case 9:exit(0);
      default:break;
    }
    }
    else/*按[Esc]键返回主菜单*/
    { window(1,1,80,2);
      puttext(4,2,19,11,buf);                   /*释放子菜单窗口占据的屏幕原来内容*/
      textbackground(WHITE);
      textcolor(BLACK);
      gotoxy(4,1);
      cprintf("%s",m[0]);
    }
    }
    }
```

13.10.2 选择式菜单的设计

所谓选择式菜单，就是在屏幕上出现一个菜单，操作者可根据菜单上提供的数字或字母按相应的键去执行特定的程序，当程序执行完后又回到主菜单上。

这种菜单编制简单，操作方便，使用灵活，尤其适用于大型管理程序。如果在自动批处理文件上加入这种菜单，操作者可根据菜单上的提示进行相应的操作，这样可以简化许多步骤，对一般微机用户来说是比较适合的。

【例 13.16】选择式菜单程序。

```
#include <conio.h>
#include <stdio.h>
#include <stdlib.h>
main()
{char ch;int i;
  do
  { system("cls");
   printf("\n\n\t  1. into TurboC");
   printf("\n\t    2. into Windows");
   printf("\n\t    3. into Wps");
   printf("\n\t  4. into DbaSe");
   printf("\n\t 0. Quit\n\n");
   printf("\t Please select: ");
   ch=getch();
   switch(ch)
   {case '1':system("tc");break;
    Case '2':system("win");jbreak;
    Case '3':system("wps");break;
    Case '4':system("dbase");break;
    Case '0':system("cls");exit(0);
    default:printf("\n\t    ***Wrong!***\n");
    getch();
   }
  }
while(1);
}
```

13.11　大型程序开发的项目管理

13.11.1　项目管理器

程序项目是指由多个文件组成的大程序。在编制稍大一些的程序时，常常会碰到一个程序包含几个甚至多个文件，而又常常要不断地对其中的一些文件进行调试、编译、连接等。

为了节省时间，提高效率，最好只编译、连接那些修改过的文件。C 语言编辑环境提供的程序项目管理器（project）用于对由多个文件组成的程序进行编译与连接的管理。当程序项目中的某些文件做了修改后，程序项目管理器能自动地识别出哪些文件需要重新编译，可以减少编译过程中不必要的麻烦。

有关项目管理器的各项功能,在 C 语言的编译环境里选择 Project 主菜单下的各项子菜单命令即可了解。

13.11.2　用项目管理器开发程序项目的步骤

1. 程序项目文件的组成和命名

项目管理器把组成项目的多个文件作为一个整体来处理，这个整体就是项目文件，因此在组装程序项目文件之前，要先给项目文件命名。通常，项目文件扩展名为.prj。例如，命名一个项目文件名为 myprog.prj，则该程序项目的可执行文件名为 myprog.exe，如果选择生成映像文件，映像文件名为 myprog.map。

图 13-1　Project 菜单

2. 选择项目管理器的各项功能进行项目管理

按【Alt+P】快捷键弹出 Project 主菜单。Project 菜单中的命令如图 13-1 所示。Project 菜单中各命令作用如表 13-12 所示。

表 13-12　　　　　　　　　Project 菜单中各命令的用途

命　令	作　用
Project name	弹出对话框，要求输入.PRJ 文件名
Break make On	弹出一个菜单，继续提供 4 个中止 Make 的条件选项 ● Warning：设定遇到警告错误时，中止 Make ● Error：设定遇到错误时，中止 Make ● Fatal Error：设定遇到致命错误时，中止 Make ● Link：设定在链接前，中止 Make
Auto dependencies	TC 在编译时，将 . C 文件的日期和时间放在了.obj 文件中。这条命令用于设置是否要检查.C 文件与相应的.obj 文件的日期和时间关系 ● on：自动检查，不一致，就重新编译 ● off：不检查
Clear project	清除 Project name 并重置消息窗口
Remove messages	清除消息窗口中的错误信息

13.11.3　项目管理器的使用技巧

为提高编译效率，可以采用如下方法组成项目文件。

（1）将经过反复调试运行，已经成熟的常用函数编译成.1ib 文件，放进自己的库文件，再把该库文件列入程序项目文件中。

（2）将常用的、暂不需修改的文件编译成.obj（目标）文件，代替其源文件列入程序项目文件中。

（3）将正在调试或有可能还需要改动的文件的.C（源）文件列入程序项目文件中。

应当注意以下几点。

（1）程序项目文件含有环境信息。当环境（如盘号、路径、设置的参数）等改变时，应重新建立程序项目文件，否则可能出现莫名其妙的错误。

（2）一个程序项目文件要涉及许多头文件，因此要注意它们之间的一致性。

（3）一个程序项目文件有且仅有一个主函数。

【例 13.17】工程文件使用举例。

将下面程序起名为 pro.c 并存盘。

```
#include<stdio.h>
#include<conio.h>
main()
{
printf("This is main program(pro.c).\n");
getch();
```

```
function1();
getch();
function2();
getch();
}
```

将下面程序起名为 funl.C 并存盘。

```
#include<stdio.h>
void functionl()
{
Printf("This is file functionl(funl.c)\n");
}
```

将下面程序起名为 fun2.C 并存盘。

```
#include<stdio.h>
void function2()
{
Printf("This is file function2(fun2·c)\n");
}
```

编写一个工程文件 test.prj 如下：

```
Pro.c
Funl.c
fun2.c
```

现在共有 4 个文件：test.prj、pro.C、funl.C、fun2.C。

在集成开发环境下：

第 1 步，从主菜单选择 Project 项。

第 2 步，按回车键选择 Project name（工程文件名）项等待输入工程文件名。

第 3 步，输入工程文件名 test.prj，按回车键。

第 4 步，选择 Compile 菜单，会发现在 Make Exe File 项登记的文件名是 test.exe。

第 5 步，按快捷键【F9】，则对 test.prj 文件中的所有源文件进行编译，然后将所有目标文件连接在一起并生成.exe 文件。

第 6 步，选择 RUN 菜单即可运行该程序。

13.12　应用程序设计实例

【例 13.18】用 C 语言实现艺术清屏。

C 语言程序如下：

```
#include<stdlo.h>
#include<dos.h>
#include<conio.h>
void goto_xy(int x,int y);
void dcls(int xl,int x2,int yl,int y2);
void bcls(int xl,int x2,int yl, int y2);
void recls(int xl,im x2,int yl, int y2);
void zcls(int xl,int x2,int yl, int y2);
void puta(void);
/*.............. 演示程序..................*/
main()
```

```
{   puta();
    getch();
    dcls(0,4,0,79);
    getch();
    puta();
    getch();
    bcls(0,25,0,79);
    getch();
    puta();
    getch();
    zcls(0,25,0,79);
    getch();
}
/* ******8center clear screen(中心)青屏)******* */
void zcls(int x1,int x2,int y1,int y2)
{ int x00,y00,x0,y0,i,d;
  if((y2-y1)>(x2-x1))
  {
    d=(x2-x1)/2;
    x0=(x1+x2)/2;
    y0=y1+d;
    y00=y2-d;
    for(i=0;i<(d+1);i++)
    recls((x0-i),(x00+i),(y0-i),(y00));
    }
    else
    {
    d=(y2-y1)/2;
    y0=(y1+y2)/2;
    x0=x1+d;
    x00=x2-d;
    for(i=0;i<d+1;i++)
    recls(x0-i,x00+i,y0-I,y00+i);
    }
}
/* *********clear rectangle side(矩形边清屏)********* */
void recls(int x1,int x2,int y1,int y2)
{   int i,j;
    for(i=y1;i<y2;i++)
    {
    goto_xy(x1,i);
    putchar('');
    goto_xy(x2,i);
    putchar('');;
    }
    for(j=x1;j<x2;j++)
    {
    goto_xy(i,y1);
    putchar('');
    goto_xy(j,y2);
    putchar('');
    }
}
/* *****close screen clear**闭幕式清屏***** */
```

```
void bcls(int xl,int x2,int yl,int y2)
{ int t,s,j;
   t=yl;
   s=y2;
   for(t=yl;t<(y1+y2)/2;t++,s--)
   for(j=x1;j<x2;j++)
   {  goto_xy(j,t);
   putchar('');
   goto_xy(j,s);
   putchar('');
   delay(1);
   }
}
/*  *******bottom screen clear(自下清屏)******** */
void dcls(int xl,int x2,int yl,int y2)
{ int t,s,j,i;
   t=s=(yl+y2)/2;
   for(j=x2;j>x1;j--)
   for(i=yl;i<y2;i++)
   {
   goto_xy(j,i);
   putchar('');
   delay(1);
   }
}
/* *****设置光标子函数***** */
void goto_xy(int x,int y)
{   union  REGS r;
   r.h.ah=2;
   r.h.dl=y;
   r.h.dh=x;
   r.h.bh=0;
   int86(0x10,&r,&r);
}
/*  ****在屏幕上打出一连串的 a 字母用于演示程序**** */
void puta(void)
{
   int i,j;
   for(i=0;i<24;i++)
   {
   for(j=0;j<79;j++)
   {
   goto_xy(i,j);
   printf("a");
   }
   }
}
```

【例 13.19】屏幕上的时钟程序。

C 语言程序如下：

```
#include<math.h>
#include<dos.h>
#include<graphics.h>
#define CENTERX 320   /*表盘中心位置*/
#define CENTERY 175
```

```
#define CLICK 100/*滴答声频率*/
#define CLICKDELAY 3/*滴答声延时*/
#define HEBEEP 10000/*高声频率*/
#define LOWBEEP 50/*低声频率*//
#define BEEPDELAY 200/*串报时声延时*/
/*表盘刻度形状*/
int Mrk_1[8]={-5,-160,5,-160,5,-130,-5,-130};
int Mrk_2[8]={-5,-160,5,-160,2,-130,-2,-130};
/*时针形状*/
int HourHand[8]={-3,-100,3,-120,4,10,-4,10};
/*分针形状*/
int MiHand[8]={-3,-120,3,-120,4,10,-4,10);
/*秒针形状*/
int SecHand[8]={-2,-150,2,-150,3,10,-3,10);
/*发出滴答声*/
void Click()
{   sound(CLICK);
    delay(CLICKDELAY);
    nosound();
}
   /*高声报时*/
void HighBeep()
{   sound(HEBEEP);
    delay(BEEPDELAY);
    nosound;
}
   /*低声报时*/
void LowBeep()
{   sound(LOWBEEP);
}
   /*按任意角度画多边形*/
void DrawPoly(int 术 data,,int angle,int color)
{   int usedata[8];
    float sinang,,cosang;
    int i;
    sinang=sin((float)angle/180*3.14);
    cosang=cos((tToat)angle/180*3.14);
    for(i=O;i<8;i+=2)
    {   usedata[i]=CENTERX+cosang*data[i]-sinang*data[i+1]+.5;
        usedata[i+1]=CENTERY+sinang*data[i]+cosang*data[i+1]+.5;
    }
    setfillstyle(SOLID_FILL,color);
    fillpoly(4,usedata);
}
   /*画表盘*/
void DrawClock(struct time *cufime)
{   int ang;
    float hourrate,,minrate,secrate;
    setbkcolor(BLUE);
    cleardevice();
    setcolor(WHITE);
```

```
      /*画刻度*/
      for(ang=0;ang<360;ang+=90)
      {DrawPoly(Mrk_1,ang,WHITE);
      DrawPoly(Mrk_2,ang+30,WHITE);
      DrawPoly(Mrk_2,ang+60,WHITE);
      }
      secrate=(float)cutime->ti_sec/60;
      minrate=((float)cutime->ti_min+secrate)/60;
      hourrate=(((float)cutime->ti_hour//12)+minrate)/12;
      ang=hourrate*360;
      DrawPoly(HourHand,ang,YELLOW); /*画时针*/
      ang=minrate*360;
      DrawPoly(MiHand,ang,GREEN);    /*画分针*/
      ang=secrate*360;
      DrawPoly(SecHand,ang,RED); /*画秒针*/
}
main()
{   int gdriver=EGA;
    int gmode=EGAHI;
    int curpage;
    struct time curtime,newtime;
    initgraph(&gdriver,&gmode,"");
    setbkcolor(BLUE);
    cleardevice();
    gettime(&curtime);
    curpage=0;
    DrawClock(&curtime);
    while(1)
    {   if(kbhit())
        break; /*按任意键退出*/
      gettime(&newtime); /*检测系统时间*/
    if(newtime.ti_sec!=curtime.ti_sec) /*每1秒更新一次时间*/
    {   if(curpage==0)
        curpage=1;
        else
            curpage=0;
        curtime=newtime;       /*设置绘图页*/
        setactivepage(curpage);      /*在图页上画表盘*/
        DrawClock(&curtime);    /*设置绘图页为当前可见页*/
        setvisualpage(curpage);  /*0分0秒高声报时*/
        if(newtime.ti_min==0&&newtime.ti_sec==0)
        HighBeep();     /*59分55秒时低声报时*/
        else if(newtime.ti_min==59&&newtime.t_sec<=59)
        LowBeep();    /*其他时间只发出滴答声*/
        else
        Click();
        }
    }
closegraph();}
```

13.13　本章小结

C 语言图形功能是对 C 语言在应用上的一个重要扩充。通过图形函数，用户可以画出基本点、线以及由点、线构成的基本几何图形，并能加以控制；同时字符在图形模式下的输出和控制也可以通过相关函数完成。学习和掌握 C 语言的图形功能是一个扩展 C 语言应用范围的不可或缺的途径。

C 语言不仅具有高级语言那种能完成复杂处理和运算的能力，还具有汇编语言的特点，它可以直接控制显示屏幕等系统硬件。因此，可以使用 C 语言开发各种图形软件。

（1）图形与计算机系统硬件有着密切的关系。显示器的工作方式有两种：一种是文本方式，另一种是图形方式。屏幕上所显示的图形是由像素组成的。像素代表了显示器的分辨率。像素个数越多，显示器的分辨率就越高。目前在微机上所配置的显示器分辨率有 640×480、800×600、1024×768 等。

显示器一定和图形功能卡（又叫图形适配器）配套使用才能发挥它的图形功能。VGA／EGA 是当前最流行的图形适配器。

（2）窗口是文本方式下在屏幕上所定义的一个矩形区域。图形窗口是在图形方式下在屏幕上所定义的一个矩形区域。

① 文本方式下的编程函数有 4 类：字符的输出与操作、窗口和方式控制函数、属性控制函数和状态查询函数。

② 图形方式下的编程函数。

Turbo C 提供了一个具有几十个图形函数的函数库 graphics.1ib。其原型都在包含文件 graphics.h 中列出。除了这两个文件，Turbo C 还提供了一组图形设备驱动程序（＊.BGI）和一组矢量字体文件（＊.CHR）。Turbo C 图形函数库中所提供的函数包括 7 类：图形系统控制函数、画线与填充函数、管理屏幕和图形窗口函数、图形方式下的字符输出函数、颜色控制函数、图形方式下的错误处理函数和状态查询函数。

（3）Turbo C 图形设计的步骤。

① 设置图形方式。

initgraph0 是图形方式初始化函数，用于初始化图形系统，这是图形设计的第一步。

② 绘制图形。

在图形方式下使用各种绘图函数绘制图形，这是图形设计的第二步。

③ 关闭图形方式。

closegraph()用来关闭图形方式返回文本方式，这是图形设计的第三步。

（4）用随机函数实现动画的技巧。

在一些特殊的 C 语言动画技术中，可以利用随机函数 int random(int num)取一个 $0 \sim num$ 范围内的随机数，经过某种运算后，再利用 C 语言的作图语句产生各种大小不同的图形，也能产生很强的移动感。

（5）用 putimage 函数实现动画的技巧。

计算机图形动画显示的是由一系列静止图像在不同位置上的重现。计算机图形动画技术一般分为画擦法和覆盖刷新法两大类。画擦法是先画 T 时刻的图形，然后在 T+△T 时刻将它擦掉，改画新时刻的图形是由点、线、圆等基本图元组成。这种一画一擦的方法对于实现简单图形的动态显示是比较有效的。而当需要显示比较复杂的图形时，由于画擦图形时间相对较长，致使画面在移动时出现局部闪烁现象，使得动画视觉效果变差。所以，为提高图形的动态显示效果，在显示比较复杂的图形时多采用覆盖刷新的方法。

（6）下拉式菜单是一个窗口菜单，它有一个主菜单，其中包括几个选项，主菜单的每一项又可以分为下一级菜单，这样逐级下分，用一个个窗口的形式在屏幕上弹出，一旦操作完毕，又可以从屏幕上消失，并恢复原来的屏幕状态。

设计下拉式菜单的关键就是在下级菜单窗口弹出之前，将被该窗口占用的屏幕区域保存起来，然后产生这一级菜单窗口，并可用方向键选择菜单中各项，用回车键来确认。如果某选项还有下级菜单，则按同样的方法再产生下一级菜单窗口。

用 Turbo C 在文本方式下提供的函数 gettext0 来存放屏幕规定区域的内容，当需要时用 puttext0 函数释放出来，再加上键盘管理函数 bioskey0，就可以完成下拉式菜单的设计。

（7）所谓选择式菜单，就是在屏幕上出现一个菜单，操作者可以根据菜单上所提供的数字或字母按相应的键去执行特定的程序，当程序执行完后又回到主菜单上。

（8）一个工程文件中包含多个源文件及目标文件的列表，C 语言编译系统根据该文件列表将多个源文件及目标文件编译连接成一个可执行文件，工程文件是以 .prj 为扩展名的文件。

13.14　练习与提高

一、填空题

1．putpixel(int x,int y,int color)表示在屏幕中_____位置画点，点的颜色由参数_____决定，当它等于_____时，点的颜色为红色。

2．line(int x0,int y0,int xl,int y1)可以画出一条线段，线段两端点的坐标分别是_____和_____。

3．lineto(int x,int y)可以画出一条线段，线段的起点为_____，终点坐标为_____。

4．circle(int x,int y,int radius)是典型的画圆函数，圆心坐标为_____，半径为_____。

5．ellipse(int x,int y,int stangle,int endanger,int xradius,int yradius)是画椭圆函数，椭圆的中心在_____，x 轴方向上的半径为_____，y 轴方向上的半径为_____，如果要画出完整的椭圆，参数 stangle=_____，endang1e=_____。

6．rectangle(int x1,int yl,int x2,int y2)可以画矩形，4 个顶点的坐标分别为_____、_____、_____和_____。

7．在 C 语言中使用_____进行程序项目的管理。

8．如果命名一个项目文件名为 mypro1.prj，则该程序项目的可执行文件名为_____。

二、编程题

1．画一个正三角形。

2．画一个红五角星。

ASCII 值	控制字符	ASCII 值	字　　符	ASCII 值	字　　符	ASCII 值	字　　符
000	NUL	032	space	064	@	096	`
001	SOH	033	!	065	A	097	a
002	STX	034	"	066	B	098	b
003	ETX	035	#	067	C	099	c
004	EOT	036	$	068	D	100	d
005	END	037	%	069	E	101	e
006	ACK	038	&	070	F	102	f
007	BEL	039	'	071	G	103	g
008	BS	040	(	072	H	104	h
009	HT	041	)	073	I	105	i
010	LF	042	*	074	J	106	j
011	VT	043	+	075	K	107	k
012	FF	044	,	076	L	108	l
013	CR	045	-	077	M	109	m
014	SO	046	.	078	N	110	n
015	SI	047	/	079	O	111	o
016	DLE	048	0	080	P	112	p
017	DC1	049	1	081	Q	113	q
018	DC2	050	2	082	R	114	r
019	DC3	051	3	083	S	115	s
020	DC4	052	4	084	T	116	t
021	NAK	053	5	085	U	117	u
022	SYN	054	6	086	V	118	v
023	ETB	055	7	087	W	119	w
024	CAN	056	8	088	X	120	x
025	EM	057	9	089	Y	121	y
026	SUB	058	:	090	Z	122	z
027	ESC	059	;	091	[	123	{
028	FS	060	<	092	\	124		
029	GS	061	=	093	]	125	}
030	RS	062	>	094	^	126	~
031	US	063	?	095	-		

附录 B
运算符和结合性

优先级	运算符	含 义	运算对象个数	结合方向
1	( ) [] -> .	圆括号 下标运算 指向结构体成员运算 结构体成员运算符		自左向右
2	! ~ ++ -- - （类型） * — sizeof	逻辑非运算符 按位取反运算符 自加运算符 自减运算符 负号运算符 类型转换运算符 指针运算符 地址与运算符 长度运算符	1 （单目运算符）	自右至左
3	* / %	乘法运算符 除法运算符 求余运算符	2 （双目运算符）	自左至右
4	+ -	加法运算符 减法运算符	2 （双目运算符）	自左至右
5	<< >>	左移运算符 右移运算符	2 （双目运算符）	自左至右
6	<　<= >　>=	关系运算符	2 （双目运算符）	自左至右
7	== !=	等于运算符 不等于运算符	2 （双目运算符）	自左至右
8	&	按位与运算符	2 （双目运算符）	自左至右
9	^	按位异或运算符	2 （双目运算符）	自左至右
10	|	按位或运算符	2 （双目运算符）	自左至右
11	&&	逻辑与运算符	2 （双目运算符）	自左至右

为查阅方便，下面列出 C 语言语法中常用的一些部分的提要。为便于理解，没有采用严格的语法定义形式，只是备忘性质，供参考。

1. 标识符

可由字母、数字和下画线组成。标识符必须以字母或下划线开头。大、小写的字母分别认为是两个不同的字符。

2. 常量

（1）整型常量包括以下各项。

- 十进制常数。
- 八进制常数（以 0 开头的数字序列）。
- 十六进制常数（以 0x 开头的数字序列）。
- 长整型常数（在数字后加字符 L 或 l）。

（2）字符常量：用单引号括起来的一个字符，可以使用转义字符。

（3）实型常量（浮点型常量）：小数形式和指数形式。

（4）字符串常量：用双引号括起来的字符序列。

3. 表达式

（1）算术表达式：

- 整型表达式：参加运算的运算量是整型量，结果也是整型数。
- 实型表达式：参加运算的运算量是实型量，运算过程中先转换成 double 型，结果为 double 型。

（2）逻辑表达式：用逻辑运算符连接的运算量，结果为一个整数（0 或 1）。逻辑表达式可以认为是整型表达式的一种特殊形式。

（3）位运算表达式：用位运算符连接的整型量，结果为整数。位运算表达式也可以认为是整型表达式的一种特殊形式。

（4）强制类型转换表达式：用"（类型）"运算符使表达式的类型进行强制转换，如(int)a。

（5）逗号表达式（顺序表达式）的形式为：

  表达式 1,表达式 2,…,表达式 n

顺序求出表达式 1,表达式 2,…,表达式 n 的值。结果为表达式 n 的值。

（6）赋值表达式：将赋值号"="右侧表达式的值赋给赋值号左边的变量。赋值表达式的值为执行赋值后被赋值的变量的值。

（7）条件表达式的形式为：

  逻辑表达式?表达式 1:表达式 2

"逻辑表达式"的值若为非零，则整个条件表达式的值等于表达式 1 的值；若逻辑表达式的值为零，则条件表达式的值等于表达式 2 的值。

（8）指针表达式：对指针类型的数据进行运算。例如，p-2，pl-p2，&a 等（其中，p、pl、p2 均已定义为指针变量），结果为指针类型。

以上各种表达式可以包含有关的运算符，也可以是不包含任何运算符的初等量（例如，常数是算术表达式的最简单的形式）。

4.　数据定义

对程序中用到的所有变量都需要进行定义。对数据要定义其数据类型，需要时要指定其存储类别。

（1）类型标识符可用：

```
int
short
long
unsigned
char
float
double
struct 结构体名
union 共用体名
用 typedef 定义的类型名
```

（若省略数据类型，则按 int 处理。）

结构体与共用体的定义形式为：

```
struct 结构体名
{  成员表列
};
union 共用体名
{  成员表列
};
```

用 typedef 定义新类型名的形式为：

```
typedef  已有类型  新定义类型;
```

例如：

```
typedef int COUNT;
```

（2）存储类别可用：

```
auto
static
register
extern
```

（如不指定存储类别，做 auto 处理。）

变量的定义形式为：

```
存储类别  数据类型  变量表列;
```

例如：

```
static int a,b,c;
```

外部数据定义只能用 extern 或 static，而不能用 auto 或 register。

5. 函数定义

形式为：

存储类别　数据类型　函数名(形参表列)

函数体

函数的存储类别只能用 extern 或 static。函数体是用花括孤括起来的，可包括数据定义和语句。函数的定义举例如下：

```
static int f(int a,int b)
{  int c;
   c=a>b?a:b;
   return c:
}
```

6. 变量的初始化

可以在定义时对变量或数组指定初始值。

静态变量或外部变量，如未初始化，系统自动使其初值为零（对数值型变量）或空（对字符型数据）。对自动变量或寄存器变量，若未初始化，则其初值为一不可预测的数据。

7. 语句

（1）表达式语句。

（2）函数调用语句。

（3）控制语句。

（4）复合语句。

（5）空语句。

其中控制语句包括：

① if 语句。

一般格式为：

```
if(表达式)
    语句;
```

或者：

```
if(表达式)
    语句1;
else 语句2;
```

② while 语句。

一般格式为：

```
while(表达式)
    语句;
```

③ do 语句。

一般格式为：

```
do
语句
while(表达式);
```

④ for 语句。

一般格式为：

```
for(表达式1;表达式2;表达式3)
    语句;
```

⑤ switch 语句。

一般格式为：

```
switch(表达式)
{   case 常量表达式 1:语句 1;
    case 常量表达式 2:语句 2;
    …
    case 常量表达式 n:语句 n;
    default:语句 n+1;
}
```

前缀 case 和 default 本身并不改变控制流程，它们只起标号作用，在执行上一个 case 所标志的语句后，继续顺序执行下一个 case 前缀所标志的语句，除非上一个语句中最后用 break 语句使控制转出 switch 结构。

⑥ break 语句。

⑦ continue 语句。

⑧ return 语句。

⑨ goto 语句。

8. 预处理语句

预处理语句包括：

```
#define 宏名　字符串
#define 宏名(参数 1,参数 2,…,参数 n)字符串
#undef 宏名
#include "文件名"(或<文件名>)
#if 常量表达式
#ifdef 宏名
#ifndef 宏名
#else
#endif
```

附录 D
C 库函数

库函数并不是 C 语言的一部分。它是由人们根据需要编制并提供用户使用的。每一种 C 语言编译系统都提供了一些库函数，不同的编译系统所提供的库函数的数目、函数名以及函数功能是不完全相同的。ANSI C 标准提出了一些建议提供的标准库函数。包括目前多数 C 语言编译系统所提供的库函数。考虑到通用性，本书列出 ANSI C 标准建议提供的、常用的部分库函数。对多数 C 编译系统，可以使用这些函数。由于 C 库函数的种类和数目很多（例如，屏幕和图形函数、时间日期函数、与系统有关的函数等，每一类函数又包括各种功能的函数），限于篇幅，本附录不能全部介绍，只从教学需要的角度列出最基本的库函数。读者在编制 C 语言程序时可能要用到更多的函数，可查阅所用系统的相关手册。

1. 数学函数

使用数学函数时，应该在源文件中使用"#include<math.h>"或"#include"或'math.h'，数学函数如表 D1 所示。

表 D1　　　　　　　　　　　　　　　　数学函数

函 数 名	函数原型	功　　能	返 回 值	说　　明
abs	int abs(int x);	求整数 x 的绝对值	计算结果	
acos	double acos(doubte x);	计算 $\cos^{-1}(x)$ 的值	计算结果	$-1 \leqslant x \leqslant 1$
asin	double asin(double x);	计算 $\sin^{-1}(x)$ 的值	计算结果	$-1 \leqslant x \leqslant 1$
atan	double atan(double x);	计算 $\tan^{-1}(x)$ 的值	计算结果	
atan2	doubleatan2(doublex,double y);	计算 $\tan^{-1}(x/y)$ 的值	计算结果	
cos	double cos(doubte x);	计算 $\cos(x)$ 的值。	计算结果	x 单位为弧度
cosh	double cosh(bouble x);	计算 x 的双曲余弦 $\cosh(x)$ 的值	计算结果	
exp	double exp(double x);	求 e^x 的值	计算结果	
fabs	double fabs(double x);	求 x 的绝对值	计算结果	
floor	double floor(double x);	求出不大于 x 的最大整数	该整数的双精度实数	
fmod	double fmod(double x);	求整除 x/y 的余数	返回余数的双精度数	
log	double log(double x);	求 $\log_e x$,即 $\ln x$	计算结果	
log10	double log10(double x);	求 $\log_{10} x$	计算结果	

函 数 名	函 数 原 型	功　　能	返 回 值	说　明
frexp	double frexp(double　avl, int*eptr);	把双精度数 val 分解为数字部分（尾数）x 和以 2 为底的指数 n，即 val=x*2n，n 存放在 eptr 指向的变量中	返回数字部分 x 0.5≤x<1	
modf	double modf(double val,double *iptr);	把双精度数 val 分解为整数部分和小数部分，把整数部分存到 iptr 指向的单元	val 的小数部分	
pow	double pow(double x,double y);	计算 xy 的值	计算结果	
rand	int rand(void);	产生−90 到 32767 间的随机整数	随机整数	
sin	double sin(double x);	计算 sinx 的值	计算结果	x 单位为弧度
sinh	double sinh(double x);	计算 x 的双曲正弦函数 sinh(x) 的值	计算结果	
sqrt	double sqrt(double x);	计算 $\sqrt{x}$ 的值	计算结果	x≥0
tan	double tan(double x);	计算 tan(x) 的值	计算结果	x 单位为弧度
tanh	double tanh(double x);	计算 x 的双曲正切函数 tanh(x) 的值	计算结果	

2．字符函数和字符串函数

ANSI C 标准要求在使用字符串函数时要包含头文件<string.h>，在使用字符函数时要包含头文件<ctype.h>。有的 C 语言编译不遵循 ANSI C 标准的规定，而用其他名称的头文件。使用时可以查有关手册、字符函数和字符串函数，如表 D2 所示。

表 D2　　　　　　　　　　　字符函数和字符串函数

函 数 名	函 数 原 型	功　　能	返 回 值	说　　明
isalnum	int isalnum(int ch);	检查 ch 是否为字母（alpha）或数字（numeric）	是返回 1；否则返回 0	ctype.h
isalpha	int isalpha(int ch);	检查 ch 是否为字母	是，返回 1；不是，返回 0	ctype.h
iscntrl	int iscntrl(int eh);	检查 ch 是否为控制字符（其 ASCII 码在 0~0x1f 之间）	是，返回 1；不是，返回 0	ctype.h
isdigit	int isdigit(int ch);	检查 ch 是否为数字（0~9）	是，返回 1；不是，返回 0	ctype.h
isgraph	int isgraph(int ch);	检查 ch 是否可打印字符（其 ASCII 码在 0x21~0x7E 之间），不含空格	是，返回 1；不是，返回 0	ctype.h
islower	int islower(int ch);	检查 ch 是否为小写字母（a~z）	是，返回 1；不是，返回 0	ctype.h
isprint	int isprint(int ch);	检查 ch 是否可打印字符（含空格），其 ASCII 码在 0x20~0x7E 之间	是，返回 1；不是，返回 0	ctype.h

续表

函 数 名	函数原型	功　　能	返 回 值	说　　明
ispunct	int ispunct(int ch);	检查 ch 是否为标点字符（不包括空格），即除字母、数字和空格以外的所有可打印字符	是，返回 1；不是，返回 0	ctype.h
isspace	int isspace(int ch);	检查 ch 是否为空格、跳格符（制表符）或换行符	是，返回 1；不是，返回 0	ctype.h
isupper	int isupper(int ch);	检查 ch 是否为大写字母（A～Z）	是，返回 1；不是，返回 0	ctype.h
isxdigit	int isxdigit(int ch);	检查 ch 是否为一个 16 进制数字字符（即 0～9，或 A～F）或（a～f）	是，返回 1；不是，返回 0	ctype.h
strcat	char *strcat(char *strl,char *str2);	把字符串 str2 接到 strl 后面，strl 最后面的'\0'被取消	strl	string.h
strchr	char *strchr(char *str, int ch);	找出 str 指向的字符串中第一次出现字符 ch 的位置	返回指向该位置的指针，如找不到，则返回空指针	string.h
strcmp	int strcmp(char *strl, char *str2);	比较两个字符串 strl、str2	strl<str2，返回负数；strl=str2，返回0；strl>str2，返回正数	string.h
strcpy	char *strcpy(char *str, char *str2);	把 str2 指向的字符串复制到 str 中去	返回 str	string.h
strlen	unsigned int strlen (char *str);	统计字符串 str 中字符的个数（不包括终止符'\0'）	返回字符个数	string.h
strstr	char *strstr(char *str,char *str2);	找出 str2 字符串在 strl 字符串中第一次出现的位置	返回该位置的指针。如找不到，返回空指针	string.h
tolower	int tolower(int ch)	将 ch 字符转换为小写字母	返回 ch 所代表的字符的小写字母	ctype.h
toupper	int toupper(int ch)	将 ch 字符转换成大写字母	与 ch 相应的大写字母	ctypeh

3. 输入/输出函数

凡用以下的输入/输出函数，应该使用　#include<stdio.h>把 stdio.h 头文件包含到程序文件中。输入/输出函数如表 D3 所示。

表 D3　　　　　　　　　　输入/输出函数

函 数 名	函数原型	功　　能	返 回 值	说　　明
clearerr	void clearerr(FILE * fp);	使 fp 所指文件的错误标志和文件结束标志置	无	
close	int close(int fp);	关闭文件	关闭成功返回 0，不成功，返回-1	非 ANSI 标准

函 数 名	函数原型	功　能	返 回 值	说　明
creat	intcreat(char * filename, int mode);	以 mode 所指定的方式建立文件	成功则返回正数，否则返回−1	非 ANSI 标准
eof	inteof(int fd);	检查文件是否结束	遇文件结束，返回 1；否则返回 0	非 ANSI 标准
fclose	intfclose(FILE * fp);	关闭 fp 所指的文件，释放文件缓冲区	有错则返回非 0，否则返回 0	
feof	int feof(FILE * fp);	检查文件是否结束	遇文件结束符返回非零值，否则返回 0	
fgetc	int fgetc(FILE * fp);	从 fp 所指定的文件中取得下一个字符	返回所得到的字符。若读入出错，返回 EOF	
fgets	char*fgets(char *buf,int n,FIIE *fp)	从 fp 指向的文件读取一个长度为（n−1）的字符串，存入起始地址为 buf 的空间	返回地址 buf，若遇文件结束或出错，返回 NULL	
fopen	FIIE*fopen(char *filename,char * mode);	以 mode 指定的方式打开名为 filename 的文件	成功，返回一个文件指针（文件信息区的起始地址），否则返回 0	
fprintf	int fprintf(FILE * fp, char *format, args,…)	把 args 的值以 format 指定的格式输出到 fp 所指定的文件中	实际输出的字符数	
fputc	int fputc(char ch, FILE *fp);	将字符 ch 输出到 fp 指向的文件中	成功，则返回该字符;否则返回 EOF	
fputs	int fputs(char *str,FILE *fp);	将 str 指向的字符串输出到 fp 所指定的文件	返回 0，若出错返回非 0	
fread	int fread(char *pt, unsigned size, unsigned n,FILE * fp);	从 fp 所指定的文件中读取长度为 size 的 n 个数据项，存到 pt 所指向的内存区	返回所读的数据项个数，如遇文件结束或出错返回 0	
fscanf	int fscanf(FILE *fp,char format, args,…);	从 fp 指定的文件中按 format 给定的格式将输入数据送到 args 所指向的内存单元(args 是指针)	已输入的数据个数	
fseek	int fseek(FILE *fp, long offset,int base);	将 fp 所指向的文件的位置指针移到以 base 所指出的位置为基准、以 offset 为位移量的位置	返回当前位置，否则，返回−1	
ftell	long ftell(FILE * fp);	返回 fp 所指向的文件中的读写位置	返回 fp 所指向的文件中的读/写位置	
fwrite	int fwrite(char *ptr, unsigned size, unsigned n, FILE * fp);	把 ptr 所指向的 n*size 字节输出到 fp 所指向的文件中	写到 fp 文件中的数据项的个数	
getc	int getc(FILE * fp);	从 fp 所指向的文件中读入一个字符	返回所读的字符，若文件结束或出错，返回 EOF	

函 数 名	函数原型	功 能	返 回 值	说 明
getchar	int getchar(void);	从标准输入设备读取下一个字符	所读字符。若文件结束或出错，则返回−1	
getw	int getw(FILE * fp);	从 fp 所指向的文件读取下一个字（整数）	输入的整数。如文件结束或出错，返回−1	非 ANSI 标准函数
open	int open(char * filename, int mode);	以 mode 指出的方式打开已存在的名为 filename 的文件	返回文件号（正数）。如打开失败，返回−1	非 ANSI 标准函数
printf	int printf(char * format args,…);	将输出表列 args 的值输出到标准输出设备	输出字符的个数。若出错，返回负数	format 可以是字符串，或字符数组的起始地址
putc	int putc(int ch, FILE *fp);	把一个字符 ch 输出到 fp 所指的文件中	输出的字符 ch。若出错，返回 EOF	
putchar	int putchar(char ch);	把字符 ch 输出到标准输出设备	输出的字符 ch。若出错，返回 EOF	
puts	int puts(char *str);	把 str 指向的字符串输出到标准输出设备，将'\0'转换为回车换行	返回换行符。若失败，返回 EOF	
putw	int putw(int w, FILE *fp);	将一个整数 w（即一个字）写到 fp 指向的文件中	返回输出的整数。若出错，返回 EOF	非 ANSI 标准函数
read	int read(int fd,char * buf, unsigned count);	从文件号 fd 所指示的文件中读 count 字节到由 buf 指示的缓冲区中	返回真正读入的字节个数。如遇文件结束返回 0，出错返回−1	非 ANSI 标准函数
rename	int rename(char * oldname, char * newname);	把由 oldname 所指的文件名，改为由 newname 所指的文件名	成功返回 0，出错返回−1	
rewind	void rewind(FILE*fp);	将 fp 指示的文件中的位置指针置于文件开头位置，并清除文件结束标志和错误标志	无	
scanf	int scanf(char * format args,…)	从标准输入设备按 format 指向的格式字符串规定的格式，输入数据给 args 所指向的单元	读入并赋给 args 的数据个数。遇文件结束返回 EOF，出错返回 0	args 为指针
write	int write(int fd, char * buf, unsigned count);	从 buf 指示的缓冲区输出 count 个字符到 fd 所标志的文件中	返回实际输出的字节数。如出错返回−1	非 ANSI 标准函数

4. 动态存储分配函数

ANSI 标准建议设 4 个有关的动态存储分配的函数，即 calloc()、malloe()、free()、realloc()。实际上，许多 C 语言编译系统实现时，通常增加了一些其他函数。ANSI 标准建议在<stdlib.h>头文件中包含有关的信息，但许多 C 语言编译要求用<malloc.h>而不是<stdlib.h>。读者在使用时可查阅有关手册。

ANSI 标准要求动态分配系统返回 void 指针。void 指针具有一般性，它们可以指向任何类型的数据。但目前有的 C 语言编译所提供的这类函数返回 char 指针。无论以上两种情况的哪一种，都需要用强制类型转换的方法把 void 或 char 指针转换成所需的类型。动态存储分配函数如表 D4 所示。

表 D4 动态存储分配函数

函 数 名	函数和形参类型	功　　能	返 回 值
calloc	void *calloc(unsigned n, unsign size);	分配 n 个数据项的内存连续空间，每个数据项的大小为 size	分配内存单元的起始地址。如不成功，返回 0
free	void free(void *p)	释放 p 所指的内存区	无
malloc	void*malloc(unsigned size);	分配 size 字节的存储区	所分配的内存区地址，如内存不够，返回 0
realloc	void*realloc(void *p, unsigned size);	将 f 所指出的已分配内存区的大小改为 size。size 可以比原来分配的空间大或小	返回指向该内存区的指针

参考文献

[1] 谭浩强. C 程序设计[M]. 北京：清华大学出版社，2000.

[2] 谭浩强. C 程序设计（二级）教程[M]. 北京：清华大学出版社，2002.

[3] 苏长龄. C/C++程序设计教程[M]. 北京：中国水利水电出版社，2004.

[4] 王煜，等. C 语言程序设计[M]. 北京：中国铁道出版社，2005.

[5] 刘明军，等. C 语言程序设计[M]. 北京：电子工业出版社，2007.

[6] 吴良杰. FORTRAN 语言程序设计[M]. 哈尔滨：哈尔滨工程大学出版社，2000.

[7] 夏宽理，赵子正. C 语言程序设计[M]. 北京：中国铁道出版社，2006.

[8] 贾学斌，等. C 语言程序设计[M]. 北京：中国铁道出版社，2007.

[9] 柏万里，等. C 语言程序设计[M]. 北京：中国铁道出版社，2006.

[10] 刘克成，等. C 语言程序设计[M]. 北京：中国铁道出版社，2006.

[11] 苏小红，等. C 语言大学实用教程[M]. 北京：电子工业出版社，2007.

[12] 戴佩荣，等. C 语言程序设计技能教程[M]. 北京：中国铁道出版社，2006.